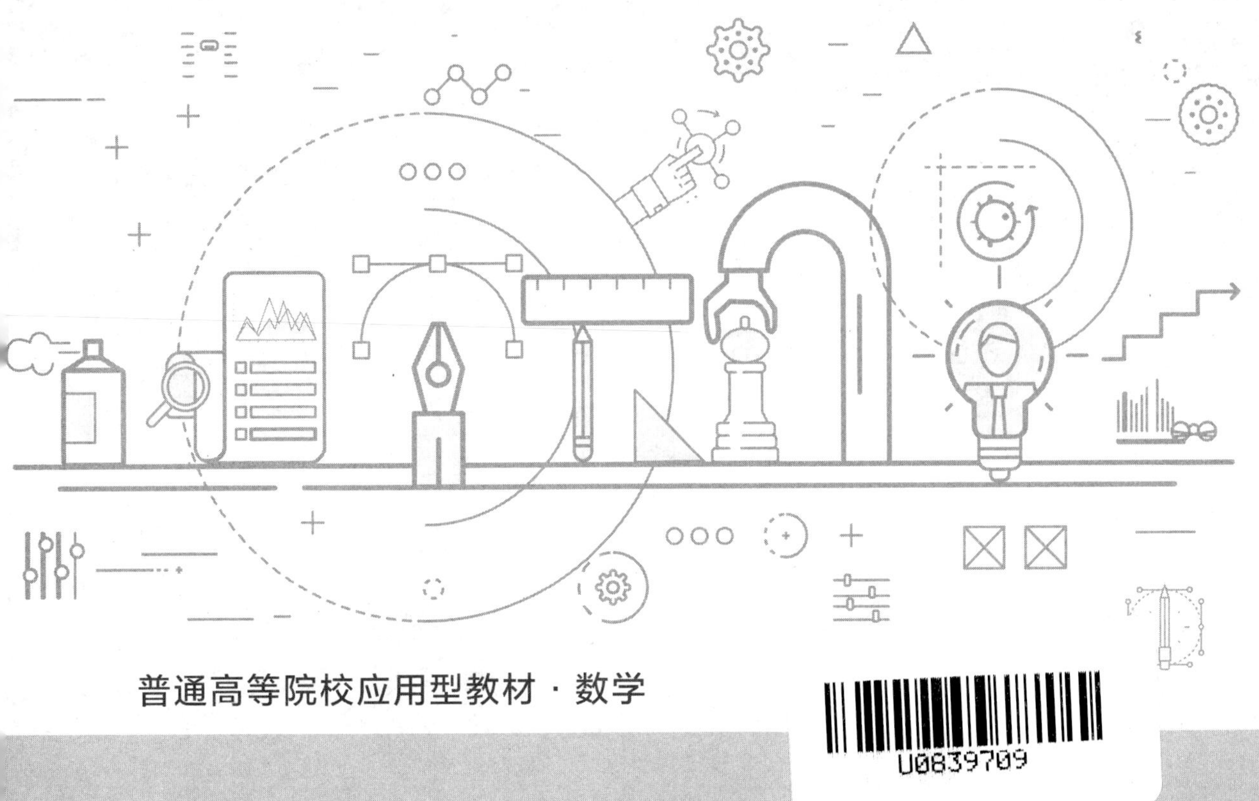

普通高等院校应用型教材·数学

微积分（上册）习题全解与试题选编

主　编　聂　力　刘　强
副主编　梅超群　陶桂平　聂高琴　于威威
范林元　张　琳　孙激流

中国人民大学出版社
·北京·

内容摘要

本书是“十三五”普通高等教育应用型规划教材《微积分》（上册）（中国人民大学出版社）的配套辅导用书.

全书分为三大部分，其中第一部分为对应教材的课后习题全解以及总复习题全解，有些题目给出多种详细解法，便于读者自学参考. 为了便于教师布置课后作业，课程教材的课后习题是按节配置的，且每一章的后面均附有总复习题，配套辅导用书的章节目录体系与课程教材完全一致. 第二部分为期末考试试题，第三部分是期末考试试题全解.

本书既可以作为普通高等学校经管类本科生学习《微积分》（上册）课程的配套辅导用书，也可以作为教师的教学参考用书和全国硕士研究生统一入学考试的复习用书.

前　　言

2009年以来，在北京市和学校相关部门的大力支持下，我校公共基础课的教学改革一直在如火如荼地进行，数学公共基础课教学团队从全国地方财经类专业的数学需求出发，结合教育部高等学校大学数学课程教学指导委员会的总体要求，对课程管理与队伍建设、教学理念、教学大纲与课程内容、考核方式、教学模式与教学手段、教学研究、学科竞赛等方面进行了全方位的改革，涉及面广，内容深刻，力度很大，效果很好. 在此基础上，我们对原有讲义进行了系统的整理、修订，编写了“十三五”普通高等教育应用型规划教材，由首都经济贸易大学的刘强教授担任丛书的主编. 该系列教材具体包括：

（1）教材系列，包括《微积分》（上、下册）、《线性代数》和《概率论与数理统计》四本教材；

（2）配套习题全解与试题选编系列.

本书为《微积分（上册）习题全解与试题选编》分册，是《微积分》（上册）的配套辅导用书.

全书分为三大部分，其中第一部分为对应教材的课后习题全解以及总复习题全解，有些题目给出多种详细解法，便于读者自学参考. 为了便于教师布置课后作业，课程教材的课后习题是按节配置的，且每一章的后面均附有总复习题，配套辅导用书的章节目录体系与课程教材完全一致. 第二部分为期末考试试题，第三部分是期末考试试题全解. 将考试试题与试题全解分开排版，便于读者自我检验课程知识掌握情况.

在编写系列教材的过程中，我们得到了北京航空航天大学的韩立岩教授、清华大学的邓邦明教授、北京工商大学的曹显兵教授、北京工业大学的薛留根教授、广东财经大学的胡桂武教授、北方工业大学的刘喜波教授、中央财经大学的贾尚晖教授、重庆工商大学的陈义安教授、北京信息科技大学的侯吉成教授、北京联合大学的邢春峰教授、昆明理工大学的吴刘仓教授、江苏师范大学的赵鹏教授、北京化工大学的李志强副教授以及首都经济贸易大学的马立平教授、张宝学教授、任韬教授等同事们的大力支持，中国人民大学出版社的策划编辑李丽娜女士和责任编辑王美玲女士为丛书的出版付出了很多努力，在此一并表示感谢.

编写组教师均长期工作在大学数学教学的第一线，积累了丰富的教学经验，深谙当前本科教学的教育规律，熟悉学生的学习习惯、认知水平和认知能力，在教学改革中取得了一些成绩，出版过包括课程教材、同步训练、深化训练、考研辅导以及大学生数学竞赛等多个层次的教材和辅导用书. 由于水平所限，书中难免存在不妥甚至错误之处，恳请读者和同行不吝指正. 欢迎来函，邮件地址：cuebliuqiang@163. com.

编者

2019 年 1 月

目　录

第一部分　课后习题全解

第二部分　试题选编

第三部分　试题选编全解

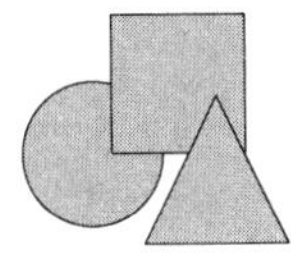

第一部分　课后习题全解

第 1 章　函　数

§1.1　实　数

1. 解下列不等式，并用区间表示不等式的解集：

(1) $|2x-1|<1$；　　(2) $|x+1|>5$；

(3) $|x-1|>|x+1|$；　　(4) $|x^2-3x+3|<1$.

解　(1) $|2x-1|<1$ 可化为 $-1<2x-1<1$，即 $0<x<1$.

(2) $|x+1|>5$ 可化为 $x+1>5$ 或 $x+1<-5$，得 $x>4$ 或 $x<-6$.

(3) 方法 1　由 $|x-1|>|x+1|$ 知，

$$\begin{cases} x-1<0 \\ x+1\geqslant 0 \\ 1-x>x+1 \end{cases}，\quad 或者 \begin{cases} x-1<0 \\ x+1<0 \\ x-1<x+1 \end{cases}，$$

解得 $-1\leqslant x<0$ 或者 $x<-1$，即 $x<0$.

方法 2　$|x-1|$ 与 $|x+1|$ 分别表示数轴上的点与 1 和 -1 的距离，从数轴上易见 $x<0$ 为不等式的解.

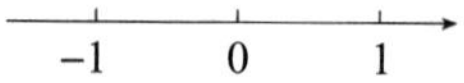

-1　0　1

图 1.1

方法 3　$|x-1|>|x+1|$ 等价于 $|x-1|^2>|x+1|^2$，即

$$x^2-2x+1>x^2+2x+1,$$

解得 $x<0$.

(4) $|x^2-3x+3|<1$ 可化为 $-1<x^2-3x+3<1$，即

$$\begin{cases}x^2-3x+2<0\\x^2-3x+4>0\end{cases}.$$

由 $x^2-3x+2<0$ 得 $1<x<2$，由 $x^2-3x+4>0$ 得 $x\in\mathbf{R}$，故 $1<x<2$ 为所求解集.

2. 证明不等式：

(1) $||a|-|b||\leqslant|a\pm b|$；　　(2) $|a-b|\leqslant|a-c|+|c-b|$.

证　(1) 这里只证明 $||a|-|b||\leqslant|a+b|$，不等式 $||a|-|b||\leqslant|a-b|$ 可以类似证明.

当 a 与 b 同号时，$||a|-|b||=|a-b|<|a+b|$；当 a 与 b 异号或至少有一个为零时，$||a|-|b||=|a+b|$. 故 $||a|-|b||\leqslant|a\pm b|$.

(2) 由绝对值的性质 $|a+b|\leqslant|a|+|b|$ 可知，

$$|a-b|=|(a-c)+(c-b)|\leqslant|a-c|+|c-b|.$$

§1.2　函　数

1. 求下列函数的定义域：

(1) $y=\dfrac{2x+2}{x^2-x+2}$；　　(2) $y=2^{\frac{1}{x}}+\dfrac{1}{1-\ln x}$；

(3) $y=\dfrac{1}{\sqrt{4x+2}}$；　　(4) $y=\ln\cos x$.

解　(1) 定义域为 $x^2-x+2\neq0$，由于 $x^2-x+2>0(\forall x\in\mathbf{R})$，所以定义域为 $(-\infty,+\infty)$.

(2) 定义域为 $\begin{cases}x\neq0\\1-\ln x\neq0\end{cases}$，即 $\begin{cases}x\neq0\\x>0\text{ 且 }x\neq\mathrm{e}\end{cases}$，故定义域为 $(0,\mathrm{e})\cup(\mathrm{e},+\infty)$.

(3) 定义域为 $4x+2>0$，即 $x>-\dfrac{1}{2}$.

(4) 定义域为 $\cos x>0$，即 $x\in\left(2k\pi-\dfrac{\pi}{2},2k\pi+\dfrac{\pi}{2}\right)$，$k\in\mathbf{Z}$.

2. 判定下列函数是否相同，并说明理由：

(1) $y=x\operatorname{sgn}x$ 与 $y=\begin{cases}x, & x\geqslant0\\-x, & x<0\end{cases}$；　　(2) $y=\dfrac{x^2-1}{x-1}$ 与 $y=x+1$；

(3) $y=\sqrt{x^2}$ 与 $y=|x|$；　　(4) $y=1$ 与 $y=\sin^2x+\cos^2x$.

解　(1) 定义域均为 $\mathbf{R}$，对应法则都是将 x 映射到其绝对值，所以是相同的函数；

(2) $y=\dfrac{x^2-1}{x-1}$ 的定义域为 $x\neq1$，$y=x+1$ 的定义域为 $\mathbf{R}$，所以是不同的函数；

(3) 定义域均为 $\mathbf{R}$，对应法则都是将 x 映射到其绝对值，所以是相同的函数；

(4) 定义域均为 $\mathbf{R}$，对应法则都是将 x 映射到常数 1，所以是相同的函数.

3. 设 $f(x)$ 的定义域为 $(0,2)$，求 $f(1-\mathrm{e}^{\sin x})$ 的定义域.

解　由已知，$0<1-\mathrm{e}^{\sin x}<2$，可化为 $\sin x<0$，得 $x\in((2k+1)\pi,(2k+2)\pi)$，$k\in\mathbf{Z}$.

§1.3 函数的基本特性

1. 讨论下列函数的单调性：

(1) $y=\mathrm{e}^{-x^2}$；　　(2) $y=\sqrt{9x-x^2}$；

(3) $y=\dfrac{x}{1+x}$；　　(4) $y=\sqrt{x^2}$.

解 (1) 定义域为 $\mathbf{R}$，且 $y=\mathrm{e}^{-x^2}>0$，其中 $x\in\mathbf{R}$. 对任意 $x_1<x_2\leqslant 0$，有

$$\frac{\mathrm{e}^{-x_1^2}}{\mathrm{e}^{-x_2^2}}=\mathrm{e}^{x_2^2-x_1^2}<\mathrm{e}^0=1,$$

即 $\mathrm{e}^{-x_1^2}<\mathrm{e}^{-x_2^2}$；对任意 $0\leqslant x_1<x_2$，有

$$\frac{\mathrm{e}^{-x_1^2}}{\mathrm{e}^{-x_2^2}}=\mathrm{e}^{x_2^2-x_1^2}>\mathrm{e}^0=1,$$

即 $\mathrm{e}^{-x_1^2}>\mathrm{e}^{-x_2^2}$. 所以，$y$ 在区间 $(-\infty, 0]$ 上单调递增，在区间 $[0, +\infty)$ 上单调递减.

(2) 自变量 x 应满足 $9x-x^2\geqslant 0$，即定义域为 $[0, 9]$. 由于

$$9x-x^2=-\left(x-\frac{9}{2}\right)^2+\frac{81}{4},$$

故 $\left[0, \dfrac{9}{2}\right]$ 为单调递增区间，$\left[\dfrac{9}{2}, 9\right]$ 为单调递减区间.

(3) 定义域为 $x\neq -1$，由于 $y=1-\dfrac{1}{1+x}$，而 $1+x$ 在 $(-\infty, -1)$ 或 $(-1, +\infty)$ 内单调递增，所以 y 在 $(-\infty, -1)$ 或 $(-1, +\infty)$ 内单调递增.

(4) $y=\sqrt{x^2}=|x|$，故 y 在 $(-\infty, 0]$ 上单调递减，在 $[0, +\infty)$ 上单调递增.

2. 讨论下列函数的奇偶性：

(1) $y=x^2-x+1$；　　(2) $y=\ln(1+x^2)+\dfrac{\sin x}{x}$；

(3) $y=\dfrac{a^x-a^{-x}}{a^x+a^{-x}}$ $(a>0, a\neq 1)$；　　(4) $y=3x^3+2$；

(5) $y=\log_a(\sqrt{x^2+1}+x)$ $(a>0, a\neq 1)$；　　(6) $y=x\cdot\dfrac{\mathrm{e}^x-1}{\mathrm{e}^x+1}$；

(7) $y=\cos x+x\sin x$；　　(8) $y=\left(\dfrac{1}{a^x+1}-\dfrac{1}{2}\right)\tan x$ $(a>0, a\neq 1)$.

解 (1) 定义域为 $\mathbf{R}$，由于 $f(-x)=(-x)^2-(-x)+1=x^2+x+1$，所以 $y=f(x)$ 为非奇非偶函数.

(2) 定义域为 $x\neq 0$，由于

$$f(-x)=\ln[1+(-x)^2]+\frac{\sin(-x)}{-x}=\ln(1+x^2)+\frac{\sin x}{x}=f(x),$$

所以 $y=f(x)$ 为偶函数.

(3) 定义域为 $\mathbf{R}$，由于

$$f(-x)=\frac{a^{-x}-a^{x}}{a^{-x}+a^{x}}=-\frac{a^{x}-a^{-x}}{a^{x}+a^{-x}}=-f(x),$$

所以 $y=f(x)$ 为奇函数.

(4) 定义域为 $\mathbf{R}$，由于 $f(-x)=3(-x)^3+2=-3x^3+2$，所以 $y=f(x)$ 为非奇非偶函数.

(5) 定义域为 $\mathbf{R}$，由于

$$\begin{aligned}f(-x)&=\log_a(\sqrt{(-x)^2+1}-x)=\log_a(\sqrt{x^2+1}-x)\\&=\log_a\frac{1+x^2-x^2}{\sqrt{x^2+1}+x}\\&=-\log_a(\sqrt{x^2+1}+x)=-f(x),\end{aligned}$$

所以 $y=f(x)$ 为奇函数.

(6) 定义域为 $\mathbf{R}$，由于

$$f(-x)=(-x)\cdot\frac{\mathrm{e}^{-x}-1}{\mathrm{e}^{-x}+1}=-x\cdot\frac{1-\mathrm{e}^{x}}{1+\mathrm{e}^{x}}=x\,\frac{\mathrm{e}^{x}-1}{\mathrm{e}^{x}+1}=f(x),$$

所以 $y=f(x)$ 为偶函数.

(7) 定义域为 $\mathbf{R}$，由于

$$f(-x)=\cos(-x)+(-x)\sin(-x)=\cos x+x\sin x=f(x),$$

所以 $y=f(x)$ 为偶函数.

(8) 定义域为 $x\neq k\pi+\frac{\pi}{2}$ ($k\in\mathbf{Z}$)，由于

$$\begin{aligned}f(-x)&=\left(\frac{1}{a^{-x}+1}-\frac{1}{2}\right)\tan(-x)=-\left(\frac{a^{x}}{1+a^{x}}-\frac{1}{2}\right)\tan x\\&=-\left(\frac{1+a^{x}-1}{1+a^{x}}-\frac{1}{2}\right)\tan x=-\left(\frac{1}{2}-\frac{1}{1+a^{x}}\right)\tan x\\&=\left(\frac{1}{a^{x}+1}-\frac{1}{2}\right)\tan x=f(x),\end{aligned}$$

所以 $y=f(x)$ 为偶函数.

3. 讨论下列函数的有界性：

(1) $y=x\sin x$； (2) $y=\frac{\cos(\pi[x])}{x}$；

(3) $y=\frac{\ln x}{1+\ln^2 x}$； (4) $y=\frac{2x+2}{x^2+2x+1}$.

解 (1) 定义域为 $\mathbf{R}$，取 $x=2k\pi+\frac{\pi}{2}$，则 $y=2k\pi+\frac{\pi}{2}$，当 $k\to\infty$ 时，y 趋于无穷大，所以 y 在 $\mathbf{R}$ 内为无界函数.

（2）由 $y=\frac{\cos(\pi[x])}{x}$，得 $|y|=\frac{1}{|x|}$，对任意的正数 M，当 $0<|x|<\frac{1}{M}$时，$|y|=\frac{1}{|x|}>M$，所以 $y=\frac{\cos(\pi[x])}{x}$是无界函数.

（3）定义域为（0，$+\infty$），对于 $\forall x>0$，有

$$\left|\frac{\ln x}{1+\ln^2 x}\right|\leqslant\frac{\frac{1+\ln^2 x}{2}}{1+\ln^2 x}=\frac{1}{2},$$

所以 y 在（0，$+\infty$）内有界.

（4）定义域为（$-\infty$，$-1)\cup(-1$，$+\infty$），对于 $\forall x\neq-1$，有 $y=\frac{2(x+1)}{(x+1)^2}=\frac{2}{x+1}$，当 $x\to-1$ 时，y 趋于无穷大，所以 y 在（$-\infty$，$-1)\cup(-1$，$+\infty$）内为无界函数.

4. 判定下列函数是否为周期函数，如果是周期函数，求其周期：

（1）$y=\tan(2x+1)$；（2）$y=\cos x-x$；

（3）$y=\sin^2 x$；（4）$y=\sin(\sin x)$.

解 （1）定义域为 **R**，$\forall x\in\mathbf{R}$，有

$$\tan\left[2\left(x+\frac{\pi}{2}\right)+1\right]=\tan(2x+\pi+1)=\tan(2x+1),$$

所以 y 为以$\frac{\pi}{2}$为周期的周期函数.

（2）定义域为 **R**. 假设 $T\neq0$ 是函数 y 的周期，即对 $\forall x\in\mathbf{R}$，有

$$\cos(x+T)-(x+T)=\cos x-x,$$

即

$$\cos(x+T)-\cos x=T.$$

方法 1　由 $\cos(x+T)-\cos x=T$，令 $x=0$，得 $\cos T-1=T$，即 $\cos T=T+1$；令 $x=\pi$，得 $-\cos T+1=T$，即 $\cos T=1-T$. 于是，$1+T=1-T$，得 $T=0$，矛盾，所以 y 为非周期函数.

方法 2　由于

$$\cos(x+T)-\cos x=-2\sin\left(x+\frac{T}{2}\right)\sin\frac{T}{2}=T,$$

即

$$\left|\sin\left(x+\frac{T}{2}\right)\frac{\sin\frac{T}{2}}{\frac{T}{2}}\right|=1,$$

而 $\left|\frac{\sin\frac{T}{2}}{\frac{T}{2}}\right|<1$（见教材 2.5 节的不等式（2.5.1）），故有 $\left|\sin\left(x+\frac{T}{2}\right)\right|>1$，矛盾，所以 y

为非周期函数.

(3) 定义域为 **R**. 由 $\sin^2 x=\frac{1-\cos 2x}{2}$，有

$$\frac{1-\cos 2(x+\pi)}{2}=\frac{1-\cos(2x+2\pi)}{2}=\frac{1-\cos 2x}{2},$$

所以 y 为以 π 为周期的周期函数.

(4) 定义域为 **R**. 由于 $\sin[\sin(x+2\pi)]=\sin(\sin x)$，所以 y 为以 2π 为周期的周期函数.

§1.4 反函数与复合函数

1. 求下列函数的反函数及反函数的定义域：

(1) $y=1-\sqrt{1-x^2}\quad(x\geqslant 0)$；　　(2) $y=2+\ln(3+x)$；

(3) $y=e^{x^2}+1\quad(x\geqslant 0)$；　　(4) $y=\frac{1-\sqrt{1+x}}{1+\sqrt{1+x}}$.

解 (1) 由题意，函数 $y=1-\sqrt{1-x^2}$ 的值域为 $[0, 1]$. 函数可变形为 $x^2=2y-y^2$，由于 $x\geqslant 0$，故 $x=\sqrt{2y-y^2}$，从而 $y=1-\sqrt{1-x^2}\ (x\geqslant 0)$ 的反函数为

$$y=\sqrt{2x-x^2},\quad x\in[0, 1].$$

(2) 函数可变形为 $x=e^{y-2}-3$，故 $y=2+\ln(3+x)$ 的反函数为

$$y=e^{x-2}-3,\quad x\in\mathbf{R}.$$

(3) 函数可变形为 $x^2=\ln(y-1)$，即 $x=\sqrt{\ln(y-1)}$，故 $y=e^{x^2}+1$ 的反函数为

$$y=\sqrt{\ln(x-1)},\quad x\geqslant 2.$$

(4) 令 $t=\sqrt{1+x}$，则 $y=\frac{1-t}{1+t}$，可化为 $t=\frac{1-y}{1+y}$，即 $\sqrt{1+x}=\frac{1-y}{1+y}$，变形为 $x=\frac{-4y}{(1+y)^2}$，所以反函数为 $y=\frac{-4x}{(1+x)^2}$；又由于

$$y=\frac{1-\sqrt{1+x}}{1+\sqrt{1+x}}=-1+\frac{2}{1+\sqrt{1+x}}\in(-1, 1],$$

所以反函数 $y=\frac{-4x}{(1+x)^2}$ 的定义域为 $(-1, 1]$.

综上所述，$y=\frac{1-\sqrt{1+x}}{1+\sqrt{1+x}}$ 的反函数为 $y=\frac{-4x}{(1+x)^2}$，$x\in(-1, 1]$.

2. 下列各组函数中哪些可以复合？可以复合的求出复合函数的定义域.

(1) $u=\mathrm{e}^x$，$f(u)=\sqrt{u^2-1}$；　　(2) $u=1+x$，$f(u)=\arcsin\left(\frac{1}{2}u\right)$；

(3) $u=\cos x-1$，$f(u)=\sqrt{u-\frac{1}{2}}$；　　(4) $u=[x]$，$f(u)=\frac{1}{u+1}$.

解 (1) 复合函数为 $f(x)=\sqrt{(\mathrm{e}^x)^2-1}=\sqrt{\mathrm{e}^{2x}-1}$，$x\in[0，+\infty)$.

(2) 复合函数为 $f(x)=\arcsin\frac{1+x}{2}$，定义域为 $-1\leqslant\frac{x+1}{2}\leqslant1$，即 $-3\leqslant x\leqslant1$.

(3) 由于 $\cos x-1-\frac{1}{2}<0$，所以两个函数不能复合.

(4) 复合函数为 $f(x)=\frac{1}{[x]+1}$，定义域为 $(-\infty，-1)\cup[0，+\infty)$.

3. 设某商品的需求函数为 $5p+2Q_d=200$，供给函数为 $p=\frac{4}{5}Q_s+10$，其中 p 表示价格，Q_d，Q_s 分别为需求量和供给量. 求均衡价格和均衡需求量（均衡价格：当需求量与供给量相等时的商品价格；均衡需求量：当商品需求量与供给量相等时的需求量）.

解 由 $5p+2Q_d=200$，得 $Q_d=100-\frac{5}{2}p$；由 $p=\frac{4}{5}Q_s+10$，得 $Q_s=\frac{5}{4}p-\frac{25}{2}$.
供需平衡时，$Q_d=Q_s$，有 $100-\frac{5}{2}p=\frac{5}{4}p-\frac{25}{2}$，解得 $p=30$.

此时，$Q_d=Q_s=25$，故均衡价格为 30 时，均衡需求量为 25.

4. 已知华氏温度（F）和摄氏温度（C）之间的转换公式为 $F=1.8C+32$，求：

(1) 212℉的等价摄氏温度和 0℃的等价华氏温度；

(2) 是否存在一个温度值，使华氏温度计和摄氏温度计的读数是一样的？如果存在，该温度值是多少？

解 (1) 令 $F=212$，得 $1.8C+32=212$，解得 $C=100$. 令 $C=0$，得 $F=32$. 故 212℉的等价摄氏温度为 100℃，0℃的等价华氏温度为 32℉.

(2) 令 $F=C$，即 $1.8C+32=C$，解得 $C=-40$. 故当温度为 −40℃时，也为 −40℉.

§1.5 基本初等函数

1. 作出下列函数的图像：

(1) $y=|\sin x|$；　(2) $y=\sin|x|$；　(3) $y=2\sin\frac{x}{2}$.

解 (1) 如图 1.2 所示.

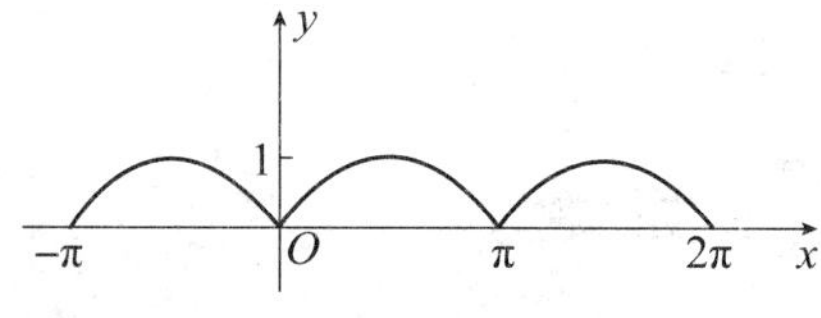

图 1.2

(2) 如图 1.3 所示.

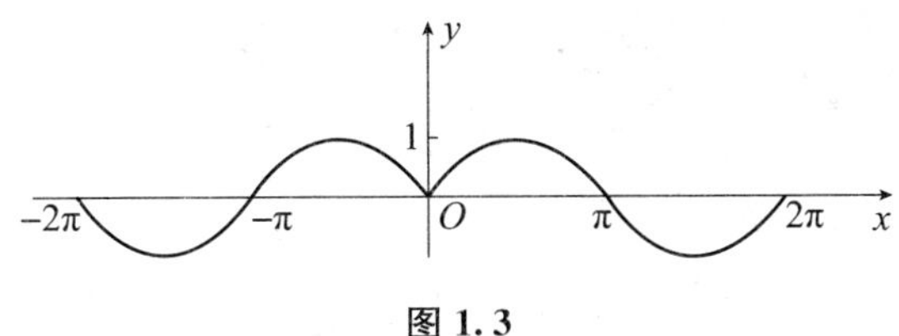

图 1.3

(3) 如图 1.4 所示.

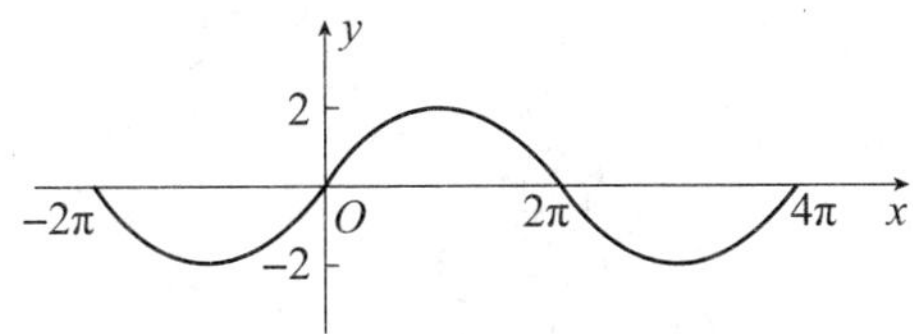

图 1.4

2. 求下列函数的反函数及反函数的定义域.

(1) $y=\tan x$, $x\in\left(\frac{\pi}{2},\ \frac{3\pi}{2}\right)$;　　(2) $y=3\sin(2x)$, $x\in\left[0,\ \frac{\pi}{4}\right]$.

解　(1) 由于 $\tan(\pi+\arctan y)=y$, 且 $\pi+\arctan y\in\left(\frac{\pi}{2},\ \frac{3\pi}{2}\right)$, 所以 $x=\pi+\arctan y$, 从而 $y=\tan x$, $x\in\left(\frac{\pi}{2},\ \frac{3\pi}{2}\right)$的反函数为

$$y=\pi+\arctan x,\quad x\in(-\infty,\ +\infty).$$

(2) 原式化为 $\sin(2x)=\frac{y}{3}$. 由 $x\in\left[0,\ \frac{\pi}{4}\right]$可得 $y\in[0,\ 3]$. 故当 $x\in\left[0,\ \frac{\pi}{4}\right]$时, $2x=\arcsin\frac{y}{3}$, 即

$$x=\frac{1}{2}\arcsin\frac{y}{3}.$$

从而 $y=3\sin(2x)$, $x\in\left[0,\ \frac{\pi}{4}\right]$的反函数为 $y=\frac{1}{2}\arcsin\frac{x}{3}$, $x\in[0,\ 3]$.

§ 1.6　极坐标简介

1. 在极坐标系下画出下列点:

(1) $(1,\ \pi)$;　　(2) $(2,\ 0)$;

(3) $\left(1,\ \frac{3\pi}{4}\right)$;　　(4) $\left(2,\ -\frac{\pi}{4}\right)$.

解 （1）如图 1.5 所示.

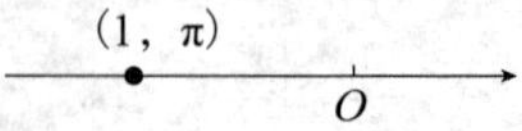

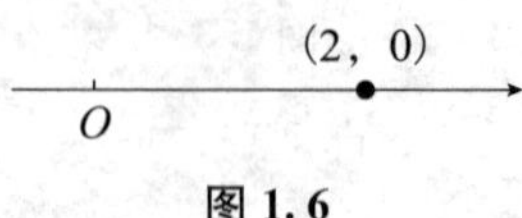

图 1.5

（2）如图 1.6 所示.

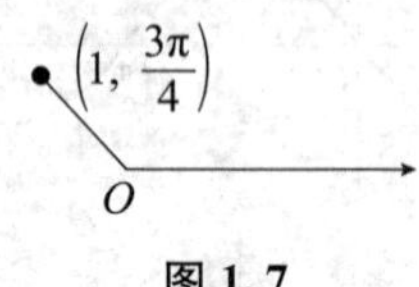

图 1.6

（3）如图 1.7 所示.

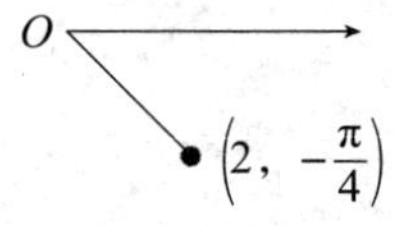

图 1.7

（4）如图 1.8 所示.

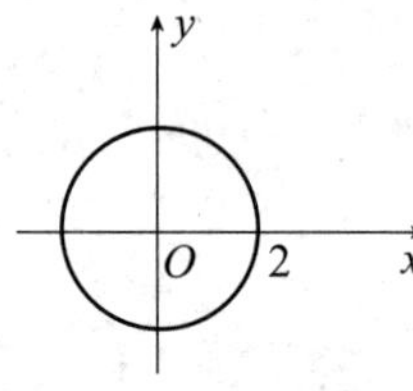

图 1.8

2. 写出下列曲线的直角坐标方程，并画出图形：

（1）$r=2$；　　（2）$r=\csc\theta$；

（3）$r=3\sin\theta$；　　（4）$r^2\cos(2\theta)=16$.

解 （1）$x^2+y^2=4$，图形如图 1.9 所示.

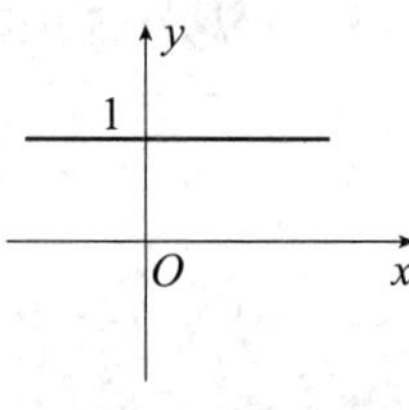

图 1.9

（2）由 $r=\csc\theta$ 得 $r\sin\theta=1$，即 $y=1$，如图 1.10 所示.

图 1.10

(3) 由 $r=3\sin\theta$ 得 $r^2=3r\sin\theta$，即 $x^2+y^2=3y$，可化为 $x^2+\left(y-\frac{3}{2}\right)^2=\frac{9}{4}$，如图 1.11 所示.

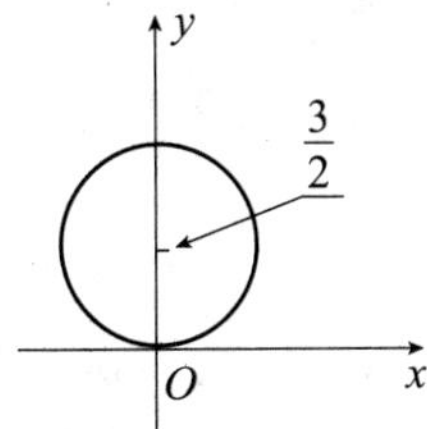

图 1.11

(4) $r^2\cos(2\theta)=16$ 可化为 $r^2(\cos^2\theta-\sin^2\theta)=16$，即 $x^2-y^2=16$，如图 1.12 所示.

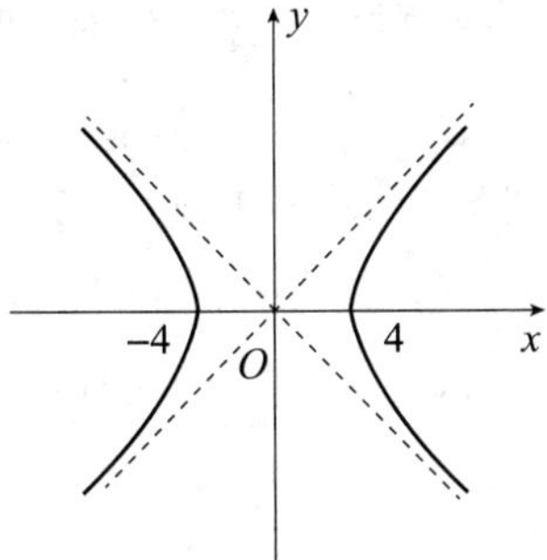

图 1.12

3. 写出下列曲线的极坐标方程：

(1) $x=2$；　　(2) $x^2+y^2=x$；

(3) $x+y=1$；　　(4) $x^2+y^2-ax=a\sqrt{x^2+y^2}$.

解　(1) 由 $x=2$ 得 $r\cos\theta=2$，即 $r=2\sec\theta$.

(2) 由 $x^2+y^2=x$ 得 $r^2=r\cos\theta$，即 $r=\cos\theta$.

(3) 由 $x+y=1$ 得 $r\cos\theta+r\sin\theta=1$，即 $r=\frac{1}{\cos\theta+\sin\theta}$.

(4) 由 $x^2+y^2-ax=a\sqrt{x^2+y^2}$ 得 $r^2-ar\cos\theta=ar$，即 $r=a(1+\cos\theta)$.

总复习题 1

1. 求下列函数的定义域：

(1) $y=\begin{cases}\cos x, & x\leqslant 1\\ \ln(x^2-1), & 1<x\leqslant 4\end{cases}$；　　(2) $y=\sqrt{\sin x}+\ln(16-x^2)$.

解　(1) 定义域为 $(-\infty, 1]\cup(1, 4]$，即 $(-\infty, 4]$.

(2) 定义域为

$$\begin{cases}2k\pi\leqslant x\leqslant(2k+1)\pi,\ k\in\mathbf{Z}\\16-x^2>0\end{cases},$$

即

$$\begin{cases}2k\pi\leqslant x\leqslant(2k+1)\pi,\ k\in\mathbf{Z}\\-4<x<4\end{cases},$$

可得 $x\in(-4,\ -\pi]\cup[0,\ \pi]$.

2. 判断下列函数是否相同，并说明理由：

(1) $y=\arcsin(\sin x)$ 与 $y=x$；

(2) $y=\ln(x^2-4x-5)$ 与 $y=\ln(x+1)+\ln(x-5)$.

解 (1) $y=\arcsin(\sin x)$ 与 $y=x$ 的定义域均为 $\mathbf{R}$，但是当 $x>\frac{\pi}{2}$ 或 $x<-\frac{\pi}{2}$ 时，$y=\arcsin(\sin x)\neq x$，所以 $y=\arcsin(\sin x)$ 与 $y=x$ 不是相同的函数.

(2) $y=\ln(x^2-4x-5)$ 的定义域为 $x<-1$ 或 $x>5$，$y=\ln(x+1)+\ln(x-5)$ 的定义域为 $x>5$，所以 $y=\ln(x^2-4x-5)$ 与 $y=\ln(x+1)+\ln(x-5)$ 不是相同的函数.

3. 设 $f(x)=\frac{2^x-1}{2^x+1}$，求 $f(0)$，$f(1)$，$f\left(\frac{1}{x}\right)$，$f(-x)$.

解 $f(0)=\frac{2^0-1}{2^0+1}=0$，

$$f(1)=\frac{2^1-1}{2^1+1}=\frac{1}{3},$$

$$f\left(\frac{1}{x}\right)=\frac{2^{\frac{1}{x}}-1}{2^{\frac{1}{x}}+1},$$

$$f(-x)=\frac{2^{-x}-1}{2^{-x}+1}=\frac{1-2^x}{1+2^x}.$$

4. 将下列函数按基本初等函数复合及四则运算进行分解：

(1) $y=\sin(\ln x)$；　　(2) $y=e^{\cos^2 x}$；

(3) $y=\arcsin^2(2x-1)$；　　(4) $y=\sqrt{x^2+\ln x}$.

解 (1) $y=\sin u$，$u=\ln x$.

(2) $y=e^u$，$u=v^2$，$v=\cos x$.

(3) $y=u^2$，$u=\arcsin v$，$v=2x-1$.

(4) $y=\sqrt{u}$，$u=v+w$，$v=x^2$，$w=\ln x$.

5. 设 $y=f(x)$ 的定义域为 $[0,\ 1]$，求下列函数的定义域：

(1) $f(x^2)$；　　(2) $f(\ln x)$.

解 (1) $0\leqslant x^2\leqslant 1$，得 $-1\leqslant x\leqslant 1$，$f(x^2)$ 的定义域为 $[-1,\ 1]$；

(2) $0\leqslant \ln x\leqslant 1$，得 $1\leqslant x\leqslant e$，$f(\ln x)$ 的定义域为 $[1,\ e]$.

6. 设 $f(x)=\begin{cases}1, & 0\leqslant x\leqslant 1\\2, & 1<x\leqslant 2\end{cases}$，试求解下列问题：

(1) 画出 $f(x)$ 的图像；

(2) 令 $g(x)=f(2x)$，求 $g(x)$ 的定义域；

(3) 令 $h(x)=f(2x)-f(x-2)$，求 $h(x)$ 的定义域.

解 (1) $f(x)$ 的图像如图 1.13 所示.

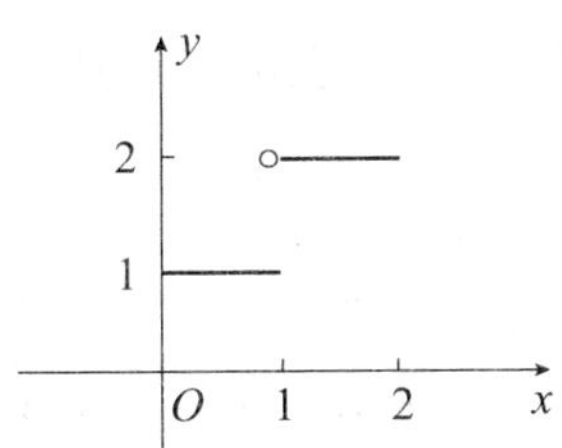

图 1.13

(2) $f(x)$ 的定义域为 $[0, 2]$，由 $g(x)=f(2x)$ 得 $0\leqslant 2x\leqslant 2$，即 $0\leqslant x\leqslant 1$，所以 $g(x)$ 的定义域为 $[0, 1]$.

(3) $f(x-2)$ 的定义域为 $0\leqslant x-2\leqslant 2$，即 $2\leqslant x\leqslant 4$，而 $f(2x)$ 的定义域为 $[0, 1]$. 所以 $h(x)=f(2x)-f(x-2)$ 的定义域为 $[0, 1]\cap[2, 4]$，即为空集.

7. 设 $f(x)=\begin{cases}1, & |x|\leqslant 1\\ 0, & |x|>1\end{cases}$，求 $f[f(x)]$.

解 $f(x)$ 的定义域为 $\mathbf{R}$，$f[f(x)]=\begin{cases}1, & |f(x)|\leqslant 1\\ 0, & |f(x)|>1\end{cases}$，而对 $\forall x\in\mathbf{R}$，有 $|f(x)|\leqslant 1$，所以 $f[f(x)]\equiv 1$，$\forall x\in\mathbf{R}$.

8. 设 $f\left(x+\dfrac{1}{x}\right)=x^2+\dfrac{1}{x^2}$，试求 $f(x)$.

解 由于

$$f\left(x+\frac{1}{x}\right)=x^2+\frac{1}{x^2}=\left(x+\frac{1}{x}\right)^2-2,$$

故 $f(x)=x^2-2$.

9. 已知 $f(x)=\sin x$，$f[\varphi(x)]=1-x^3$，其中 $|\varphi(x)|\leqslant\dfrac{\pi}{2}$. 试求 $\varphi(x)$.

解 由 $f(x)=\sin x$，得 $f[\varphi(x)]=\sin\varphi(x)$，又因为 $f[\varphi(x)]=1-x^3$，所以 $\sin\varphi(x)=1-x^3$. 而 $|\varphi(x)|\leqslant\dfrac{\pi}{2}$，所以 $\varphi(x)=\arcsin(1-x^3)$.

10. 已知 $af(x)+bf\left(\dfrac{1}{x}\right)=cx$ $(a^2-b^2\neq 0)$，试证明 $f(x)$ 是奇函数.

解 由已知有 $af\left(\dfrac{1}{x}\right)+bf(x)=\dfrac{c}{x}$，联立方程组

$$\begin{cases}af(x)+bf\left(\dfrac{1}{x}\right)=cx\\ af\left(\dfrac{1}{x}\right)+bf(x)=\dfrac{c}{x}\end{cases},$$

解得

$$f(x)=\frac{acx}{a^2-b^2}-\frac{bc}{a^2-b^2}\cdot\frac{1}{x},\quad x\in(-\infty,0)\cup(0,+\infty).$$

易见 $f(-x)=-f(x)$，故 $f(x)$ 是奇函数.

11. 已知 $f(x)$ 是 $[a, b]$ 和 $[b, c]$ 上的单调递增函数，试证明 $f(x)$ 为区间 $[a, c]$ 上的单调递增函数.

证 $\forall x_1, x_2\in[a, c]$，不妨设 $x_1<x_2$，

(i) 若 $x_1, x_2\in[a, b]$，则由 $f(x)$ 在 $[a, b]$ 上单调递增，得 $f(x_1)<f(x_2)$.

(ii) 若 $x_1, x_2\in[b, c]$，则由 $f(x)$ 在 $[b, c]$ 上单调递增，得 $f(x_1)<f(x_2)$.

(iii) 若 $x_1\in[a, b]$，$x_2\in[b, c]$，则 $f(x_1)\leqslant f(b)$，$f(b)\leqslant f(x_2)$. 由于 $x_1\neq x_2$，不妨设 $x_1<b$，则 $f(x_1)<f(b)$，又因为 $f(b)\leqslant f(x_2)$，所以 $f(x_1)<f(x_2)$.

综上可知，$f(x)$ 在区间 $[a, c]$ 上为单调递增函数.

12. 某工厂生产某种产品 2 000 个，每个定价 50 元. 如果销售量不超过 1 000 个，则按照原价出售；如果超过 1 000 个，则超出部分按照 8 折出售. 试将总收益表示为销售量的函数.

解 设销售量为 Q 个，依题意，当 $0\leqslant Q\leqslant 1\,000$ 时，总收益 $R=50Q$；当 $1\,000<Q\leqslant 2\,000$ 时，总收益

$$R=50\times 1\,000+(Q-1\,000)\times 50\times 0.8=10\,000+40Q.$$

从而总收益为

$$R=\begin{cases}50Q, & 0\leqslant Q\leqslant 1\,000\\ 10\,000+40Q, & 1\,000<Q\leqslant 2\,000\end{cases}.$$

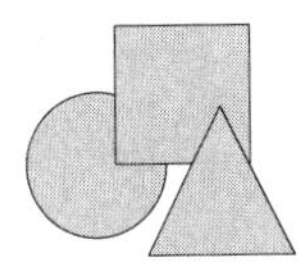

第 2 章　极限与连续

§2.1　数列的极限

1. 观察当 $n\to\infty$ 时，下列数列的变化趋势. 若收敛，写出它们的极限.

(1) 0，$\frac{1}{3}$，$\frac{2}{4}$，$\frac{3}{5}$，…，$\frac{n-1}{n+1}$，…；

(2) $\cos(\pi+x)$，$\cos(2\pi+x)$，…，$\cos(n\pi+x)$，…；

(3) 1，$\frac{1}{2}$，3，$\frac{1}{4}$，…，$2n-1$，$\frac{1}{2n}$，…；

(4) 1，$\frac{1}{2^{\alpha}}$，…，$\frac{1}{n^{\alpha}}$，…　(α 为实数).

解　(1) 当 $n\to\infty$ 时，$\frac{n-1}{n+1}$ 与常数 1 无限接近，故该数列收敛，极限为 1.

(2) 由 $\cos(n\pi+x)=(-1)^n\cos x$ 知，当 $x=k\pi+\frac{\pi}{2}(k\in\mathbf{Z})$ 时，数列为常数列 $\{0\}$，极限为 0，此时数列收敛；当 $x\neq k\pi+\frac{\pi}{2}$ $(k\in\mathbf{Z})$ 时，原数列在 $\pm\cos x$ 之间振荡，数列发散.

(3) 原数列的奇数子列为 $\{2n-1\}$，当 $n\to\infty$ 时，通项 $2n-1\to\infty$，奇数子列发散，故原数列发散.

(4) 当 $\alpha>0$ 时，随着 $n\to\infty$，$\frac{1}{n^{\alpha}}$ 与 0 无限接近，数列收敛，极限为 0.

当 $\alpha=0$ 时，数列为常数列 $\{1\}$，数列收敛，极限为 1；

当 $\alpha<0$ 时，随着 $n\to\infty$，$\frac{1}{n^\alpha}\to\infty$，数列发散.

2. 利用数列极限的定义证明下列极限成立：

(1) $\lim\limits_{n\to\infty}\frac{1}{\sqrt{n}}=0$；　　(2) $\lim\limits_{n\to\infty}\frac{n}{2n+1}=\frac{1}{2}$.

证 (1) 对 $\forall\varepsilon>0$，要使得 $\left|\frac{1}{\sqrt{n}}-0\right|<\varepsilon$，需使得 $\frac{1}{\sqrt{n}}<\varepsilon$，可化为 $n>\frac{1}{\varepsilon^2}$，取 $N=\left[\frac{1}{\varepsilon^2}\right]$，则当 $n>N$ 时，有 $\left|\frac{1}{\sqrt{n}}-0\right|<\varepsilon$ 恒成立，根据数列极限的定义有 $\lim\limits_{n\to\infty}\frac{1}{\sqrt{n}}=0$.

(2) 对 $\forall\varepsilon>0$，要使得 $\left|\frac{n}{2n+1}-\frac{1}{2}\right|<\varepsilon$，由于

$$\left|\frac{n}{2n+1}-\frac{1}{2}\right|=\frac{1}{2(2n+1)}<\frac{1}{n},$$

需使得 $\frac{1}{n}<\varepsilon$，即 $n>\frac{1}{\varepsilon}$. 取 $N=\left[\frac{1}{\varepsilon}\right]$，则当 $n>N$ 时，$\left|\frac{n}{2n+1}-\frac{1}{2}\right|<\varepsilon$ 恒成立，根据数列极限的定义有 $\lim\limits_{n\to\infty}\frac{n}{2n+1}=\frac{1}{2}$.

3. 下列说法哪些是 $\lim\limits_{n\to\infty}x_n=a$ 的充分必要条件？试说明理由.

(1) 任取 $\varepsilon>0$，$\{x_n\}$ 中有无穷多项满足 $|x_n-a|<\varepsilon$；

(2) 任取 $\varepsilon>0$，$\{x_n\}$ 中仅有有限多项不在区间 $(a-\varepsilon,\ a+\varepsilon)$ 内；

(3) 取 $\varepsilon=1$，$\exists N>0$，当 $n>N$ 时，$|x_n-a|<\varepsilon$.

解 (1) 必要非充分条件. 令 $x_n=\sin\frac{n\pi}{2}$，则 $\{x_n\}=\{1,\ 0,\ -1,\ 0,\ 1,\ 0,\ -1,\ 0,\ \cdots\}$ 发散，但是其偶数子列 $\{x_{2n}\}$ 为常数列 $\{0\}$，收敛于 0，其任意项 x_{2n} 均满足：任取 $\varepsilon>0$，$|x_{2n}-0|<\varepsilon$.

(2) 充要条件. $\lim\limits_{n\to\infty}=a\Leftrightarrow\forall\varepsilon>0$，存在正整数 N，使得当 $n>N$ 时，有 $|x_n-a|<\varepsilon$，即

$$a-\varepsilon<x_n<a+\varepsilon,$$

故 $\{x_n\}$ 中最多有 N 项不在 $(a-\varepsilon,\ a+\varepsilon)$ 内.

(3) 必要非充分条件. 由 (2) 的分析可知，必要性成立，但是 $\varepsilon=1$ 不具有任意性，故不是充分条件.

4. 如果 $\lim\limits_{n\to\infty}a_n=a$，证明 $\lim\limits_{n\to\infty}|a_n|=|a|$，并说明其逆命题是否正确.

证 由 $\lim\limits_{n\to\infty}a_n=a$ 知，对 $\forall\varepsilon>0$，存在正整数 N，使得当 $n>N$ 时，有 $|a_n-a|<\varepsilon$；而

$$\big||a_n|-|a|\big|\leqslant|a_n-a|,$$

故 $\big||a_n|-|a|\big|<\varepsilon$，从而 $\lim\limits_{n\to\infty}|a_n|=|a|$.

其逆命题不正确. 例如，取 $a_n=(-1)^n$，则 $\lim\limits_{n\to\infty}|a_n|=1$，但是 $\{a_n\}=\{(-1)^n\}$ 在 ±1 间振荡，为发散数列.

5. 证明定理 2.1.1 中的结论（2）.

证　该结论为：对于数列 $\{u_n\}$，$\lim\limits_{n\to\infty}u_n=A$ 的充要条件是偶数子列 $\{u_{2k}\}$ 和奇数子列 $\{u_{2k+1}\}$ 满足

$$\lim_{k\to\infty}u_{2k}=\lim_{k\to\infty}u_{2k+1}=A.$$

必要性. 如果 $\lim\limits_{n\to\infty}u_n=A$，则由定理 2.1.1 的（1）可知，$\{u_n\}$ 的任一子数列 $\{u_{n_k}\}$ 都收敛于 A，所以 $\lim\limits_{k\to\infty}u_{2k}=\lim\limits_{k\to\infty}u_{2k+1}=A$.

充分性. 由 $\lim\limits_{k\to\infty}u_{2k}=A$ 可知，对 $\forall\varepsilon>0$，$\exists K_1>0$，使得当 $2k>K_1$ 时，$|u_{2k}-A|<\varepsilon$；又因为 $\lim\limits_{k\to\infty}u_{2k+1}=A$，则对上述的 ε，$\exists K_2>0$，使得当 $2k+1>K_2$ 时，有 $|u_{2k+1}-A|<\varepsilon$. 令

$$K=\max\{K_1, K_2\},$$

取 $N=K$，则当 $n>N$ 时，若 $n=2k$，则当 $2k>K\geqslant K_1$ 时，有 $|u_n-A|<\varepsilon$；若 $n=2k+1$，则当 $2k+1>K\geqslant K_2$ 时，有 $|u_n-A|<\varepsilon$. 故只要 $n>N$，就有 $|u_n-A|<\varepsilon$ 恒成立，从而 $\lim\limits_{n\to\infty}u_n=A$.

§2.2　函数的极限

1. 如图 2.1 所示，试求 $\lim\limits_{x\to-1}f(x)$，$\lim\limits_{x\to0}f(x)$，$\lim\limits_{x\to1}f(x)$，$\lim\limits_{x\to2}f(x)$，$\lim\limits_{x\to3^-}f(x)$.

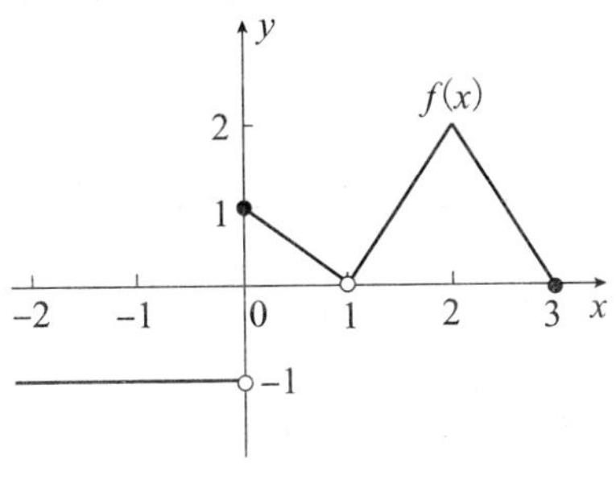

图 2.1

解　由图 2.1 可知，$\lim\limits_{x\to-1}f(x)=-1$；由

$$\lim_{x\to0^-}f(x)=-1，\lim_{x\to0^+}f(x)=1$$

可知，零点处的左右极限不相等，所以 $\lim\limits_{x\to0}f(x)$ 不存在；同理，

$$\lim_{x\to1}f(x)=0；\lim_{x\to2}f(x)=2；\lim_{x\to3^-}f(x)=0.$$

2. 利用极限的分析定义证明下列函数的极限成立：

（1）$\lim\limits_{x\to2}(x+1)=3$；　　（2）$\lim\limits_{x\to-2}\dfrac{x^2-4}{x+2}=-4$；

(3) $\lim\limits_{x\to\infty}\dfrac{x^2-1}{2x^2+2}=\dfrac{1}{2}$；　　　　(4) $\lim\limits_{x\to\infty}\dfrac{\sin x}{x}=0$.

证　(1) 对 $\forall\varepsilon>0$，要使得 $|(x+1)-3|<\varepsilon$，需使得 $|x-2|<\varepsilon$，取 $\delta=\varepsilon$，则当 $0<|x-2|<\delta$ 时，恒有 $|(x+1)-3|<\varepsilon$，故 $\lim\limits_{x\to 2}(x+1)=3$.

(2) 对 $\forall\varepsilon>0$，要使得 $\left|\dfrac{x^2-4}{x+2}-(-4)\right|<\varepsilon$ 成立，需使得 $|x-(-2)|<\varepsilon$ 成立，取 $\delta=\varepsilon$，则当 $0<|x-(-2)|<\varepsilon$ 时，恒有 $\left|\dfrac{x^2-4}{x+2}-(-4)\right|<\varepsilon$，故 $\lim\limits_{x\to -2}\dfrac{x^2-4}{x+2}=-4$.

(3) 对 $\forall\varepsilon>0$，要使得 $\left|\dfrac{x^2-1}{2x^2+2}-\dfrac{1}{2}\right|<\varepsilon$，需使得 $\left|\dfrac{1}{x^2+1}\right|<\varepsilon$，由于

$$\left|\frac{1}{x^2+1}\right|<\frac{1}{|x|},$$

故只需使得 $\dfrac{1}{|x|}<\varepsilon$，即 $|x|>\dfrac{1}{\varepsilon}$. 取 $X=\dfrac{1}{\varepsilon}$，则当 $|x|>X$ 时，恒有 $\left|\dfrac{x^2-1}{2x^2+2}-\dfrac{1}{2}\right|<\varepsilon$，故 $\lim\limits_{x\to\infty}\dfrac{x^2-1}{2x^2+2}=\dfrac{1}{2}$.

(4) 对 $\forall\varepsilon>0$，要使得 $\left|\dfrac{\sin x}{x}-0\right|<\varepsilon$，需使得 $\left|\dfrac{\sin x}{x}\right|<\varepsilon$，由于

$$\left|\frac{\sin x}{x}\right|\leqslant\frac{1}{|x|},$$

故只需使得 $\dfrac{1}{|x|}<\varepsilon$，即 $|x|>\dfrac{1}{\varepsilon}$. 取 $X=\dfrac{1}{\varepsilon}$，则当 $|x|>X$ 时，恒有 $\left|\dfrac{\sin x}{x}-0\right|<\varepsilon$，故 $\lim\limits_{x\to\infty}\dfrac{\sin x}{x}=0$.

3. 已知当 $x\to 2$ 时，$y=x^2\to 4$，要使得当 $|x-2|<\delta$ 时，$|y-4|<0.001$，δ 应满足什么条件？

解　由于

$$|y-4|=|x^2-4|=|x+2|\cdot|x-2|,$$

故需使得

$$|y-4|<0.001,$$

由于 $x\to 2$，不妨设 $|x-2|<1$，即 $1<x<3$，则 $|x+2|<5$，故可使

$$5|x-2|<0.001,$$

即 $|x-2|<0.000\,2$，有 $0<\delta<0.000\,2$.

注　本题中先设定 $|x-2|<1$，目的在于将

$$|y-4|=|x^2-4|=|x+2||x-2|$$

中的 $|x+2|$ 放大为 5，从而去掉因式 $|x+2|$，再令 $5|x-2|<0.001$，由此得 $\delta<0.000\,2$. 这是在极限定义证明中经常使用的一种方法.

4. 证明极限$\lim\limits_{x\to 0}\frac{|x|}{x}$不存在.

证 因为

$$\lim_{x\to 0^-}\frac{|x|}{x}=\lim_{x\to 0^-}\frac{-x}{x}=-1,\ \lim_{x\to 0^+}\frac{|x|}{x}=\lim_{x\to 0^+}\frac{x}{x}=1,$$

所以在 $x=0$ 处左右极限不相等，从而$\lim\limits_{x\to 0}\frac{|x|}{x}$不存在.

§ 2.3 无穷小量与无穷大量

1. 指出下列变量哪些为无穷小量，哪些为无穷大量：

(1) $x\sin\frac{1}{x}$ $(x\to 0)$； (2) $\frac{\cos n\pi+\cos(n+1)\pi}{n}$ $(n\to\infty)$；

(3) $\frac{x^2-1}{x^2-2x-3}$ $(x\to 3)$； (4) $\frac{1}{x}\ln e^x$ $(x\to\infty)$.

解 (1) 由于$\lim\limits_{x\to 0}x=0$，$\sin\frac{1}{x}$为有界变量，故$\lim\limits_{x\to 0}x\sin\frac{1}{x}=0$，从而当 $x\to 0$ 时，$x\sin\frac{1}{x}$为无穷小量.

(2) 由于

$$\frac{\cos n\pi+\cos(n+1)\pi}{n}=\frac{(-1)^n+(-1)^{n+1}}{n}=0,$$

因此当 $n\to\infty$时，$\frac{\cos n\pi+\cos(n+1)\pi}{n}$为无穷小量.

(3) 由于

$$\lim_{x\to 3}\frac{x^2-1}{x^2-2x-3}=\lim_{x\to 3}\frac{(x+1)(x-1)}{(x+1)(x-3)}=\lim_{x\to 3}\frac{x-1}{x-3}=\infty,$$

故当 $x\to 3$ 时，$\frac{x^2-1}{x^2-2x-3}$为无穷大量.

(4) $\lim\limits_{x\to\infty}\frac{1}{x}\ln e^x=\lim\limits_{x\to\infty}\frac{1}{x}x=1$，故当 $x\to\infty$时，$\frac{1}{x}\ln e^x$ 既不是无穷大量，也不是无穷小量.

2. 根据极限的分析定义证明：当 $x\to 2$ 时，$y=\frac{x^2-4}{x+2}$为无穷小量.

证 由题意，即证$\lim\limits_{x\to 2}\frac{x^2-4}{x+2}=0$. 对$\forall\varepsilon>0$，要使得$\left|\frac{x^2-4}{x+2}-0\right|<\varepsilon$ 成立，需使得$|x-2|<\varepsilon$成立. 所以取 $\delta=\varepsilon$，则当 $0<|x-2|<\delta$ 时，恒有$\left|\frac{x^2-4}{x+2}-0\right|<\varepsilon$，故$\lim\limits_{x\to 2}\frac{x^2-4}{x+2}=0$.

3. 证明定理 2.3.2 的结论 (1).

证 该结论为：若 α，β 是同一变化过程中的无穷小量，则 $\alpha\pm\beta$，$\alpha\beta$ 也是无穷小量.

由于 α 是无穷小量，因此对任意的 $0<\varepsilon<1$，存在某一时刻，使得在该时刻之后，有

$$|\alpha-0|<\frac{\varepsilon}{2};$$

又因为 β 是同一变化过程中的无穷小量，因此也存在一个时刻，使得在这个时刻之后，有

$$|\beta-0|<\frac{\varepsilon}{2};$$

则在上述两个时刻之后，有

$$|\alpha\pm\beta|\leqslant|\alpha|+|\beta|<\frac{\varepsilon+\varepsilon}{2}=\varepsilon,$$

和

$$|\alpha\beta|=|\alpha|\cdot|\beta|<\frac{\varepsilon^2}{4}<\varepsilon,$$

故 $\alpha\pm\beta$，$\alpha\beta$ 是无穷小量.

4. 证明定理 2.3.3 的（1）.

证 该结论为：若变量 Y 是无穷大量，则 $\frac{1}{Y}$ 为无穷小量.

设 $\lim Y=\infty$，即证 $\lim\frac{1}{Y}=0$. 对于 $\forall\varepsilon>0$，由于 $\lim Y=\infty$，故对 $M=\frac{1}{\varepsilon}$，存在某个时刻，使得在该时刻之后，有 $|Y|>M$，即

$$\left|\frac{1}{Y}\right|<\frac{1}{M}=\varepsilon,$$

所以 $\lim\frac{1}{Y}=0$.

5. 证明：$\lim\limits_{x\to0}\frac{x-1}{\arctan x}=\infty$.

证 对 $\forall M>0$，需使得 $\left|\frac{x-1}{\arctan x}\right|>M$，由于 $x\to0$，不妨设 $-\frac{1}{2}<x<\frac{1}{2}$，即有

$$-\frac{3}{2}<x-1<-\frac{1}{2},$$

从而

$$\frac{1}{2}<|x-1|<\frac{3}{2}.$$

故只需使 $\left|\frac{\frac{1}{2}}{\arctan x}\right|>M$，即 $|\arctan x|<\frac{1}{2M}$，从而

$$-\tan\frac{1}{2M}<x<\tan\frac{1}{2M}.$$

取

$$\delta=\min\left\{\frac{1}{2},\ \tan\frac{1}{2M}\right\},$$

则当 $0<|x|<\delta$ 时，$\left|\frac{x-1}{\arctan x}\right|>M$ 恒成立，故由无穷大量的定义可知，$\lim\limits_{x\to0}\frac{x-1}{\arctan x}=\infty$.

注　由定理 2.3.3 的结论，要证明变量 Y 是无穷大量，也可以证明 $\frac{1}{Y}$ 是无穷小量，即只需证明 $\lim\limits_{x\to0}\frac{\arctan x}{x-1}=0$ 即可.

§2.4　极限的性质与运算法则

1. 求下列极限：

(1) $\lim\limits_{x\to-\sqrt{2}}\frac{x^2-2}{x^2-1}$；

(2) $\lim\limits_{x\to1}\frac{2x^3-x^2-x}{x^2-x}$；

(3) $\lim\limits_{n\to\infty}\frac{\sqrt[3]{n^2+n}}{n^2+2}$；

(4) $\lim\limits_{n\to\infty}\frac{(\sqrt{n}+1)(\sqrt{2n}+1)}{3n}$；

(5) $\lim\limits_{n\to\infty}\left(1+\frac{1}{n}\right)^{\frac{2}{n}}$；

(6) $\lim\limits_{x\to0}\frac{1}{1+e^{\frac{1}{x}}}$；

(7) $\lim\limits_{n\to\infty}\left(\frac{1}{2}+\frac{1}{4}+\cdots+\frac{1}{2^n}\right)$；

(8) $\lim\limits_{n\to\infty}\frac{5^n+3^n}{7^n+(\sqrt{2})^{2n+1}}$；

(9) $\lim\limits_{n\to\infty}\frac{n-\sin n}{n+\cos n}$；

(10) $\lim\limits_{n\to\infty}[\ln(2n^2+n-1)-3\ln n]$；

(11) $\lim\limits_{x\to-\infty}(x^2+x\sqrt{x^2+1})$.

解　(1) $\lim\limits_{x\to-\sqrt{2}}\frac{x^2-2}{x^2-1}=\frac{\lim\limits_{x\to-\sqrt{2}}(x^2-2)}{\lim\limits_{x\to-\sqrt{2}}(x^2-1)}=\frac{0}{1}=0.$

(2) $\lim\limits_{x\to1}\frac{2x^3-x^2-x}{x^2-x}=\lim\limits_{x\to1}\frac{x(x-1)(2x+1)}{x(x-1)}=\lim\limits_{x\to1}(2x+1)=3.$

(3) $\lim\limits_{n\to\infty}\frac{\sqrt[3]{n^2+n}}{n^2+2}=\lim\limits_{n\to\infty}\frac{\sqrt[3]{\frac{1}{n^4}+\frac{1}{n^5}}}{1+\frac{2}{n^2}}=\frac{0}{1}=0.$

(4)
$$\lim_{n\to\infty}\frac{(\sqrt{n}+1)(\sqrt{2n}+1)}{3n}=\lim_{n\to\infty}\frac{\left(1+\frac{1}{\sqrt{n}}\right)\left(\sqrt{2}+\frac{1}{\sqrt{n}}\right)}{3}$$
$$=\frac{1}{3}\lim_{n\to\infty}\left(1+\frac{1}{\sqrt{n}}\right)\cdot\lim_{n\to\infty}\left(\sqrt{2}+\frac{1}{\sqrt{n}}\right)=\frac{\sqrt{2}}{3}.$$

(5) 由于

$$\lim_{n\to\infty}\left(1+\frac{1}{n}\right)^{\frac{2}{n}}=\lim_{n\to\infty}e^{\frac{2}{n}\ln\left(1+\frac{1}{n}\right)},$$

令 $u_n=\frac{2}{n}\ln\left(1+\frac{1}{n}\right)$，则

$$\lim_{n\to\infty}u_n=\lim_{n\to\infty}\frac{2}{n}\ln\left(1+\frac{1}{n}\right)=0,$$

故原式 $=\lim\limits_{n\to\infty}e^{u_n}=1$.

注 这里用到了教材例 2.7.4 的结论.

（6）由于

$$\lim_{x\to 0^+}(1+e^{\frac{1}{x}})=+\infty,$$

因此

$$\lim_{x\to 0^+}\frac{1}{1+e^{\frac{1}{x}}}=0,$$

而

$$\lim_{x\to 0^-}\frac{1}{1+e^{\frac{1}{x}}}=\frac{1}{1+\lim\limits_{x\to 0^-}e^{\frac{1}{x}}}=\frac{1}{1+0}=1,$$

即左右极限不相等，故极限 $\lim\limits_{x\to 0}\frac{1}{1+e^{\frac{1}{x}}}$ 不存在.

（7）$\lim\limits_{n\to\infty}\left(\frac{1}{2}+\frac{1}{4}+\cdots+\frac{1}{2^n}\right)=\lim\limits_{n\to\infty}\frac{\frac{1}{2}\left(1-\frac{1}{2^n}\right)}{1-\frac{1}{2}}=\lim\limits_{n\to\infty}\left(1-\frac{1}{2^n}\right)=1.$

（8）$\lim\limits_{n\to\infty}\frac{5^n+3^n}{7^n+(\sqrt{2})^{2n+1}}=\lim\limits_{n\to\infty}\frac{5^n+3^n}{7^n+\sqrt{2}\cdot 2^n}=\lim\limits_{n\to\infty}\frac{\left(\frac{5}{7}\right)^n+\left(\frac{3}{7}\right)^n}{1+\sqrt{2}\cdot\left(\frac{2}{7}\right)^n}=\frac{0}{1}=0.$

（9）$\lim\limits_{n\to\infty}\frac{n-\sin n}{n+\cos n}=\lim\limits_{n\to\infty}\frac{1-\frac{\sin n}{n}}{1+\frac{\cos n}{n}}=\frac{\lim\limits_{n\to\infty}\left(1-\frac{\sin n}{n}\right)}{\lim\limits_{n\to\infty}\left(1+\frac{\cos n}{n}\right)}=1.$

（10）$\lim\limits_{n\to\infty}[\ln(2n^2+n-1)-3\ln n]=\lim\limits_{n\to\infty}\ln\frac{2n^2+n-1}{n^3}=-\infty.$

（11）
$$\begin{aligned}\lim_{x\to-\infty}(x^2+x\sqrt{x^2+1})&=\lim_{x\to-\infty}x(x+\sqrt{x^2+1})=\lim_{x\to-\infty}x\cdot\frac{-1}{x-\sqrt{x^2+1}}\\&=\lim_{x\to-\infty}\frac{-1}{1-\frac{\sqrt{x^2+1}}{x}}=\lim_{x\to-\infty}\frac{-1}{1+\sqrt{1+\frac{1}{x^2}}}\\&=-\frac{1}{\lim\limits_{x\to-\infty}\left(1+\sqrt{1+\frac{1}{x^2}}\right)}=-\frac{1}{2}.\end{aligned}$$

2. 证明推论 2.4.6.

证 该推论为：若存在 $\lim\frac{X}{Y}$，且 $\lim Y=0$，则 $\lim X=0$.

$$\lim X=\lim\left(\frac{X}{Y}\cdot Y\right)=\lim\frac{X}{Y}\cdot\lim Y=A\cdot 0=0.$$

3. 判断下列说法的对错. 如果说法正确，予以证明；如果错误，给出一个反例.

(1) 在自变量的同一变化过程中，如果 $\lim X$ 存在，但是 $\lim Y$ 不存在，那么 $\lim(X+Y)$ 不存在；

(2) 在自变量的同一变化过程中，如果 $\lim X$ 不存在，$\lim Y$ 也不存在，那么 $\lim(X+Y)$ 不存在.

解　(1) 正确.

假设 $\lim(X+Y)$ 存在，则

$$\lim Y=\lim[(X+Y)-X]=\lim(X+Y)-\lim X,$$

即 $\lim Y$ 存在，与已知 $\lim Y$ 不存在矛盾，故 $\lim(X+Y)$ 不存在.

(2) 不正确. 例如，$\lim\limits_{x\to\infty}x^2$ 不存在，$\lim\limits_{x\to\infty}(-x^2)$ 不存在，但是 $\lim\limits_{x\to\infty}[x^2+(-x^2)]=0$，极限存在.

4. 试写出当 $x\to\infty$ 时函数 $f(x)$ 极限的保号性定理、推论及其证明.

解　保号性定理：设 $\lim\limits_{x\to\infty}f(x)=A$，且 $A>0$（或 $A<0$），则存在 $X>0$，使得当 $|x|>X$ 时，有 $f(x)>0$（或 $f(x)<0$）.

保号性定理的证明：不妨设 $A>0$，由于 $\lim\limits_{x\to\infty}f(x)=A$，则对 $\varepsilon=\frac{A}{2}$，必存在 $X>0$，使得当 $|x|>X$ 时，有 $|f(x)-A|<\frac{A}{2}$，从而 $f(x)>\frac{A}{2}>0$.

类似可证 $A<0$ 的情形.

推论：设 $\lim\limits_{x\to\infty}f(x)=A$，若存在 $X>0$，使得当 $|x|>X$ 时，有 $f(x)\geqslant 0$（或 $f(x)\leqslant 0$），则 $A\geqslant 0$（或 $A\leqslant 0$）.

推论的证明：不妨设 $f(x)\geqslant 0$. 假设 $A<0$，则由保号性定理可知，必存在 $X_1>0$，当 $|x|>X_1$ 时，有 $f(x)<0$. 取 $X_2=\max\{X, X_1\}$，则当 $|x|>X_2$ 时，既有 $f(x)\geqslant 0$，又有 $f(x)<0$，矛盾. 所以 $A\geqslant 0$.

类似可证 $f(x)\leqslant 0$ 的情形.

§2.5　极限存在准则与两个重要极限

1. 计算下列极限：

(1) $\lim\limits_{x\to 0}\frac{\sin x^2}{x}$；

(2) $\lim\limits_{x\to 0}\frac{\arctan 2x}{x}$；

(3) $\lim\limits_{x\to 0}\frac{\sin x}{\tan 2x}$；

(4) $\lim\limits_{n\to\infty}n\sin\frac{x}{n}$；

(5) $\lim\limits_{x\to\frac{\pi}{2}}\frac{\cos x}{\frac{\pi}{2}-x}$；

(6) $\lim\limits_{x\to 1}(x-1)\tan\frac{\pi x}{2}$.

解 （1）$\lim\limits_{x\to 0}\dfrac{\sin x^2}{x}=\lim\limits_{x\to 0}\dfrac{\sin x^2}{x^2}\cdot\dfrac{x^2}{x}=\lim\limits_{x\to 0}\dfrac{\sin x^2}{x^2}\cdot\lim\limits_{x\to 0}\dfrac{x^2}{x}=1\times 0=0$；

（2）令 $t=\arctan 2x$，则 $x=\dfrac{1}{2}\tan t$，从而

$$\lim_{x\to 0}\frac{\arctan 2x}{x}=\lim_{t\to 0}\frac{t}{\dfrac{1}{2}\tan t}=2\lim_{t\to 0}\frac{t}{\sin t}\cos t=2\lim_{t\to 0}\frac{1}{\dfrac{\sin t}{t}}\cdot\lim_{t\to 0}\cos t=2;$$

（3）$\lim\limits_{x\to 0}\dfrac{\sin x}{\tan 2x}=\lim\limits_{x\to 0}\dfrac{\sin x}{x}\dfrac{x}{\tan 2x}=\dfrac{1}{2}\lim\limits_{x\to 0}\dfrac{\sin x}{x}\dfrac{1}{\dfrac{\tan 2x}{2x}}=\dfrac{1}{2}$；

（4）当 $x=0$ 时，原式$=0$；当 $x\neq 0$ 时，有

$$\lim_{n\to\infty}n\sin\frac{x}{n}=\lim_{n\to\infty}x\cdot\frac{\sin\dfrac{x}{n}}{\dfrac{x}{n}}=x\lim_{n\to\infty}\frac{\sin\dfrac{x}{n}}{\dfrac{x}{n}}=x;$$

综上所述，$\lim\limits_{n\to\infty}n\sin\dfrac{x}{n}=x$.

（5）令 $t=\dfrac{\pi}{2}-x$，则 $x=\dfrac{\pi}{2}-t$，从而

$$\lim_{x\to\frac{\pi}{2}}\frac{\cos x}{\dfrac{\pi}{2}-x}=\lim_{t\to 0}\frac{\cos\left(\dfrac{\pi}{2}-t\right)}{t}=\lim_{t\to 0}\frac{\sin t}{t}=1.$$

（6）令 $t=1-x$，则 $x=1-t$，从而

$$\lim_{x\to 1}(x-1)\tan\frac{\pi x}{2}=-\lim_{t\to 0}t\tan\frac{\pi}{2}(1-t)=-\lim_{t\to 0}t\cot\left(\frac{\pi}{2}t\right)$$

$$=-\lim_{t\to 0}t\frac{\cos\left(\dfrac{\pi}{2}t\right)}{\sin\left(\dfrac{\pi}{2}t\right)}=-\lim_{t\to 0}\frac{2}{\pi}\cdot\frac{\dfrac{\pi}{2}t}{\sin\left(\dfrac{\pi}{2}t\right)}\cos\left(\frac{\pi}{2}t\right)=-\frac{2}{\pi}.$$

2. 计算下列极限：

（1）$\lim\limits_{x\to 0}(1-x)^{\frac{1}{x}}$；

（2）$\lim\limits_{x\to 0}(1+\sin x)^{\frac{1}{x}}$；

（3）$\lim\limits_{x\to\infty}\left(1-\dfrac{1}{x}\right)^{2x}$；

（4）$\lim\limits_{x\to\infty}\left(\dfrac{x}{x-1}\right)^{x}$；

（5）$\lim\limits_{x\to 0}\left(\dfrac{1-2x}{1+3x}\right)^{\frac{2}{x}}$；

（6）$\lim\limits_{x\to 0}(\cos x)^{\frac{1}{x^2}}$.

解 （1）$\lim\limits_{x\to 0}(1-x)^{\frac{1}{x}}=\lim\limits_{x\to 0}(1-x)^{-\frac{1}{x}\cdot(-1)}=\lim\limits_{x\to 0}\left[(1-x)^{-\frac{1}{x}}\right]^{-1}=\mathrm{e}^{-1}$.

（2）$\lim\limits_{x\to 0}(1+\sin x)^{\frac{1}{x}}=\lim\limits_{x\to 0}(1+\sin x)^{\frac{1}{\sin x}\cdot\frac{\sin x}{x}}=\lim\limits_{x\to 0}\left[(1+\sin x)^{\frac{1}{\sin x}}\right]^{\frac{\sin x}{x}}=\mathrm{e}$.

（**注**　这里用到了教材例 2.7.4 的结论.）

(3) $\lim\limits_{x\to\infty}\left(1-\dfrac{1}{x}\right)^{2x}=\lim\limits_{x\to\infty}\left(1-\dfrac{1}{x}\right)^{-x\cdot(-2)}=\mathrm{e}^{-2}$.

(4) $\lim\limits_{x\to\infty}\left(\dfrac{x}{x-1}\right)^{x}=\lim\limits_{x\to\infty}\left(\dfrac{1}{1-\dfrac{1}{x}}\right)^{x}=\lim\limits_{x\to\infty}\dfrac{1}{\left(1-\dfrac{1}{x}\right)^{x}}=\lim\limits_{x\to\infty}\dfrac{1}{\left[\left(1-\dfrac{1}{x}\right)^{-x}\right]^{-1}}=\dfrac{1}{\mathrm{e}^{-1}}=\mathrm{e}$.

(5) 由于

$$\lim_{x\to0}\left(\frac{1-2x}{1+3x}\right)^{\frac{2}{x}}=\lim_{x\to0}\left[\left(1+\frac{-5x}{1+3x}\right)^{-\frac{1+3x}{5x}\cdot}\right]^{\frac{-5x}{1+3x}\cdot\frac{2}{x}},$$

而

$$\lim_{x\to0}\frac{-5x}{1+3x}\cdot\frac{2}{x}=-\lim_{x\to0}\frac{10x}{(1+3x)x}=-10,$$

因此

$$\lim_{x\to0}\left(\frac{1-2x}{1+3x}\right)^{\frac{2}{x}}=\mathrm{e}^{-10}.$$

(**注**　这里用到了教材例 2.7.4 的结论.)

(6) 由于

$$\lim_{x\to0}(\cos x)^{\frac{1}{x^2}}=\lim_{x\to0}(1+\cos x-1)^{\frac{1}{x^2}}=\lim_{x\to0}\{[1+(\cos x-1)]^{\frac{1}{\cos x-1}}\}^{\frac{\cos x-1}{x^2}},$$

而

$$\lim_{x\to0}\frac{\cos x-1}{x^2}=-\lim_{x\to0}\frac{2\sin^2\dfrac{x}{2}}{x^2}=-\frac{1}{2}\lim_{x\to0}\left(\frac{\sin\dfrac{x}{2}}{\dfrac{x}{2}}\right)^2=-\frac{1}{2},$$

因此

$$\lim_{x\to0}(\cos x)^{\frac{1}{x^2}}=\mathrm{e}^{-\frac{1}{2}}.$$

(**注**　这里用到了教材例 2.7.4 的结论.)

3. 已知$\lim\limits_{x\to0}\left[\dfrac{f(x)-1}{x}-\dfrac{\sin x}{x^2}\right]=2$，求$\lim\limits_{x\to0}f(x)$.

解　由题意

$$\lim_{x\to0}\left[\frac{f(x)-1}{x}-\frac{\sin x}{x^2}\right]=\lim_{x\to0}\frac{f(x)-1-\dfrac{\sin x}{x}}{x}=2,$$

因为$\lim\limits_{x\to0}x=0$，所以

$$\lim_{x\to0}\left(f(x)-1-\frac{\sin x}{x}\right)=0,$$

从而

$$\lim_{x\to 0}f(x)=\lim_{x\to 0}\left(1+\frac{\sin x}{x}\right)=2.$$

4. 用迫敛性定理证明$\lim\limits_{n\to\infty}\frac{\sin nx}{n}=0$对一切实数$x$均成立.

证 对$\forall x\in\mathbf{R}$，有

$$0\leqslant\left|\frac{\sin nx}{n}\right|\leqslant\frac{1}{n},$$

而$\lim\limits_{n\to\infty}0=0$，$\lim\limits_{n\to\infty}\frac{1}{n}=0$，由迫敛性定理可知，$\lim\limits_{n\to\infty}\left|\frac{\sin nx}{n}\right|=0$，从而$\lim\limits_{n\to\infty}\frac{\sin nx}{n}=0$.

5. 设数列$\{x_n\}$满足：$0<x_1<\frac{1}{2}$，$x_{n+1}=x_n(1-2x_n)$，$n=1，2，\cdots$，则

（1）证明$\{x_n\}$单调递减，且$0<x_n<\frac{1}{2}$，$n=1，2，\cdots$；

（2）证明$\lim\limits_{n\to\infty}x_n$存在，并求其值.

证 （1）方法1　由已知，$0<x_1<\frac{1}{2}$，假设$0<x_n<\frac{1}{2}$成立，有$0<1-2x_n<1$，则

$$0<x_{n+1}=x_n(1-2x_n)<x_n<\frac{1}{2}.$$

由归纳假设，$0<x_n<\frac{1}{2}$对$\forall n\in\mathbf{Z}^+$成立，且从证明过程可知，$x_{n+1}<x_n$对$\forall n\in\mathbf{Z}^+$也成立.

方法2　由$x_{n+1}=x_n(1-2x_n)$可得，$x_{n+1}-x_n=-2x_n^2\leqslant 0$，故$x_{n+1}\leqslant x_n$，即数列$\{x_n\}$单调递减. 又因为$x_1<\frac{1}{2}$，所以$x_n<\frac{1}{2}$，$n=2，3，\cdots$，从而$1-2x_n>0$，$n=1，2，\cdots$，由已知$x_1>0$，假设$x_{n-1}>0$，则$x_n=x_{n-1}(1-2x_n)>0$，$n=2，3，\cdots$，由归纳假设，有$0<x_n<\frac{1}{2}$，$n=1，2，\cdots$.

（2）由（1）可知，数列$\{x_n\}$单调递减有下界，从而有极限. 设$\lim\limits_{n\to\infty}x_n=a$，则

$$\lim_{n\to\infty}x_{n+1}=\lim_{n\to\infty}x_n(1-2x_n),$$

故有

$$a=a(1-2a)=a-2a^2,$$

解得$a=0$.

6. 现将3 000元存入银行，年利率为0.04，按连续复利进行计算，则10年后本利和为多少?

解 由题意

$$A_0=3\ 000,\ A=A_0\mathrm{e}^{rt},$$

将$r=0.04$，$t=10$代入，得

$$A=3\ 000\times e^{0.4}\approx 4\ 475.5(\text{元}),$$

故 10 年后本利和约为 4 475.5 元.

7. 某保本理财产品的年利率为 0.06，15 年后收入为 24 596 元，则最初投入为多少？

解　由于 $A_0=Ae^{-rt}$，将

$$A=24\ 596,\ r=0.06,\ t=15$$

代入，得

$$A_0=24\ 596\times e^{-0.9}\approx 10\ 000(\text{元}).$$

故最初投入约 10 000 元.

§2.6　无穷小量的比较

1. 当 $x\to 0$ 时，判定下列各组无穷小量是否等价：

(1) $1-\cos x$ 与 $\sin x$；　(2) $x-x^2$ 与 $x-x^3$；

(3) $\sin(x^\alpha)$ 与 $\sin^\alpha x$ ($\alpha>0$)；　(4) $\tan x-\sin x$ 与 x^3.

解　(1) 方法 1　由于

$$\lim_{x\to 0}\frac{1-\cos x}{\sin x}=\lim_{x\to 0}\frac{2\sin^2\frac{x}{2}}{\sin x}=\lim_{x\to 0}\frac{1}{2}\left(\frac{\sin\frac{x}{2}}{\frac{x}{2}}\right)^2\cdot\frac{x}{\sin x}\cdot x=0,$$

所以 $1-\cos x$ 与 $\sin x$ 不是等价无穷小量.

方法 2　当 $x\to 0$ 时，

$$1-\cos x\sim\frac{x^2}{2},\quad \sin x\sim x,$$

而 $\frac{x^2}{2}=o(x)$，所以 $1-\cos x$ 与 $\sin x$ 不是等价无穷小量.

(2) 方法 1　由于

$$\lim_{x\to 0}\frac{x-x^2}{x-x^3}=\lim_{x\to 0}\frac{1-x}{1-x^2}=1,$$

所以当 $x\to 0$ 时，$x-x^2$ 与 $x-x^3$ 是等价无穷小量.

方法 2　当 $x\to 0$ 时，由于

$$x-x^2\sim x,\ x-x^3\sim x,$$

所以 $x-x^2$ 与 $x-x^3$ 是等价无穷小量.

(3) 当 $x\to 0$ 时，由于 $\alpha>0$，则

$$\sin(x^\alpha)\sim x^\alpha,\ \sin^\alpha x\sim x^\alpha,$$

所以 $\sin(x^{\alpha})$ 与 $\sin^{\alpha}x$ 是等价无穷小量.

（4）由例 2.6.3 可知，当 $x\to0$ 时，由于

$$\tan x-\sin x\sim\frac{1}{2}x^3,$$

所以 $\tan x-\sin x$ 与 x^3 是同阶无穷小量，但不是等价无穷小量.

2. 计算下列极限：

（1）$\lim\limits_{x\to0}\dfrac{x\arcsin x\sin\dfrac{1}{x}}{\sin x}$；　　（2）$\lim\limits_{x\to0^+}\dfrac{\sqrt[3]{1-\cos x}}{\sqrt{x}}$；

（3）$\lim\limits_{x\to0^+}\dfrac{x^2+\sin x^3}{\sqrt{x}+x}$；　　（4）$\lim\limits_{x\to0}\left(\dfrac{1}{\tan x^2}-\dfrac{1}{x}\right)$；

（5）$\lim\limits_{x\to0}\dfrac{\sin x-\tan x}{(\sqrt[3]{1+x^2}-1)(\sqrt{1+\sin x}-1)}$；　　（6）$\lim\limits_{x\to0}\dfrac{1-\sqrt[3]{1-x+x^2}}{x}$.

解　（1）由题意

$$\lim_{x\to0}\frac{x\arcsin x\sin\frac{1}{x}}{\sin x}=\lim_{x\to0}\frac{x}{\sin x}\cdot\arcsin x\cdot\sin\frac{1}{x}=\lim_{x\to0}x\cdot\sin\frac{1}{x},$$

因为 $\lim\limits_{x\to0}x=0$，且 $\sin\dfrac{1}{x}$ 是有界变量，所以

$$\lim_{x\to0}\frac{x\arcsin x\sin\frac{1}{x}}{\sin x}=0.$$

（2）由当 $x\to0^+$ 时，$1-\cos x\sim\dfrac{x^2}{2}$ 得，

$$\sqrt[3]{1-\cos x}\sim\frac{\sqrt[3]{x^2}}{\sqrt[3]{2}},$$

故

$$\lim_{x\to0^+}\frac{\sqrt[3]{1-\cos x}}{\sqrt{x}}=\lim_{x\to0^+}\frac{\sqrt[3]{x^2}}{\sqrt[3]{2}\sqrt{x}}=\lim_{x\to0^+}\frac{\sqrt[6]{x}}{\sqrt[3]{2}}=0.$$

（3）因为当 $x\to0^+$ 时，

$$x^2+\sin x^3\sim x^2,\ \sqrt{x}+x\sim\sqrt{x},$$

故

$$\lim_{x\to0^+}\frac{x^2+\sin x^3}{\sqrt{x}+x}=\lim_{x\to0^+}\frac{x^2}{\sqrt{x}}=\lim_{x\to0^+}x^{\frac{3}{2}}=0.$$

(4) 由于

$$\lim_{x\to 0}\left(\frac{1}{\tan x^2}-\frac{1}{x}\right)=\lim_{x\to 0}\frac{x-\tan x^2}{x\tan x^2}=\lim_{x\to 0}\frac{1-\dfrac{\tan x^2}{x}}{x^2},$$

而

$$\lim_{x\to 0}\left(1-\frac{\tan x^2}{x}\right)=1-0=1,\ \lim_{x\to 0}x^2=0,$$

故

$$\lim_{x\to 0}\left(\frac{1}{\tan x^2}-\frac{1}{x}\right)=\infty.$$

(5) $\lim\limits_{x\to 0}\dfrac{\sin x-\tan x}{(\sqrt[3]{1+x^2}-1)(\sqrt{1+\sin x}-1)}$

$$=\lim_{x\to 0}\frac{-\dfrac{1}{2}x^3[(1+x^2)^{\frac{2}{3}}+(1+x^2)^{\frac{1}{3}}+1](\sqrt{1+\sin x}+1)}{(1+x^2-1)(1+\sin x-1)}$$

$$=3\times 2\times\lim_{x\to 0}\frac{-\dfrac{1}{2}x^3}{x^2\sin x}=-3\lim_{x\to 0}\frac{x}{\sin x}=-3.$$

(6) $\lim\limits_{x\to 0}\dfrac{1-\sqrt[3]{1-x+x^2}}{x}=\lim\limits_{x\to 0}\dfrac{1-(1-x+x^2)}{x(1+(1-x+x^2)^{\frac{1}{3}}+(1-x+x^2)^{\frac{2}{3}})}$

$$=\lim_{x\to 0}\frac{x-x^2}{3x}=\lim_{x\to 0}\frac{1-x}{3}=\frac{1}{3}.$$

3. 当 $x\to 0$ 时，$\dfrac{x^6}{1-\sqrt{\cos x^2}}$是 x 的几阶无穷小量?

解 由于$\lim\limits_{x\to 0}\dfrac{x^6}{1-\sqrt{\cos x^2}}=\lim\limits_{x\to 0}\dfrac{x^6(1+\sqrt{\cos x^2})}{1-\cos x^2}=\lim\limits_{x\to 0}\dfrac{2x^6}{\dfrac{x^4}{2}}=\lim\limits_{x\to 0}4x^2=0$，故当 $x\to 0$ 时，

$\dfrac{x^6}{1-\sqrt{\cos x^2}}$是无穷小量，且

$$\lim_{x\to 0}\frac{\dfrac{x^6}{1-\sqrt{\cos x^2}}}{x^2}=\lim_{x\to 0}\frac{4x^2}{x^2}=4,$$

所以$\dfrac{x^6}{1-\sqrt{\cos x^2}}$是 x 的 2 阶无穷小量.

§2.7 函数的连续性

1. 求下列函数的间断点，并判定间断点的类型. 若是可去间断点，则补充或改变定

义，使得函数在该点连续.

(1) $y=\frac{x-1}{\sin\pi(x-1)}$；　　(2) $y=\frac{x^3-1}{x^2+x-2}$；

(3) $y=1+\frac{|x+1|}{x+1}$；　　(4) $y=\frac{1}{1+2^{\frac{1}{x}}}$.

解 (1) 当 $x-1\in\mathbf{Z}$，即 $x\in\mathbf{Z}$ 时，函数 $y=\frac{x-1}{\sin\pi(x-1)}$无定义；由于

$$\lim_{x\to1}\frac{x-1}{\sin\pi(x-1)}=\lim_{x\to1}\frac{x-1}{\pi(x-1)}=\frac{1}{\pi},$$

所以 $x=1$ 为第一类间断点中的可去间断点，此时补充 $y(1)=\frac{1}{\pi}$，则 y 在点 $x=1$ 处连续；对于 $x=k$（$k\in\mathbf{Z}$，$k\neq1$），由于

$$\lim_{x\to k}\frac{\sin\pi(x-1)}{x-1}=\frac{\sin\pi(k-1)}{k-1}=0,$$

所以$\lim\limits_{x\to k}\frac{x-1}{\sin\pi(x-1)}=\infty$，即 $x=k$（$k\in\mathbf{Z}$，$k\neq1$）为第二类间断点中的无穷间断点.

(2) 由于

$$x^2+x-2=(x-1)(x+2),$$

因此函数在点 $x=1$ 与点 $x=-2$ 处无定义. 而

$$\lim_{x\to1}\frac{x^3-1}{x^2+x-2}=\lim_{x\to1}\frac{(x-1)(x^2+x+1)}{(x-1)(x+2)}=\frac{3}{3}=1,$$

所以 $x=1$ 为第一类间断点中的可去间断点，补充 $y(1)=1$，则函数在点 $x=1$ 处连续. 对于 $x=-2$，由于

$$\lim_{x\to-2}\frac{x^3-1}{x^2+x-2}=\lim_{x\to-2}\frac{x^2+x+1}{x+2}=\infty,$$

所以 $x=-2$ 为第二类间断点中的无穷间断点.

(3) 函数在 $x=-1$ 处没有定义，又因为

$$\lim_{x\to-1^-}\left(1+\frac{|x+1|}{x+1}\right)=\lim_{x\to-1^-}\left(1+\frac{-(x+1)}{x+1}\right)=0,$$

$$\lim_{x\to-1^+}\left(1+\frac{|x+1|}{x+1}\right)=\lim_{x\to-1^+}\left(1+\frac{x+1}{x+1}\right)=2,$$

所以 $x=-1$ 为第一类间断点中的跳跃间断点.

(4) 函数在点 $x=0$ 处没有定义，又

$$\lim_{x\to0^+}(1+2^{\frac{1}{x}})=+\infty$$

故

$$\lim_{x\to 0^+}\frac{1}{1+2^{\frac{1}{x}}}=0$$

而

$$\lim_{x\to 0^-}\frac{1}{1+2^{\frac{1}{x}}}=\frac{1}{1+0}=1,$$

故 $x=0$ 为函数的第一类间断点中的跳跃间断点.

2. 求函数 $f(x)=\begin{cases}\sin\dfrac{1}{x+1}, & x<-1\\ 0, & x=0\\ \dfrac{\sin x}{x}, & 0<|x|\leqslant 1\\ 1, & x>1\end{cases}$ 的间断点，并指出它们的类型.

解 易见，当 $x<-1$，$0<|x|<1$，$x>1$ 时，$f(x)$ 为初等函数，从而连续. 下面考虑函数在分段点处的连续性. 由于

$$\lim_{x\to -1^-}f(x)=\lim_{x\to -1^-}\sin\frac{1}{x+1},$$

极限不存在，故 $x=-1$ 为第二类间断点；由于

$$\lim_{x\to 0}f(x)=\lim_{x\to 0}\frac{\sin x}{x}=1\neq f(0),$$

故 $x=0$ 为第一类间断点中的可去间断点；由于

$$\lim_{x\to 1^-}f(x)=\lim_{x\to 1^-}\frac{\sin x}{x}=\sin 1,\quad \lim_{x\to 1^+}f(x)=1,$$

故 $x=1$ 为第一类间断点中的跳跃间断点.

3. 已知 $f(x)=\begin{cases}\sqrt{1+x^2}-1, & 0<x\leqslant 1\\ e^{x-1}+a, & x>1\end{cases}$ 在 $x=1$ 处连续，求 a 的值.

解 由题意

$$f(1)=\sqrt{2}-1,\quad \lim_{x\to 1^+}f(x)=\lim_{x\to 1^+}(e^{x-1}+a)=1+a,$$

因为 $f(x)$ 在 $x=1$ 处连续，所以 $1+a=\sqrt{2}-1$，即 $a=\sqrt{2}-2$.

4. 设 $f(x)$ 在点 x_0 处连续，证明 $|f(x)|$ 也在点 x_0 处连续. 其逆是否正确？说明理由.

证 由 $f(x)$ 在点 x_0 处连续，得

$$\lim_{x\to x_0}f(x)=f(x_0),$$

即对 $\forall\varepsilon>0$，$\exists\delta>0$，使得当 $|x-x_0|<\delta$ 时，有 $|f(x)-f(x_0)|<\varepsilon$. 而

$$\big||f(x)|-|f(x_0)|\big|\leqslant|f(x)-f(x_0)|,$$

所以

$$\left|\,|f(x)|-|f(x_0)|\,\right|<\varepsilon,$$

故$\lim\limits_{x\to x_0}|f(x)|=|f(x_0)|$.

其逆命题不正确．如取

$$f(x)=\begin{cases}1, & x\geqslant 0\\ -1, & x<0\end{cases},$$

则对$\forall x\in\mathbf{R}$，有$|f(x)|=1$．显然，

$$\lim_{x\to x_0}|f(x)|=1=|f(x_0)|,$$

即$|f(x)|$在点x_0处连续，但是

$$\lim_{x\to 0^-}f(x)=\lim_{x\to 0^-}-1=-1,\ \lim_{x\to 0^+}f(x)=\lim_{x\to 0^+}1=1,$$

即左、右极限存在但不相等，所以$f(x)$在点$x=0$处极限不存在，从而不连续．

5. 计算下列极限．

（1）$\lim\limits_{x\to 1}\dfrac{x^2-x+1}{x+1}$；　　（2）$\lim\limits_{x\to\frac{\pi}{4}}\ln(\sin x+\cos x)$；

（3）$\lim\limits_{x\to 0}(\cos x)^{1+\cot^2 x}$；　　（4）$\lim\limits_{x\to 0}\left(\dfrac{1-3x}{1+2x}\right)^{x^2}$；

（5）$\lim\limits_{x\to 1}x^{\frac{1}{1-x}}$；　　（6）$\lim\limits_{x\to\infty}\left(1-\dfrac{2}{x}+\dfrac{1}{x^2}\right)^x$；

（7）$\lim\limits_{x\to 0}\dfrac{e^{\tan x}-e^{\sin x}}{\tan^3 x}$；　　（8）$\lim\limits_{x\to\infty}\dfrac{\arctan x^2}{x(\sqrt[3]{x+x^3}-x)}$．

解　（1）$\lim\limits_{x\to 1}\dfrac{x^2-x+1}{x+1}=\dfrac{\lim\limits_{x\to 1}(x^2-x+1)}{\lim\limits_{x\to 1}(x+1)}=\dfrac{1}{2}$.

（2）$\lim\limits_{x\to\frac{\pi}{4}}\ln(\sin x+\cos x)=\ln\lim\limits_{x\to\frac{\pi}{4}}(\sin x+\cos x)=\ln\sqrt{2}=\dfrac{1}{2}\ln 2$.

（3）由于

$$\lim_{x\to 0}(\cos x)^{1+\cot^2 x}=\lim_{x\to 0}\left[(1+\cos x-1)^{\frac{1}{\cos x-1}}\right]^{(\cos x-1)\cdot(1+\cot^2 x)}=e^{\lim\limits_{x\to 0}(\cos x-1)\cdot(1+\cot^2 x)},$$

而

$$\lim_{x\to 0}(\cos x-1)\cdot(1+\cot^2 x)=\lim_{x\to 0}\left(-\frac{x^2}{2}\right)\cdot\csc^2 x=\lim_{x\to 0}\left(-\frac{x^2}{2}\right)\cdot\frac{1}{\sin^2 x}=-\frac{1}{2},$$

因此

$$\lim_{x\to 0}(\cos x)^{1+\cot^2 x}=e^{-\frac{1}{2}}.$$

（4）由于

$$\lim_{x\to 0}\left(\frac{1-3x}{1+2x}\right)^{x^2}=\lim_{x\to 0}\left[\left(1+\frac{-5x}{1+2x}\right)^{\frac{1+2x}{-5x}}\right]^{\frac{-5x}{1+2x}\cdot x^2},$$

而

$$\lim_{x\to 0}\frac{-5x}{1+2x}\cdot x^2=0,$$

因此

$$\lim_{x\to 0}\left(\frac{1-3x}{1+2x}\right)^{x^2}=\mathrm{e}^0=1.$$

（5）$\lim\limits_{x\to 1}x^{\frac{1}{1-x}}=\lim\limits_{x\to 1}[(1+x-1)^{\frac{1}{x-1}}]^{-1}=\mathrm{e}^{-1}=\dfrac{1}{\mathrm{e}}.$

（6）$\lim\limits_{x\to\infty}\left(1-\dfrac{2}{x}+\dfrac{1}{x^2}\right)^x=\lim\limits_{x\to\infty}\left[\left(1+\dfrac{-2x+1}{x^2}\right)^{\frac{x^2}{-2x+1}}\right]^{\frac{-2x+1}{x^2}\cdot x}=\mathrm{e}^{-2}.$

（7）$\lim\limits_{x\to 0}\dfrac{\mathrm{e}^{\tan x}-\mathrm{e}^{\sin x}}{\tan^3 x}=\lim\limits_{x\to 0}\dfrac{\mathrm{e}^{\sin x}(\mathrm{e}^{\tan x-\sin x}-1)}{x^3}=\lim\limits_{x\to 0}\dfrac{\tan x-\sin x}{x^3}=\lim\limits_{x\to 0}\dfrac{\frac{1}{2}x^3}{x^3}=\dfrac{1}{2}.$

（8）$\lim\limits_{x\to\infty}\dfrac{\arctan x^2}{x(\sqrt[3]{x+x^3}-x)}=\dfrac{\pi}{2}\lim\limits_{x\to\infty}\dfrac{1}{x^2\left(\sqrt[3]{1+\frac{1}{x^2}}-1\right)}=\dfrac{\pi}{2}\lim\limits_{x\to\infty}\dfrac{1}{x^2\cdot\frac{1}{3}\cdot\frac{1}{x^2}}=\dfrac{3}{2}\pi.$

6. 已知 $\lim\limits_{x\to -1}\dfrac{2x^2+ax+b}{x+1}=3$，求 a，b 的值.

解 方法 1 由 $\lim\limits_{x\to -1}\dfrac{2x^2+ax+b}{x+1}=3$，$\lim\limits_{x\to -1}(x+1)=0$，得

$$\lim_{x\to -1}(2x^2+ax+b)=0,$$

即 $2-a+b=0$，有 $b=a-2$. 此时

$$\begin{aligned}\lim_{x\to -1}\frac{2x^2+ax+b}{x+1}&=\lim_{x\to -1}\frac{2x^2+ax+a-2}{x+1}=\lim_{x\to -1}\frac{(x+1)(2x-2+a)}{x+1}\\&=\lim_{x\to -1}(2x-2+a)=-4+a\\&=3,\end{aligned}$$

所以 $a=7$，$b=5$.

方法 2 与方法 1 类似，得到 $\lim\limits_{x\to -1}(2x^2+ax+b)=0$，而 $2x^2+ax+b$ 在点 $x=-1$ 处连续，故必有因子 $x+1$. 令

$$2x^2+ax+b=2(x+1)(x+c),$$

即

$$2x^2+ax+b=2x^2+2(c+1)x+2c,$$

得 $a=2(c+1)$，$b=2c$，则

$$\lim_{x\to-1}\frac{2x^2+ax+b}{x+1}=\lim_{x\to-1}\frac{2(x+1)(x+c)}{x+1}=\lim_{x\to-1}2(x+c)=2(c-1)=3,$$

故 $c=\frac{5}{2}$，从而 $a=7$，$b=5$.

7. 求极限 $\lim\limits_{n\to\infty}n^2(a^{\frac{1}{n}}+a^{-\frac{1}{n}}-2)$（$a>0$，$a\neq1$）.

解 $\lim\limits_{n\to\infty}n^2(a^{\frac{1}{n}}+a^{-\frac{1}{n}}-2)=\lim\limits_{n\to\infty}\left(\dfrac{a^{\frac{1}{2n}}-a^{-\frac{1}{2n}}}{\frac{1}{n}}\right)^2=\left[\lim\limits_{n\to\infty}\dfrac{1}{2}\left(\dfrac{a^{\frac{1}{2n}}-1}{\frac{1}{2n}}+\dfrac{a^{-\frac{1}{2n}}-1}{-\frac{1}{2n}}\right)\right]^2$

$$=\left(\frac{1}{2}\lim_{n\to\infty}\frac{a^{\frac{1}{2n}}-1}{\frac{1}{2n}}+\frac{1}{2}\lim_{n\to\infty}\frac{a^{-\frac{1}{2n}}-1}{-\frac{1}{2n}}\right)^2=\left(\frac{1}{2}\ln a+\frac{1}{2}\ln a\right)^2$$

$$=(\ln a)^2.$$

8. 设函数 $f(x)$ 在 $x=1$ 处连续，且 $f(1)=0$，求极限 $\lim\limits_{x\to0}f\left(\dfrac{x}{\arcsin x}\right)$.

解 因为 $f(x)$ 在 $x=1$ 处连续，而 $\lim\limits_{x\to0}\dfrac{x}{\arcsin x}=1$，所以

$$\lim_{x\to0}f\left(\frac{x}{\arcsin x}\right)=f\left(\lim_{x\to0}\frac{x}{\arcsin x}\right)=f(1)=0.$$

9. 已知 $\lim\limits_{x\to\infty}\left(\dfrac{x-a}{x+a}\right)^x=3$，求 a 的值.

解 由于

$$\lim_{x\to\infty}\left(\frac{x-a}{x+a}\right)^x=\lim_{x\to\infty}\left[\left(1+\frac{-2a}{x+a}\right)^{\frac{x+a}{-2a}}\right]^{\frac{-2a}{x+a}\cdot x}=e^{\lim\limits_{x\to\infty}\frac{-2a}{x+a}\cdot x}=e^{-2a},$$

所以

$$e^{-2a}=3,$$

解得 $a=-\frac{1}{2}\ln3$.

10. 设 n 次多项式 $P(x)=a_nx^n+a_{n-1}x^{n-1}+\cdots+a_1x+a_0$（$a_n\neq0$）满足 $\lim\limits_{x\to\infty}\dfrac{P(x)-x^3}{x^3}=-2$，

（1）求 n 及 a_n 的值；

（2）如果 $\lim\limits_{x\to0}\dfrac{P(x)}{x^2}=3$，求 $P(x)$ 的表达式.

解 （1）由 $\lim\limits_{x\to\infty}\dfrac{P(x)-x^3}{x^3}=-2$ 知，$P(x)$ 为三次多项式，得 $n=3$，故设

$$P(x)=a_3x^3+a_2x^2+a_1x+a_0.$$

所以

$$\lim_{x\to\infty}\frac{(a_3-1)x^3+a_2x^2+a_1x+a_0}{x^3}=-2,$$

故 $a_3-1=-2$，即 $a_3=-1$.

（2）由 $\lim\limits_{x\to0}\frac{P(x)}{x^2}=3$ 可知 $\lim\limits_{x\to0}P(x)=0$，得 $a_0=0$. 从而

$$\lim_{x\to0}\frac{P(x)}{x^2}=\lim_{x\to0}\frac{-x^3+a_2x^2+a_1x}{x^2}=\lim_{x\to0}\frac{a_2x+a_1}{x}=3,$$

得 $a_1=0$，$a_2=3$，从而 $P(x)=-x^3+3x^2$.

11. 设 $f(x)$ 在区间 $[a, b]$ 上连续且不变号，证明：对 $\forall x_1, x_2\in[a, b]$ $(x_1<x_2)$，必存在 $\xi\in[x_1, x_2]$，使得 $|f(\xi)|=\sqrt{f(x_1)f(x_2)}$.

证　不妨设 $f(x)$ 在区间 $[a, b]$ 上恒为正，对 $\forall x_1, x_2\in[a, b]$ $(x_1<x_2)$，记

$$m=\min\{f(x_1),f(x_2)\},\quad M=\max\{f(x_1),f(x_2)\},$$

则

$$m\leqslant\sqrt{f(x_1)f(x_2)}\leqslant M.$$

当等号成立时，等号一侧的最值点取为 ξ 即可，即 $\xi=x_1$（或 $\xi=x_2$）；当两侧等号均不成立时，由介值定理，必存在 $\xi\in(x_1, x_2)$，使得

$$|f(\xi)|=\sqrt{f(x_1)f(x_2)}.$$

综上，对 $\forall x_1, x_2\in[a, b]$，必存在 $\xi\in[x_1, x_2]$，使得 $|f(\xi)|=\sqrt{f(x_1)f(x_2)}$.

12. 证明方程 $\ln x=x-\mathrm{e}$ 在 $(1, \mathrm{e}^2)$ 内必有实根.

证　构造辅助函数

$$f(x)=\ln x-x+\mathrm{e}.$$

则 $f(x)$ 在 $[1, \mathrm{e}^2]$ 上连续. 又

$$f(1)=\mathrm{e}-1>0,\quad f(\mathrm{e}^2)=2-\mathrm{e}^2+\mathrm{e}<0.$$

由零点定理，至少 $\exists x_0\in(1, \mathrm{e}^2)$，使得 $f(x_0)=0$，即 $\ln x=x-\mathrm{e}$ 在 $(1, \mathrm{e}^2)$ 内必有实根.

13. 证明方程 $x=a\sin x+b$，其中 $a>0$，$b>0$，至少有一个正根，并且它不超过 $a+b$.

证　构造辅助函数

$$f(x)=x-a\sin x-b.$$

则

$$f(0)=-b<0,\ f(a+b)=a[1-\sin(a+b)]\geqslant0.$$

若 $f(a+b)=0$，即 $\sin(a+b)=1$，则 $x=a+b$ 为原方程不超过 $a+b$ 的一个正根；若 $f(a+b)>0$，则由零点定理，至少 $\exists x_0\in(0, a+b)$，使得 $f(x_0)=0$，即 x_0 为原方程的不超过 $a+b$

的一个正根.

14. 若 $f(x)$ 在 $[a, b]$ 上连续，$a<x_1<x_2<\cdots<x_n<b$，则在 (a, b) 内至少有一点 ξ，使得

$$f(\xi)=\frac{f(x_1)+f(x_2)+\cdots+f(x_n)}{n}.$$

证 若 $n=1$，则 $\xi=x_1\in(a, b)$ 为所求. 若 $n\geqslant 2$，记

$$m=\min_{x\in[x_1,x_n]}\{f(x)\},\ M=\max_{x\in[x_1,x_n]}\{f(x)\},$$

则

$$m\leqslant\frac{f(x_1)+f(x_2)+\cdots+f(x_n)}{n}\leqslant M.$$

由介值定理，至少存在点 $\xi\in[x_1, x_n]\subset(a, b)$，使得

$$f(\xi)=\frac{f(x_1)+f(x_2)+\cdots+f(x_n)}{n}.$$

15. 证明：若 $f(x)$ 在 $(-\infty, +\infty)$ 上连续，且 $\lim\limits_{x\to\infty}f(x)$ 存在，则 $f(x)$ 在 $(-\infty, +\infty)$ 内有界.

证 由于 $\lim\limits_{x\to\infty}f(x)$ 存在，记 $A=\lim\limits_{x\to\infty}f(x)$. 取 $\varepsilon=1$，则 $\exists X>0$，当 $|x|>X$ 时，有 $|f(x)-A|<1$，即 $A-1<f(x)<A+1$，记

$$M_1=\max\{|A-1|, |A+1|\}.$$

又因为 $f(x)$ 在 $[-X, X]$ 上连续，故 $f(x)$ 在 $[-X, X]$ 上有界，即 $\exists M_2>0$，使得对 $\forall x\in[-X, X]$，有 $|f(x)|\leqslant M_2$. 取

$$M=\max\{M_1, M_2\},$$

则对 $\forall x\in(-\infty, +\infty)$，有 $|f(x)|\leqslant M$，即 $f(x)$ 在 $(-\infty, +\infty)$ 上有界.

总复习题 2

1. 填空题

(1) $\lim\limits_{n\to\infty}\dfrac{(2n+1)^{20}(3n+2)^{30}}{(5n-1)^{50}}$________.

(2) 若 $f(x)=\begin{cases}x^2+2x-3, & x\leqslant 1\\ x, & 1<x<2\\ 2x-2, & x\geqslant 2\end{cases}$，则

$\lim\limits_{x\to-5}f(x)$________；$\lim\limits_{x\to1}f(x)$________；

$\lim\limits_{x\to2}f(x)$________；$\lim\limits_{x\to3}f(x)$________.

(3) 设 $f(x)=\lim\limits_{n\to\infty}2^n\sin\dfrac{3x+1}{2^n}$，则 $f(x)=$________.

(4) 为使 $f(x)=\dfrac{\sin 2x}{\arctan 3x}$ 在 $x=0$ 处连续，需补充定义 $f(0)=$________.

(5) 若当 $x\to 0$ 时，$(e^{x^2}-1)\sin^3 x\sim x^\alpha$，则 $\alpha=$________.

解 (1) 分子和分母均为 n 的 50 次多项式，分子和分母最高次幂的系数分别为 $2^{20}\cdot 3^{30}$ 与 5^{50}，故

$$\lim_{n\to\infty}\frac{(2n+1)^{20}(3n+2)^{30}}{(5n-1)^{50}}=\frac{2^{20}\cdot 3^{30}}{5^{50}}.$$

(2) $\lim\limits_{x\to -5}f(x)=\lim\limits_{x\to -5}(x^2+2x-3)=12$；

而

$$\lim_{x\to 1^-}f(x)=\lim_{x\to 1^-}(x^2+2x-3)=0,\ \lim_{x\to 1^+}f(x)=\lim_{x\to 1^+}x=1,$$

由于 $f(1-0)\neq f(1+0)$，所以 $\lim\limits_{x\to 1}f(x)$ 不存在；

$$\lim_{x\to 2^-}f(x)=\lim_{x\to 2^-}x=2,\ \lim_{x\to 2^+}f(x)=\lim_{x\to 2^+}(2x-2)=2,$$

由于 $f(2-0)=f(2+0)$，所以 $\lim\limits_{x\to 2}f(x)=2$；

$$\lim_{x\to 3}f(x)=\lim_{x\to 3}(2x-2)=4.$$

(3) $f(x)=\lim\limits_{n\to\infty}2^n\sin\dfrac{3x+1}{2^n}=\lim\limits_{n\to\infty}2^n\dfrac{3x+1}{2^n}=3x+1.$

(4) 因为

$$\lim_{x\to 0}f(x)=\lim_{x\to 0}\frac{\sin 2x}{\arctan 3x}=\lim_{x\to 0}\frac{2x}{3x}=\frac{2}{3},$$

所以，要使 $f(x)$ 在 $x=0$ 处连续，需要补充 $f(0)=\dfrac{2}{3}$.

(5) 由于

$$(e^{x^2}-1)\sin^3 x\sim x^2\cdot x^3=x^5,$$

所以 $\alpha=5$.

2. 选择题

(1) 设数列 $\{x_n\}$ 和 $\{y_n\}$ 满足 $\lim\limits_{n\to\infty}x_n y_n=0$，则下列说法正确的是（　　）.

(A) $\lim\limits_{n\to\infty}x_n=0$ 或 $\lim\limits_{n\to\infty}y_n=0$；

(B) 若 $\{x_n\}$ 无界，则 $\{y_n\}$ 有界；

(C) 当 $n\to\infty$ 时，若 $\lim\limits_{n\to\infty}x_n=\infty$，则 $\lim\limits_{n\to\infty}y_n=0$；

(D) 若 $\{x_n\}$ 有界，则 $\lim\limits_{n\to\infty}y_n=0$.

(2) 当 $x\to 0$ 时，与 x 等价的无穷小量为（　　）.

(A) $\sqrt{|x|}+\sin x$；　　(B) $\sqrt{1+x}-1$；

(C) $\ln(1-x)$；　　(D) $x+\dfrac{1}{2}x^2$.

解 （1）取 $x_n=\cos\frac{n\pi}{2}$，$y_n=\sin\frac{n\pi}{2}$，则 $\{x_n\}$，$\{y_n\}$ 有界，但 $\lim\limits_{n\to\infty}x_n$，$\lim\limits_{n\to\infty}y_n$ 都不存在，而

$$\lim_{n\to\infty}x_ny_n=\lim_{n\to\infty}\frac{1}{2}\sin n\pi=0,$$

故（A）与（D）都不正确；取

$$x_n=n\cos\frac{n\pi}{2},\ y_n=n\sin\frac{n\pi}{2},$$

显然 $\{x_n\}$，$\{y_n\}$ 都无界，但 $\lim\limits_{n\to\infty}x_ny_n=\lim\limits_{n\to\infty}\frac{n^2}{2}\sin n\pi=0$，故（B）不正确；若 $\lim\limits_{n\to\infty}x_n=\infty$，则 $\lim\limits_{n\to\infty}\frac{1}{x_n}=0$，由

$$\lim_{n\to\infty}x_ny_n=\lim_{n\to\infty}\frac{y_n}{\frac{1}{x_n}}=0,$$

得 $\lim\limits_{n\to\infty}y_n=0$，故（C）正确.

（2）当 $x\to0$ 时，有

$$\sqrt{|x|}+\sin x\sim\sqrt{|x|},\ \sqrt{1+x}-1\sim\frac{x}{2},\ \ln(1-x)\sim-x,\quad x+\frac{x^2}{2}\sim x,$$

故选（D）.

3. 设函数 $f(x)=\begin{cases}e^{\frac{1}{x}}, & x<0\\ a+\cos x, & x>0\end{cases}$，问 a 为何值时，极限 $\lim\limits_{x\to0}f(x)$ 存在.

解 由于

$$f(0+0)=\lim_{x\to0^+}f(x)=\lim_{x\to0^+}(a+\cos x)=1+a,$$

$$f(0-0)=\lim_{x\to0^-}f(x)=\lim_{x\to0^-}e^{\frac{1}{x}}=0,$$

又极限 $\lim\limits_{x\to0}f(x)$ 存在，所以 $f(0+0)=f(0-0)$，即 $1+a=0$，$a=-1$.

4. 求下列极限：

（1）$\lim\limits_{n\to\infty}\frac{a^n}{1+a^n}$ $(a\neq-1)$；

（2）$\lim\limits_{n\to\infty}(\sqrt{1+2+\cdots+n}-\sqrt{1+2+\cdots+(n-1)})$；

（3）$\lim\limits_{n\to\infty}\frac{n\arctan n^2}{\sqrt{n^2+1}}$；

（4）$\lim\limits_{n\to\infty}\left(\frac{1}{1\times2}+\frac{1}{2\times3}+\cdots+\frac{1}{n\times(n+1)}\right)$；

（5）$\lim\limits_{n\to\infty}\frac{\sqrt{n^2+1}+\sqrt{n}}{\sqrt[4]{n^3+n}-n}$；

（6）$\lim\limits_{n\to\infty}\frac{1+\frac{1}{2}+\frac{1}{4}+\cdots+\frac{1}{2^n}}{1+\frac{1}{3}+\frac{1}{9}+\cdots+\frac{1}{3^n}}$；

（7）$\lim\limits_{x\to2}\frac{x^2+5}{x-3}$；

（8）$\lim\limits_{x\to\infty}\frac{1-x-3x^3}{1+x^2+3x^3}$；

(9) $\lim\limits_{x\to 1}\dfrac{x^m-1}{x^n-1}$（$m$，$n$ 是正整数）；

(10) $\lim\limits_{x\to 0}\dfrac{\sqrt{1+x^2}-1}{x}$；

(11) $\lim\limits_{x\to 1}\dfrac{\sqrt{3-x}-\sqrt{1+x}}{x^2-1}$；

(12) $\lim\limits_{x\to 1}\dfrac{\sqrt[3]{x}-1}{\sqrt{x}-1}$；

(13) $\lim\limits_{n\to\infty}\left(\dfrac{1}{n}\sin n-n\sin\dfrac{1}{n}\right)$；

(14) $\lim\limits_{n\to\infty}\left(1+\dfrac{1}{n}\right)^{6n+2}$；

(15) $\lim\limits_{x\to\infty}\left(\dfrac{x^3}{2x^2-1}-\dfrac{x^2}{2x+1}\right)$；

(16) $\lim\limits_{x\to\infty}\left(\dfrac{x^2}{x^2-1}\right)^x$；

(17) $\lim\limits_{x\to\frac{\pi}{2}}(1+\cos x)^{3\sec x}$；

(18) $\lim\limits_{x\to 1}\left(\dfrac{1}{\ln x}-\dfrac{x}{\ln x}\right)$；

(19) $\lim\limits_{x\to 0}\left(\dfrac{1+\tan x}{1+\sin x}\right)^{\frac{1}{x^3}}$；

(20) $\lim\limits_{n\to\infty}\sin(\pi\sqrt{n^2+1})$；

(21) $\lim\limits_{\alpha\to\beta}\dfrac{e^\alpha-e^\beta}{\alpha-\beta}$；

(22) $\lim\limits_{x\to\infty}\dfrac{x+1}{x^2+x}(2+\sin x)$；

解 (1) 当 $|a|<1$ 时，

$$\lim_{n\to\infty}\frac{a^n}{1+a^n}=\frac{\lim\limits_{n\to\infty}a^n}{\lim\limits_{n\to\infty}(1+a^n)}=\frac{0}{1}=0;$$

当 $|a|>1$ 时，

$$\lim_{n\to\infty}\frac{a^n}{1+a^n}=\lim_{n\to\infty}\frac{1}{\frac{1}{a^n}+1}=\frac{1}{1}=1;$$

当 $a=1$ 时，

$$\lim_{n\to\infty}\frac{a^n}{1+a^n}=\lim_{n\to\infty}\frac{1}{1+1}=\frac{1}{2}.$$

(2) 方法 1 原式 $=\lim\limits_{n\to\infty}\dfrac{n}{\sqrt{1+2+\cdots+n}+\sqrt{1+2+\cdots+(n-1)}}$

$$=\lim_{n\to\infty}\frac{n}{\sqrt{\frac{n(n+1)}{2}}+\sqrt{\frac{n(n-1)}{2}}}$$

$$=\lim_{n\to\infty}\frac{1}{\sqrt{\frac{1}{2}+\frac{1}{2n}}+\sqrt{\frac{1}{2}-\frac{1}{2n}}}=\frac{\sqrt{2}}{2}.$$

方法 2 原式 $=\lim\limits_{n\to\infty}\left(\sqrt{\dfrac{n(n+1)}{2}}-\sqrt{\dfrac{n(n-1)}{2}}\right)=\lim\limits_{n\to\infty}\sqrt{\dfrac{n(n-1)}{2}}\left(\sqrt{\dfrac{n+1}{n-1}}-1\right)$

$$=\lim_{n\to\infty}\sqrt{\frac{n(n-1)}{2}}\left(\sqrt{1+\frac{2}{n-1}}-1\right)$$

$$=\lim_{n\to\infty}\sqrt{\frac{n(n-1)}{2}}\cdot\frac{1}{2}\cdot\frac{2}{n-1}=\frac{1}{\sqrt{2}}\lim_{n\to\infty}\sqrt{\frac{n}{n-1}}=\frac{\sqrt{2}}{2}.$$

(3) $\lim\limits_{n\to\infty}\frac{n\arctan n^2}{\sqrt{n^2+1}}=\frac{\pi}{2}\lim\limits_{n\to\infty}\frac{n}{\sqrt{n^2+1}}=\frac{\pi}{2}$.

(4) $\lim\limits_{n\to\infty}\left(\frac{1}{1\times 2}+\frac{1}{2\times 3}+\cdots+\frac{1}{n\times(n+1)}\right)=\lim\limits_{n\to\infty}\left(1-\frac{1}{2}+\frac{1}{2}-\frac{1}{3}\cdots+\frac{1}{n}-\frac{1}{n+1}\right)$

$$=\lim_{n\to\infty}\left(1-\frac{1}{n+1}\right)=1.$$

(5) $\lim\limits_{n\to\infty}\frac{\sqrt{n^2+1}+\sqrt{n}}{\sqrt[4]{n^3+n}-n}=\lim\limits_{n\to\infty}\frac{\sqrt{1+\frac{1}{n^2}}+\frac{1}{\sqrt{n}}}{\sqrt[4]{\frac{1}{n^3}+\frac{1}{n}}-1}=\frac{1}{-1}=-1$.

(6) $\lim\limits_{n\to\infty}\frac{1+\frac{1}{2}+\cdots+\frac{1}{2^n}}{1+\frac{1}{3}+\cdots+\frac{1}{3^n}}=\lim\limits_{n\to\infty}\frac{\frac{1-\frac{1}{2^{n+1}}}{1-\frac{1}{2}}}{\frac{1-\frac{1}{3^{n+1}}}{1-\frac{1}{3}}}=\lim\limits_{n\to\infty}\frac{2\left(1-\frac{1}{2^{n+1}}\right)}{\frac{3}{2}\left(1-\frac{1}{3^{n+1}}\right)}=\frac{4}{3}$.

(7) $\lim\limits_{x\to 2}\frac{x^2+5}{x-3}=\frac{4+5}{-1}=-9$.

(8) $\lim\limits_{x\to\infty}\frac{1-x-3x^3}{1+x^2+3x^3}=\lim\limits_{x\to\infty}\frac{-3-\frac{1}{x^2}+\frac{1}{x^3}}{3+\frac{1}{x}+\frac{1}{x^3}}=-1$.

(9) $\lim\limits_{x\to 1}\frac{x^m-1}{x^n-1}=\lim\limits_{x\to 1}\frac{(x-1)(x^{m-1}+\cdots+x+1)}{(x-1)(x^{n-1}+\cdots+x+1)}=\frac{m}{n}$.

(10) 方法 1　$\lim\limits_{x\to 0}\frac{\sqrt{1+x^2}-1}{x}=\lim\limits_{x\to 0}\frac{x^2}{x(\sqrt{1+x^2}+1)}=\lim\limits_{x\to 0}\frac{x}{\sqrt{1+x^2}+1}=\frac{0}{2}=0$.

方法 2　$\lim\limits_{x\to 0}\frac{\sqrt{1+x^2}-1}{x}=\lim\limits_{x\to 0}\frac{\frac{1}{2}x^2}{x}=0$.

(11) 方法 1　$\lim\limits_{x\to 1}\frac{\sqrt{3-x}-\sqrt{1+x}}{x^2-1}=\lim\limits_{x\to 1}\frac{3-x-1-x}{(x^2-1)(\sqrt{3-x}+\sqrt{1+x})}$

$$=\lim_{x\to 1}\frac{2(1-x)}{(x-1)(x+1)(\sqrt{3-x}+\sqrt{1+x})}$$

$$=\lim_{x\to 1}\frac{-2}{(x+1)(\sqrt{3-x}+\sqrt{1+x})}$$

$$=\frac{-2}{2\times 2\sqrt{2}}=-\frac{\sqrt{2}}{4}.$$

方法 2　$\lim\limits_{x\to 1}\frac{\sqrt{3-x}-\sqrt{1+x}}{x^2-1}=\lim\limits_{x\to 1}\frac{\sqrt{2+(1-x)}-\sqrt{2+(x-1)}}{(x-1)(x+1)}$

$$=\lim_{x\to 1}\frac{\sqrt{2}\left(\sqrt{1+\frac{1-x}{2}}-1\right)-\sqrt{2}\left(\sqrt{1+\frac{x-1}{2}}-1\right)}{(x-1)(x+1)}$$

$$=\lim_{x\to1}\frac{\sqrt{2}\left(\sqrt{1+\frac{1-x}{2}}-1\right)}{(x-1)(x+1)}-\lim_{x\to1}\frac{\sqrt{2}\left(\sqrt{1+\frac{x-1}{2}}-1\right)}{(x-1)(x+1)}$$

$$=\lim_{x\to1}\frac{\sqrt{2}\cdot\frac{1}{2}\cdot\frac{1-x}{2}}{(x-1)(x+1)}-\lim_{x\to1}\frac{\sqrt{2}\cdot\frac{1}{2}\cdot\frac{x-1}{2}}{(x-1)(x+1)}$$

$$=\lim_{x\to1}\left(-\frac{\sqrt{2}}{4}\right)\frac{1}{x+1}-\lim_{x\to1}\frac{\sqrt{2}}{4}\frac{1}{x+1}$$

$$=-\frac{\sqrt{2}}{4}.$$

(12) 方法1　$\lim\limits_{x\to1}\frac{\sqrt[3]{x}-1}{\sqrt{x}-1}=\lim\limits_{x\to1}\frac{(x-1)(x^{\frac{1}{2}}+1)}{(x-1)(x^{\frac{2}{3}}+x^{\frac{1}{3}}+1)}=\lim\limits_{x\to1}\frac{x^{\frac{1}{2}}+1}{x^{\frac{2}{3}}+x^{\frac{1}{3}}+1}=\frac{2}{3}.$

方法2　$\lim\limits_{x\to1}\frac{\sqrt[3]{x}-1}{\sqrt{x}-1}=\lim\limits_{x\to1}\frac{\sqrt[3]{1+(x-1)}-1}{\sqrt[2]{1+(x-1)}-1}=\lim\limits_{x\to1}\frac{\frac{1}{3}(x-1)}{\frac{1}{2}(x-1)}=\frac{2}{3}.$

(13) $\lim\limits_{n\to\infty}\left(\frac{1}{n}\sin n-n\sin\frac{1}{n}\right)=\lim\limits_{n\to\infty}\frac{1}{n}\sin n-\lim\limits_{n\to\infty}\frac{\sin\frac{1}{n}}{\frac{1}{n}}=0-1=-1.$

(14) 方法1　$\lim\limits_{n\to\infty}\left(1+\frac{1}{n}\right)^{6n+2}=\lim\limits_{n\to\infty}\left[\left(1+\frac{1}{n}\right)^{n}\right]^{6}\left(1+\frac{1}{n}\right)^{2}=\mathrm{e}^{6}\cdot1=\mathrm{e}^{6}.$

方法2　$\lim\limits_{n\to\infty}\left(1+\frac{1}{n}\right)^{6n+2}=\lim\limits_{n\to\infty}\left[\left(1+\frac{1}{n}\right)^{n}\right]^{\frac{6n+2}{n}}=\mathrm{e}^{6}.$

(15) $\lim\limits_{x\to\infty}\left(\frac{x^3}{2x^2-1}-\frac{x^2}{2x+1}\right)=\lim\limits_{x\to\infty}\frac{x^3(2x+1)-x^2(2x^2-1)}{(2x^2-1)(2x+1)}$

$$=\lim_{x\to\infty}\frac{x^3+x^2}{(2x^2-1)(2x+1)}=\frac{1}{4}.$$

(16) $\lim\limits_{x\to\infty}\left(\frac{x^2}{x^2-1}\right)^{x}=\lim\limits_{x\to\infty}\left[\left(1+\frac{1}{x^2-1}\right)^{(x^2-1)}\right]^{\frac{x}{x^2-1}}=\mathrm{e}^{0}=1.$

(17) $\lim\limits_{x\to\frac{\pi}{2}}(1+\cos x)^{3\sec x}=\lim\limits_{x\to\frac{\pi}{2}}[(1+\cos x)^{\sec x}]^{3}=\mathrm{e}^{3}.$

(18) $\lim\limits_{x\to1}\left(\frac{1}{\ln x}-\frac{x}{\ln x}\right)=\lim\limits_{x\to1}\frac{1-x}{\ln x}=\lim\limits_{x\to1}\frac{1-x}{\ln[1+(x-1)]}=\lim\limits_{x\to1}\frac{1-x}{x-1}=-1.$

(19) 由题意

$$\lim_{x\to0}\left(\frac{1+\tan x}{1+\sin x}\right)^{\frac{1}{x^3}}=\lim_{x\to0}\left[\left(1+\frac{\tan x-\sin x}{1+\sin x}\right)^{\frac{1+\sin x}{\tan x-\sin x}}\right]^{\frac{\tan x-\sin x}{1+\sin x}\cdot\frac{1}{x^3}}.$$

又因为

$$\lim_{x\to0}\frac{\tan x-\sin x}{1+\sin x}\cdot\frac{1}{x^3}=\lim_{x\to0}\frac{\frac{1}{2}x^3}{(1+\sin x)x^3}=\frac{1}{2},$$

所以

$$\lim_{x\to 0}\left(\frac{1+\tan x}{1+\sin x}\right)^{\frac{1}{x^3}}=e^{\frac{1}{2}}=\sqrt{e}.$$

（20）$\lim\limits_{n\to\infty}\sin(\pi\sqrt{n^2+1})=\lim\limits_{n\to\infty}(-1)^n\sin(\pi\sqrt{n^2+1}-n\pi)$

$$=\lim_{n\to\infty}(-1)^n\sin\frac{\pi}{\sqrt{n^2+1}+n}=0.$$

（21）$\lim\limits_{\alpha\to\beta}\dfrac{e^{\alpha}-e^{\beta}}{\alpha-\beta}=\lim\limits_{\alpha\to\beta}\dfrac{e^{\beta}(e^{\alpha-\beta}-1)}{\alpha-\beta}=\lim\limits_{\alpha\to\beta}\dfrac{e^{\beta}(\alpha-\beta)}{\alpha-\beta}=e^{\beta}.$

（22）由于$\lim\limits_{x\to\infty}\dfrac{x+1}{x^2+x}=0$，$2+\sin x$ 为有界变量，所以$\lim\limits_{x\to\infty}\dfrac{x+1}{x^2+x}(2+\sin x)=0.$

5. 若函数 $f(x)$ 满足$\lim\limits_{x\to 0}\dfrac{\sqrt{1+f(x)\sin x}-1}{e^{2x}-1}=3$，求极限$\lim\limits_{x\to 0}f(x)$.

解 由$\lim\limits_{x\to 0}\dfrac{\sqrt{1+f(x)\sin x}-1}{e^{2x}-1}=3$，且$\lim\limits_{x\to 0}(e^{2x}-1)=0$，得

$$\lim_{x\to 0}(\sqrt{1+f(x)\sin x}-1)=0,$$

从而可以推得$\lim\limits_{x\to 0}f(x)\sin x=0$，故

$$\lim_{x\to 0}\frac{\sqrt{1+f(x)\sin x}-1}{e^{2x}-1}=\lim_{x\to 0}\frac{\frac{1}{2}f(x)\sin x}{2x}=\lim_{x\to 0}\frac{f(x)}{4}=3,$$

故$\lim\limits_{x\to 0}f(x)=12.$

6. 已知$\lim\limits_{x\to 2}\left(1+\dfrac{ax+b}{x^2-3x+2}\right)=8$，求常数 a，b 的值.

解 由已知，$\lim\limits_{x\to 2}\dfrac{ax+b}{x^2-3x+2}=7$，而$\lim\limits_{x\to 2}(x^2-3x+2)=0$，所以$\lim\limits_{x\to 2}(ax+b)=0$，有$2a+b=0$，即 $b=-2a$. 从而

$$\lim_{x\to 2}\frac{ax+b}{x^2-3x+2}=\lim_{x\to 2}\frac{a(x-2)}{(x-2)(x-1)}=\lim_{x\to 2}\frac{a}{x-1}=7,$$

得 $a=7$，所以 $b=-14$.

7. 求下列函数的间断点，并判断间断点的类型. 如果是可去间断点，则补充或改变定义，使其在该点连续.

（1）$y=\dfrac{\tan 2x}{x}$；　　　　（2）$y=\dfrac{e^{\frac{1}{x}}+1}{e^{\frac{1}{x}}-1}$.

解 （1）y 在点 $x=0$，$x=\dfrac{k\pi}{2}+\dfrac{\pi}{4}(k\in\mathbf{Z})$ 处无定义，所以间断. 由$\lim\limits_{x\to 0}\dfrac{\tan 2x}{x}=2$ 知，$x=0$为可去间断点，补充 $y(0)=2$，则 $y=\dfrac{\tan 2x}{x}$在点 $x=0$ 处连续；又因为

$$\lim_{x\to\frac{k\pi}{2}+\frac{\pi}{4}}\frac{\tan 2x}{x}=\infty,$$

因此 $x=\frac{k\pi}{2}+\frac{\pi}{4}$ $(k\in\mathbf{Z})$ 为第二类间断点中的无穷间断点.

(2) 函数 $y=\frac{e^{\frac{1}{x}}+1}{e^{\frac{1}{x}}-1}$ 在点 $x=0$ 处无定义，所以在 $x=0$ 处间断. 由于

$$\lim_{x\to0^-}y=\lim_{x\to0^-}\frac{e^{\frac{1}{x}}+1}{e^{\frac{1}{x}}-1}=\frac{1}{-1}=-1,\quad \lim_{x\to0^+}y=\lim_{x\to0^+}\frac{e^{\frac{1}{x}}+1}{e^{\frac{1}{x}}-1}=\lim_{x\to0^+}\frac{1+e^{-\frac{1}{x}}}{1-e^{-\frac{1}{x}}}=\frac{1}{1}=1,$$

所以 $x=0$ 为第一类间断点中的跳跃间断点.

8. 讨论函数 $f(x)=\lim\limits_{n\to\infty}\frac{1-x}{1+x^{2n}}$ 的间断点，并判断其类型.

解 当 $|x|<1$ 时,

$$f(x)=\lim_{n\to\infty}\frac{1-x}{1+x^{2n}}=1-x;$$

当 $|x|>1$ 时,

$$f(x)=\lim_{n\to\infty}\frac{1-x}{1+x^{2n}}=0;$$

当 $x=1$ 时，$f(1)=0$；当 $x=-1$ 时，$f(-1)=1$. 所以

$$f(x)=\begin{cases}0, & x<-1 \text{ 或 } x\geqslant1\\ 1, & x=-1\\ 1-x, & -1<x<1\end{cases},$$

只需考虑 $x=\pm1$ 处的连续性. 由于

$$f(-1-0)=\lim_{x\to-1^-}f(x)=\lim_{x\to-1^-}0=0,f(-1+0)=\lim_{x\to-1^+}f(x)=\lim_{x\to-1^+}(1-x)=2,$$

因此 $f(-1-0)\neq f(-1+0)$，所以 $x=0$ 为函数的第一类间断点中的跳跃间断点. 由于

$$f(1-0)=\lim_{x\to1^-}f(x)=\lim_{x\to1^-}(1-x)=0,\ f(1+0)=\lim_{x\to1^+}f(x)=0,$$

即满足

$$f(1-0)=f(1+0)=0=f(1),$$

所以 $x=1$ 为函数的连续点.

9. 判定下列说法的正确性. 如果正确，说明理由；如果错误，请给出一个反例.

(1) 如果数列 $\{x_n\}$，$\{y_n\}$ 均发散，则数列 $\{x_ny_n\}$ 必发散.

(2) 设函数 $f(x)$ 在 $\mathbf{R}$ 上连续，函数 $g(x)$ 在 $\mathbf{R}$ 上有定义且有间断点，则

(i) 函数 $g[f(x)]$ 必有间断点；(ii) 函数 $f[g(x)]$ 未必有间断点；

(3) 如果函数 $f(x)$，$g(x)$ 在点 x_0 处间断，则 $f(x)+g(x)$ 在点 x_0 处必间断.

解 （1）不一定. 如取 $x_n=\sin\frac{n\pi}{2}$，$y_n=\cos\frac{n\pi}{2}$，则 $\{x_n\}$，$\{y_n\}$ 均发散，但是 $x_ny_n=\frac{1}{2}\sin n\pi=0$，$\{x_ny_n\}=\{0\}$ 收敛.

（2）令

$$f(x)=e^{|x|}\ (\forall x\in\mathbf{R}),\quad g(x)=\begin{cases}1, & x\geqslant 0\\ -1, & x<0\end{cases},$$

则 $x=0$ 为 $g(x)$ 的间断点，但是

$$g[f(x)]=1,\quad \forall x\in\mathbf{R},$$

无间断点，故（i）不正确，函数 $g[f(x)]$ 不一定存在间断点；而

$$f[g(x)]=e,\quad \forall x\in\mathbf{R},$$

无间断点，故（ii）正确.

（3）错误. 如令

$$f(x)=\begin{cases}1, & x\geqslant 0\\ -1, & x<0\end{cases},\quad g(x)=\begin{cases}-1, & x\geqslant 0\\ 1, & x<0\end{cases},$$

显然 $x_0=0$ 为 $f(x)$ 与 $g(x)$ 的间断点，但是

$$f(x)+g(x)=0,\quad \forall x\in\mathbf{R},$$

可知 $f(x)+g(x)$ 在点 $x_0=0$ 处连续.

10. 确定函数 $f(x)$ 的定义域，并求常数 a，b，使其在定义域内连续.

$$f(x)=\begin{cases}\dfrac{\sin 3x}{x}, & x<0\\ a, & x=0.\\ \dfrac{\ln(1+x)}{x}+b, & x>0\end{cases}$$

解 $f(x)$ 的定义域为 $\mathbf{R}$. 当 $x\neq 0$ 时，$f(x)$ 为连续函数. 由于

$$\lim_{x\to 0^-}f(x)=\lim_{x\to 0^-}\frac{\sin 3x}{x}=3,\ \lim_{x\to 0^+}f(x)=\lim_{x\to 0^+}\left[\frac{\ln(1+x)}{x}+b\right]=1+b.$$

若 $f(x)$ 在点 $x=0$ 处连续，应有 $a=3$，$1+b=3$，解得 $b=2$.

11. 证明方程 $x^3-3x=1$ 至少有根介于 1 和 2 之间.

证 构造辅助函数

$$f(x)=x^3-3x-1.$$

由于 $f(x)$ 在 $[1,2]$ 上连续，$f(1)=-3<0$，$f(2)=1>0$，故由零点定理可知，$f(x)$ 在 $(1,2)$ 内至少有一个零点，即方程 $x^3-3x=1$ 至少有根介于 1 和 2 之间.

12. 证明方程 $x2^x=1$ 至少有一个小于 1 的根.

证 构造辅助函数

$$f(x)=x2^x-1.$$

由于 $f(1)=1>0$，$f(0)=-1<0$，$f(x)$ 在 $[0,1]$ 上连续，故由零点定理可知，$f(x)$ 在 $(0,1)$ 内至少有一个零点，即方程 $x2^x=1$ 至少有一个小于 1 的根.

13. 求 $\lim\limits_{n\to\infty}\sqrt[n]{1+x^n}$ $(0\leqslant x\leqslant 1)$.

解 方法 1 由于 $0\leqslant x\leqslant 1$，因此

$$\sqrt[n]{1+0^n}\leqslant\sqrt[n]{1+x^n}\leqslant\sqrt[n]{1+1^n},$$

即

$$1\leqslant\sqrt[n]{1+x^n}\leqslant\sqrt[n]{2},$$

而 $\lim\limits_{n\to\infty}1=1$，$\lim\limits_{n\to\infty}\sqrt[n]{2}=1$，由迫敛性定理可知，$\lim\limits_{n\to\infty}\sqrt[n]{1+x^n}=1$.

方法 2 当 $0\leqslant x<1$ 时，$\lim\limits_{n\to\infty}(1+x^n)=1$，$\lim\limits_{n\to\infty}\dfrac{1}{n}=0$，故

$$\lim_{n\to\infty}\sqrt[n]{1+x^n}=\lim_{n\to\infty}(1+x^n)^{\frac{1}{n}}=1^0=1;$$

当 $x=1$ 时，由于

$$\lim_{n\to\infty}(1+x^n)=\lim_{n\to\infty}(1+1^n)=2,\ \lim_{n\to\infty}\frac{1}{n}=0,$$

故

$$\lim_{n\to\infty}\sqrt[n]{1+1^n}=\lim_{n\to\infty}(1+1)^{\frac{1}{n}}=2^0=1.$$

从而 $\lim\limits_{n\to\infty}\sqrt[n]{1+x^n}=1$.

14. 设 $f(x)$ 在 $[0,2]$ 上连续，且 $f(0)=f(2)$，试证在 $[0,1]$ 上至少存在一点 ξ，使得 $f(\xi)=f(\xi+1)$ 成立.

证 构造辅助函数

$$F(x)=f(x)-f(x+1).$$

则由 $f(x)$ 在 $[0,2]$ 上连续，可得 $F(x)$ 在 $[0,1]$ 上连续，且有

$$F(0)=f(0)-f(1),\quad F(1)=f(1)-f(2)=f(1)-f(0).$$

因此，若 $f(1)=f(0)$，则 $F(0)=0$，从而 $\xi=0$ 即为所求；若 $f(1)\neq f(0)$，则 $F(0)\cdot F(1)<0$，由零点定理可知，至少存在一点 $\xi\in(0,1)$，使得 $F(\xi)=0$，即 $f(\xi)=f(\xi+1)$.

*15. 设 $0<x_1<3$，$x_{n+1}=\sqrt{x_n(3-x_n)}$，问数列 $\{x_n\}$ 的极限是否存在，若存在，求其值.

解 由 $0<x_1<3$ 知，x_1 与 $3-x_1$ 均为正数，故

$$0<x_2=\sqrt{x_1(3-x_1)}\leqslant\frac{x_1+(3-x_1)}{2}=\frac{3}{2}.$$

假设 $0<x_n\leqslant\frac{3}{2}$，则

$$0<x_{n+1}=\sqrt{x_n(3-x_n)}\leqslant\frac{x_n+(3-x_n)}{2}=\frac{3}{2},$$

由数学归纳法知，对任意正整数 $n>1$，均有 $0<x_n\leqslant\frac{3}{2}$. 而

$$\begin{aligned}x_{n+1}-x_n&=\sqrt{x_n(3-x_n)}-x_n=\sqrt{x_n}(\sqrt{3-x_n}-\sqrt{x_n})\\&=\sqrt{x_n}\cdot\frac{3-2x_n}{\sqrt{3-x_n}+\sqrt{x_n}}\geqslant 0,\end{aligned}$$

可知数列 $\{x_n\}$ 单调递增. 由单调有界收敛准则得 $\lim\limits_{n\to\infty}x_n$ 存在.

设 $\lim\limits_{n\to\infty}x_n=a$，对等式 $x_{n+1}=\sqrt{x_n(3-x_n)}$ 两边取极限，得

$$a=\sqrt{a(3-a)},$$

解得 $a=\frac{3}{2}$，$a=0$（舍去）. 从而 $\lim\limits_{n\to\infty}x_n=\frac{3}{2}$.

注 数列 $\{x_n\}$ 的单调性也可以通过如下方式进行，当 $n>1$ 时，

$$x_{n+1}^2-x_n^2=x_n(3-x_n)-x_n^2=x_n(3-2x_n)\geqslant 0,$$

从而有 $x_{n+1}^2\geqslant x_n^2$，即有 $x_{n+1}\geqslant x_n$，可知数列 $\{x_n\}$ 单调递增.

*16. 已知 $f(x)$ 为三次多项式，且 $\lim\limits_{x\to 2a}\frac{f(x)}{x-2a}=\lim\limits_{x\to 4a}\frac{f(x)}{x-4a}=1$，其中 $a\neq 0$，求 $\lim\limits_{x\to 3a}\frac{f(x)}{x-3a}$.

解 由于

$$\lim_{x\to 2a}\frac{f(x)}{x-2a}=\lim_{x\to 4a}\frac{f(x)}{x-4a}=1,$$

且 $f(x)$ 为三次多项式，故 $f(x)$ 有因子 $x-2a$ 与 $x-4a$. 从而可设

$$f(x)=(x-2a)(x-4a)(bx+c).$$

因此

$$\lim_{x\to 2a}\frac{f(x)}{x-2a}=\lim_{x\to 2a}(x-4a)(bx+c)=-2a(2ab+c)=1,\tag{1}$$

$$\lim_{x\to 4a}\frac{f(x)}{x-4a}=\lim_{x\to 4a}(x-2a)(bx+c)=2a(4ab+c)=1,\tag{2}$$

联立式（1）、式（2）可得，

$$b=\frac{1}{2a^2},\quad c=-\frac{3}{2a}.$$

所以

$$\lim_{x\to 3a}\frac{f(x)}{x-3a}=\lim_{x\to 3a}\frac{(x-2a)(x-4a)\left(\frac{1}{2a^2}x-\frac{3}{2a}\right)}{x-3a}=\lim_{x\to 3a}\frac{(x-2a)(x-4a)}{2a^2}=-\frac{1}{2}.$$

17. 设 $f(x)$ 在 $[0, +\infty)$ 上连续，且对任意自然数 n，$f(x)$ 在 $[n, n+1]$ 上单调，若 $f(n)f(n+1)<0$，

(1) 证明：存在唯一的 $\xi_n\in(n, n+1)$，使得 $f(\xi_n)=0$；

(2) 对（1）中的 ξ_n，求极限 $\lim\limits_{n\to\infty}n\sin\frac{2\pi}{\xi_n}$.

证 （1）函数 $f(x)$ 在 $[n, n+1]$ 上连续，且 $f(n)f(n+1)<0$，由零点定理可知，至少存在一点 $\xi_n\in(n, n+1)$，使得 $f(\xi_n)=0$. 又因为 $f(x)$ 在 $[n, n+1]$ 上单调，可知 ξ_n 具有唯一性.

解 （2）由 $n<\xi_n<n+1$，可得

$$\frac{2\pi}{n+1}<\frac{2\pi}{\xi_n}<\frac{2\pi}{n},$$

进而

$$n\cdot\frac{2\pi}{n+1}<n\cdot\frac{2\pi}{\xi_n}<n\cdot\frac{2\pi}{n};$$

而

$$\lim_{n\to\infty}n\cdot\frac{2\pi}{n+1}=2\pi,\quad \lim_{n\to\infty}n\cdot\frac{2\pi}{n}=2\pi,$$

由追敛性定理，得

$$\lim_{n\to\infty}n\cdot\frac{2\pi}{\xi_n}=2\pi,$$

从而

$$\lim_{n\to\infty}n\sin\frac{2\pi}{\xi_n}=\lim_{n\to\infty}n\cdot\frac{2\pi}{\xi_n}=2\pi.$$

第 3 章　导数与微分

§3.1　导数的概念

1. 设 $f(x)=2x^2+1$，用导数定义求 $f'(-1)$.

解　根据导数的定义，有

$$f'(-1)=\lim_{\Delta x\to 0}\frac{f(-1+\Delta x)-f(-1)}{\Delta x}=\lim_{\Delta x\to 0}\frac{2(-1+\Delta x)^2-2\times(-1)^2}{\Delta x}$$
$$=2\lim_{\Delta x\to 0}(\Delta x-2)=-4.$$

2. 设 $f'(x_0)$ 存在，求下列极限：

(1) $\lim\limits_{\Delta x\to 0}\dfrac{f(x_0-\Delta x)-f(x_0)}{\Delta x}$；　　(2) $\lim\limits_{h\to 0}\dfrac{f(x_0)-f(x_0+h)}{h}$；

(3) $\lim\limits_{h\to 0}\dfrac{f(x_0+h)-f(x_0-2h)}{h}$；　　(4) $\lim\limits_{x\to 0}\dfrac{f(x)}{x}$（设 $f(0)=0$，$f'(0)$ 存在）.

解　结合导数的定义，有

(1) $\lim\limits_{\Delta x\to 0}\dfrac{f(x_0-\Delta x)-f(x_0)}{\Delta x}=-\lim\limits_{\Delta x\to 0}\dfrac{f(x_0-\Delta x)-f(x_0)}{-\Delta x}=-f'(x_0)$；

(2) $\lim\limits_{h\to 0}\dfrac{f(x_0)-f(x_0+h)}{h}=-\lim\limits_{h\to 0}\dfrac{f(x_0+h)-f(x_0)}{h}=-f'(x_0)$；

(3) $$\lim_{h\to 0}\frac{f(x_0+h)-f(x_0-2h)}{h}=\lim_{h\to 0}\frac{f(x_0+h)-f(x_0)-f(x_0-2h)+f(x_0)}{h}$$
$$=\lim_{h\to 0}\frac{f(x_0+h)-f(x_0)}{h}+2\lim_{h\to 0}\frac{f(x_0-2h)-f(x_0)}{-2h}$$
$$=f'(x_0)+2f'(x_0)=3f'(x_0)；$$

（4）$\lim\limits_{x\to 0}\frac{f(x)}{x}=\lim\limits_{x\to 0}\frac{f(x)-f(0)}{x}=f'(0)$.

3. 设 $f(x)=\begin{cases}x^2, & x<0\\ -x, & x\geqslant 0\end{cases}$，求 $f'_-(0)$，$f'_+(0)$，并判断 $f'(0)$ 是否存在.

解　因为

$$f'_-(0)=\lim_{x\to 0^-}\frac{f(x)-f(0)}{x}=\lim_{x\to 0^-}\frac{x^2-0}{x}=0,$$

$$f'_+(0)=\lim_{x\to 0^+}\frac{f(x)-f(0)}{x}=\lim_{x\to 0^+}\frac{-x-0}{x}=-1,$$

$f'_-(0)\neq f'_+(0)$，所以 $f'(0)$ 不存在.

4. 设 $f(x)=\begin{cases}e^{2x}, & x\leqslant 0\\ a+b\ln(1+2x), & x>0\end{cases}$ 在点 $x=0$ 处可导，求 a，b 的值.

解　因为 $f(x)$ 在点 $x=0$ 处可导，所以 $f(x)$ 在点 $x=0$ 处连续，故

$$\lim_{x\to 0^+}f(x)=\lim_{x\to 0^-}f(x),$$

即 $a=1$；又因为 $f(x)$ 在点 $x=0$ 处可导，从而有 $f'_-(0)=f'_+(0)$，而

$$f'_-(0)=\lim_{x\to 0^-}\frac{e^{2x}-1}{x}=2,\quad f'_+(0)=\lim_{x\to 0^+}\frac{1+b\ln(1+2x)-1}{x}=2b,$$

于是 $2b=2$，故 $b=1$.

5. 求曲线 $y=x^3$ 在点（1，1）处的切线方程与法线方程.

解　因为

$$y'(1)=\lim_{x\to 1}\frac{x^3-1}{x-1}=\lim_{x\to 1}(x^2+x+1)=3,$$

所以切线方程为

$$y-1=3(x-1),$$

即

$$3x-y-2=0,$$

法线方程为

$$y-1=-\frac{1}{3}(x-1),$$

即

$$x+3y-4=0.$$

6. 设函数 $f(x)$ 在点 $x=1$ 处连续，且 $\lim\limits_{x\to 1}\frac{f(x)}{x-1}=2$，求 $f'(1)$.

解　因为 $\lim\limits_{x\to 1}(x-1)=0$，所以 $\lim\limits_{x\to 1}f(x)=0$.

于是由题意知

$$f(1)=\lim_{x\to1}f(x)=0,$$

故

$$f'(1)=\lim_{x\to1}\frac{f(x)-f(1)}{x-1}=\lim_{x\to1}\frac{f(x)}{x-1}=2.$$

7. 设函数 $f(x)=\begin{cases}x^n\sin\dfrac{1}{x}, & x\neq0\\ 0, & x=0\end{cases}$，其中 n 为正整数，讨论 $f(x)$ 在点 $x=0$ 处的连续性与可导性.

解 因为

$$\lim_{x\to0}f(x)=\lim_{x\to0}x^n\sin\frac{1}{x}=0=f(0),$$

所以 $f(x)$ 在点 $x=0$ 处连续. 又因为

$$\lim_{x\to0}\frac{f(x)-f(0)}{x}=\lim_{x\to0}x^{n-1}\sin\frac{1}{x}=\begin{cases}0, & n\geqslant2\\ \text{不存在}, & n=1\end{cases},$$

故当 $n\geqslant2$ 时，$f(x)$ 在点 $x=0$ 处可导且 $f'(0)=0$；当 $n=1$ 时，$f(x)$ 在点 $x=0$ 处连续但不可导.

§3.2 求导法则

1. 求下列函数的导数：

(1) $y=2\sqrt{x}-\dfrac{3}{x^2}+5$；

(2) $y=2^x\cos x$；

(3) $y=e^x\ln x$；

(4) $y=2\tan x+\sec x-1$；

(5) $y=\dfrac{x}{1+x^2}$；

(6) $y=3\log_3x-2\sin x+\pi$；

(7) $y=\dfrac{2\csc x}{1+x^2}$；

(8) $y=(x^2-1)\operatorname{arccot}x$；

(9) $y=x^3\ln x\sin x$.

解 (1) $y'=2\cdot\dfrac{1}{2}\cdot\dfrac{1}{\sqrt{x}}-3\cdot(-2)\cdot x^{-3}=\dfrac{1}{\sqrt{x}}+\dfrac{6}{x^3}$.

(2) $y'=2^x\ln2\cdot\cos x-2^x\sin x=2^x(\ln2\cdot\cos x-\sin x)$.

(3) $y'=e^x\ln x+\dfrac{e^x}{x}=e^x\left(\ln x+\dfrac{1}{x}\right)$.

(4) $y'=2\sec^2x+\sec x\cdot\tan x$.

(5) $y'=\dfrac{1+x^2-x\cdot2x}{(1+x^2)^2}=\dfrac{1-x^2}{(1+x^2)^2}$.

(6) $y'=\dfrac{3}{x\ln 3}-2\cos x$.

(7) $y'=\dfrac{-2\csc x\cdot\cot x\cdot(1+x^2)-2\csc x\cdot 2x}{(1+x^2)^2}$

$=\dfrac{-2\csc x\cdot\cot x\cdot(1+x^2)-4x\csc x}{(1+x^2)^2}$.

(8) $y'=2x\operatorname{arccot}x+(x^2-1)\cdot\left(-\dfrac{1}{1+x^2}\right)=2x\operatorname{arccot}x+\dfrac{1-x^2}{1+x^2}$.

(9) $y'=3x^2\ln x\sin x+x^3\cdot\dfrac{1}{x}\cdot\sin x+x^3\ln x\cdot\cos x$

$=3x^2\ln x\sin x+x^2\sin x+x^3\ln x\cos x$.

2. 求下列函数的导数：

(1) $y=(2x+1)^{10}$;

(2) $y=\arcsin\dfrac{x}{3}$;

(3) $y=\ln\tan\dfrac{x}{2}$;

(4) $y=\ln\sqrt{x}+\sqrt{\ln x}$;

(5) $y=x^{\frac{1}{e}}+e^{\frac{1}{x}}$;

(6) $y=\sqrt{x+\sqrt{x}}$;

(7) $y=e^{-\cos^2\frac{1}{x}}$;

(8) $y=\sin[\sin(\sin x)]$;

(9) $y=\arctan\dfrac{2x}{1-x^2}$;

(10) $y=2^{\cot\frac{1}{x^2}}$;

(11) $y=\sec(1-x^3)$;

(12) $y=\dfrac{1}{\sqrt{3-x^2}}$.

解　(1) $y'=10(2x+1)^9\cdot 2=20(2x+1)^9$.

(2) $y'=\dfrac{1}{\sqrt{1-\left(\dfrac{x}{3}\right)^2}}\cdot\dfrac{1}{3}=\dfrac{1}{\sqrt{9-x^2}}$.

(3) $y'=\dfrac{1}{\tan\dfrac{x}{2}}\cdot\sec^2\dfrac{x}{2}\cdot\dfrac{1}{2}=\csc x$.

(4) $y'=\dfrac{1}{\sqrt{x}}\cdot\dfrac{1}{2\sqrt{x}}+\dfrac{1}{2}\dfrac{1}{\sqrt{\ln x}}\cdot\dfrac{1}{x}=\dfrac{1}{2x}\left(1+\dfrac{1}{\sqrt{\ln x}}\right)$.

(5) $y'=\dfrac{1}{e}x^{\frac{1}{e}-1}+e^{\frac{1}{x}}\cdot\left(-\dfrac{1}{x^2}\right)=\dfrac{1}{e}x^{\frac{1}{e}-1}-e^{\frac{1}{x}}\dfrac{1}{x^2}$.

(6) $y'=\dfrac{1}{2}\dfrac{1}{\sqrt{x+\sqrt{x}}}\left(1+\dfrac{1}{2}\dfrac{1}{\sqrt{x}}\right)=\dfrac{2\sqrt{x}+1}{4\sqrt{x}\cdot\sqrt{x+\sqrt{x}}}$.

(7) $y'=e^{-\cos^2\frac{1}{x}}\cdot 2\cos\dfrac{1}{x}\sin\dfrac{1}{x}\cdot\left(-\dfrac{1}{x^2}\right)=-\dfrac{1}{x^2}\sin\dfrac{2}{x}\cdot e^{-\cos^2\frac{1}{x}}$.

(8) $y'=\cos[\sin(\sin x)]\cdot[\sin(\sin x)]'=\cos[\sin(\sin x)]\cos(\sin x)\cos x$.

(9) $y'=\dfrac{1}{1+\left(\dfrac{2x}{1-x^2}\right)^2}\cdot\dfrac{2(1-x^2)+2x\cdot 2x}{(1-x^2)^2}=\dfrac{2}{1+x^2}$.

（10） $y'=2^{\cot\frac{1}{x^2}}\cdot\ln2\cdot\left(-\csc^2\frac{1}{x^2}\right)\cdot(-2x^{-3})=\dfrac{2^{\cot\frac{1}{x^2}+1}\cdot\ln2}{x^3\sin^2\frac{1}{x^2}}$.

（11） $y'=\sec(1-x^3)\cdot\tan(1-x^3)\cdot(-3x^2)=-3x^2\sec(1-x^3)\tan(1-x^3)$.

（12） $y'=-\dfrac{1}{2}(3-x^2)^{-\frac{3}{2}}\cdot(-2x)=x(3-x^2)^{-\frac{3}{2}}=\dfrac{x}{\sqrt{(3-x^2)^3}}$.

3. 求下列函数在指定点处的导数：

（1） $y=\sin x-\cos x$，求$y'|_{x=\frac{\pi}{4}}$；

（2） $y=\dfrac{5}{3-x}+\dfrac{x^3}{2}$，求$y'|_{x=2}$；

（3） $y=\ln\dfrac{\sqrt{x+1}-1}{\sqrt{x+1}+1}$，求$y'|_{x=1}$；

（4） $y=e^{-x}\sqrt[3]{x+1}$，求$y'|_{x=0}$.

解 （1） 由于 $y'=\cos x+\sin x$，所以$y'|_{x=\frac{\pi}{4}}=\sqrt{2}$.

（2） 由于

$$y'=\frac{5}{(3-x)^2}+\frac{3}{2}x^2,$$

所以$y'|_{x=2}=11$.

（3） 由于

$$\begin{aligned}y'&=[\ln(\sqrt{x+1}-1)]'-[\ln(\sqrt{x+1}+1)]'\\&=\frac{1}{\sqrt{x+1}-1}\cdot\frac{1}{2}\cdot\frac{1}{\sqrt{x+1}}-\frac{1}{\sqrt{x+1}+1}\cdot\frac{1}{2}\cdot\frac{1}{\sqrt{x+1}}=\frac{1}{x\sqrt{x+1}},\end{aligned}$$

所以$y'|_{x=1}=\dfrac{\sqrt{2}}{2}$.

（4） 由于

$$y'=-e^{-x}\cdot\sqrt[3]{x+1}+e^{-x}\cdot\frac{1}{3}(x+1)^{-\frac{2}{3}},$$

所以$y'|_{x=0}=-\dfrac{2}{3}$.

4. 设 f 可导，求下列函数的导数$\dfrac{dy}{dx}$：

（1） $y=f(\sin^2x)+f(\cos^2x)$；　　（2） $y=f(e^x+x^e)$；

（3） $y=f\{f[f(x)]\}$.

解 （1） $y'=f'(\sin^2x)\cdot2\sin x\cos x+f'(\cos^2x)\cdot2\cos x\cdot(-\sin x)$
$=\sin2x\cdot[f'(\sin^2x)-f'(\cos^2x)]$；

（2） $y'=f'(e^x+x^e)\cdot(e^x+ex^{e-1})$；

（3） $y'=f'\{f[f(x)]\}\cdot f'[f(x)]\cdot f'(x)$.

5. 设 $f(1-x)=xe^{-x}$，其中 f 可导，求 $f'(x)$.

解 方法1 令 $t=1-x$，则 $x=1-t$，从而

$$f(t)=(1-t)e^{t-1},$$

因此 $f(x)=(1-x)e^{x-1}$. 由此可得

$$f'(x)=-e^{x-1}+(1-x)e^{x-1}=-xe^{x-1}.$$

方法2 因为

$$f'(1-x)\cdot(-1)=e^{-x}-xe^{-x}=e^{-x}(1-x),$$

故

$$f'(1-x)=e^{-x}(x-1),$$

令 $t=1-x$，则 $x=1-t$，所以 $f'(t)=-te^{t-1}$，则 $f'(x)=-xe^{x-1}$.

6. 设 $\varphi(y)$ 是可导函数 $f(x)$ 的反函数，且 $f(1)=2$，$f'(1)=-\frac{\sqrt{3}}{3}$，求 $\varphi'(2)$.

解 由反函数的求导法则知

$$\varphi'(2)=\frac{1}{f'(1)}=\frac{1}{-\frac{\sqrt{3}}{3}}=-\sqrt{3}.$$

§3.3 隐函数的求导法则

1. 设下列方程确定了隐函数 $y=f(x)$，求 y'：

(1) $y^2-3xy+x^3=0$；　　(2) $e^y+xy=\pi$；

(3) $xy=e^{x+y}$；　　(4) $\ln y-\cos xy+1=0$；

(5) $\arctan\frac{y}{x}=\ln\sqrt{x^2+y^2}$；　　(6) $x=\sin(x+y)$.

解 (1) 将方程两边同时关于 x 求导，并将 y 视为 x 的函数，有

$$2y\cdot y'-3y-3xy'+3x^2=0,$$

于是

$$y'=\frac{3y-3x^2}{2y-3x}.$$

(2) 将方程两边同时关于 x 求导，并将 y 视为 x 的函数，有

$$e^y\cdot y'+y+xy'=0,$$

于是

$$y'=\frac{-y}{e^y+x}.$$

（3）将方程两边同时关于 x 求导，并将 y 视为 x 的函数，有

$$y+xy'=e^{x+y}(1+y'),$$

于是

$$y'=\frac{e^{x+y}-y}{x-e^{x+y}}.$$

（4）将方程两边同时关于 x 求导，并将 y 视为 x 的函数，有

$$\frac{1}{y}\cdot y'+\sin(xy)\cdot(y+xy')=0,$$

于是

$$y'=\frac{-y^2\sin(xy)}{1+xy\sin(xy)}.$$

（5）将方程两边同时关于 x 求导，并将 y 视为 x 的函数，有

$$\frac{1}{1+\left(\frac{y}{x}\right)^2}\cdot\frac{y'x-y}{x^2}=\frac{1}{2}\cdot\frac{2x+2yy'}{x^2+y^2},$$

于是

$$y'=\frac{x+y}{x-y}.$$

（6）将方程两边同时关于 x 求导，并将 y 视为 x 的函数，有

$$1=\cos(x+y)\cdot(1+y'),$$

于是

$$y'=\frac{1-\cos(x+y)}{\cos(x+y)}.$$

2. 求曲线 $\cos y=\ln(2x+y)$ 在点 $\left(\frac{e}{2},0\right)$ 处的切线方程与法线方程.

解 将方程两边同时关于 x 求导，并将 y 视为 x 的函数，有

$$-\sin y\cdot y'=\frac{2+y'}{2x+y},$$

则

$$y'=\frac{2}{-(2x+y)\sin y-1},$$

于是

$$y'\left(\frac{e}{2},0\right)=-2,$$

故切线方程为 $y-0=-2\left(x-\frac{e}{2}\right)$，即 $y+2x-e=0$，

法线方程为 $y-0=\frac{1}{2}\left(x-\frac{e}{2}\right)$，即 $4y-2x+e=0$.

3. 求下列函数的导数：

（1）$y=\left(\frac{x}{1+x}\right)^{\ln x}$；　　（2）$y=(\tan x)^{\sin x}$；

（3）$y=\sqrt[5]{\frac{x-3}{\sqrt[4]{x^2+1}}}$.

解　（1）方法1　将等式两边同时取对数，有

$$\ln y=\ln x\cdot\ln\left(\frac{x}{1+x}\right),$$

将上式两边关于 x 求导，得到

$$\frac{y'}{y}=\frac{1}{x}\cdot\ln\left(\frac{x}{1+x}\right)+\ln x\cdot\left(\frac{1}{x}-\frac{1}{1+x}\right),$$

于是

$$y'=\left(\frac{x}{1+x}\right)^{\ln x}\cdot\left[\frac{1}{x}\ln\left(\frac{x}{1+x}\right)+\frac{\ln x}{x(1+x)}\right].$$

方法2　利用对数恒等式，有

$$y=e^{\ln\left(\frac{x}{1+x}\right)^{\ln x}}=e^{\ln x\cdot\ln\left(\frac{x}{1+x}\right)},$$

则

$$\begin{aligned}y'&=e^{\ln x\cdot\ln\left(\frac{x}{1+x}\right)}\cdot\left[\frac{1}{x}\ln\left(\frac{x}{1+x}\right)+\ln x\cdot\left(\frac{1}{x}-\frac{1}{1+x}\right)\right]\\&=\left(\frac{x}{1+x}\right)^{\ln x}\cdot\left[\frac{1}{x}\ln\left(\frac{x}{1+x}\right)+\frac{\ln x}{x(1+x)}\right].\end{aligned}$$

（2）方法1　将等式两边同时取对数，有

$$\ln y=\sin x\cdot\ln(\tan x),$$

将上式两边关于 x 求导，得到

$$\frac{y'}{y}=\cos x\cdot\ln(\tan x)+\sin x\cdot\frac{\sec^2 x}{\tan x},$$

于是

$$y'=(\tan x)^{\sin x}\cdot(\cos x\cdot\ln(\tan x)+\sec x).$$

方法2　利用对数恒等式，有

$$y=\mathrm{e}^{\ln(\tan x)^{\sin x}}=\mathrm{e}^{\sin x\cdot\ln(\tan x)},$$

则

$$\begin{aligned}y'&=\mathrm{e}^{\sin x\cdot\ln(\tan x)}\cdot\left[\cos x\cdot\ln(\tan x)+\sin x\cdot\frac{\sec^2 x}{\tan x}\right]\\&=(\tan x)^{\sin x}\cdot[\cos x\cdot\ln(\tan x)+\sec x].\end{aligned}$$

（3）将等式两边同时取对数，有

$$\ln|y|=\frac{1}{5}\left[\ln|x-3|-\frac{1}{4}\ln(x^2+1)\right],$$

将上式两边关于 x 求导，得到

$$\frac{y'}{y}=\frac{1}{5}\left[\frac{1}{x-3}-\frac{2x}{4(x^2+1)}\right],$$

于是

$$y'=\sqrt[5]{\frac{x-3}{\sqrt[4]{x^2+1}}}\cdot\left[\frac{1}{5(x-3)}-\frac{x}{10(x^2+1)}\right].$$

§3.4　高阶导数

1. 求下列函数的二阶导数：

（1）$y=(\arcsin x)^2$；　　（2）$y=x\mathrm{e}^{-x^2}$；

（3）$y=\ln(1-x^2)$；　　（4）$y=\dfrac{1-x}{1+x}$.

解　（1）$y'=2\arcsin x\cdot\dfrac{1}{\sqrt{1-x^2}}$,

$$y''=\frac{2}{1-x^2}+2\arcsin x\cdot\left[-\frac{1}{2}(1-x^2)^{-\frac{3}{2}}\cdot(-2x)\right]=\frac{2}{1-x^2}+\frac{2x\arcsin x}{\sqrt{(1-x^2)^3}}.$$

（2）$y'=\mathrm{e}^{-x^2}+x\cdot\mathrm{e}^{-x^2}\cdot(-2x)=\mathrm{e}^{-x^2}\cdot(1-2x^2)$,

$$y''=\mathrm{e}^{-x^2}\cdot(-2x)\cdot(1-2x^2)+\mathrm{e}^{-x^2}\cdot(-4x)=2x\mathrm{e}^{-x^2}(2x^2-3).$$

（3）$y'=\dfrac{-2x}{1-x^2}$,

$$y''=\frac{-2\cdot(1-x^2)+2x\cdot(-2x)}{(1-x^2)^2}=\frac{-2(1+x^2)}{(1-x^2)^2}.$$

（4）$y'=\dfrac{-(1+x)-(1-x)\cdot 1}{(1+x)^2}=\dfrac{-2}{(1+x)^2}$,

$$y''=-2\cdot(-2)\cdot(1+x)^{-3}=\frac{4}{(1+x)^3}.$$

2. 求下列函数在指定点处的二阶导数：

（1）$y=e^{3x-1}$，$x=1$；　　（2）$y=\ln\ln x$，$x=e^2$；

（3）$y=x^2\sin x$，$x=\pi$；　　（4）$y=\arctan 2x$，$x=0$.

解　（1）由于

$$y'=3e^{3x-1},\quad y''=9e^{3x-1},$$

于是 $y''(1)=9e^2$.

（2）由于

$$y'=\frac{1}{x\ln x},\quad y''=\frac{-\ln x-1}{(x\ln x)^2},$$

于是 $y''(e^2)=-\frac{3}{4}e^{-4}$.

（3）由于

$$y'=2x\cdot\sin x+x^2\cdot\cos x,$$
$$y''=2\sin x+2x\cdot\cos x+2x\cdot\cos x-x^2\cdot\sin x=(2-x^2)\sin x+4x\cdot\cos x,$$

于是

$$y''(\pi)=4\pi\cos\pi=-4\pi.$$

（4）由于

$$y'=\frac{2}{1+4x^2},\quad y''=-\frac{16x}{(1+4x^2)^2},$$

于是 $y''(0)=0$.

3. 求下列方程所确定的隐函数 $y=y(x)$ 的二阶导数：

（1）$x^2-xy+y^2=0$；　　（2）$y=1+xe^y$；

（3）$y=\tan(x+y)$.

解　（1）方程两边关于 x 求导，得

$$2x-y-xy'+2y\cdot y'=0,\quad (*)$$

解出 y'，有

$$y'=\frac{y-2x}{2y-x}.$$

方法 1　式（*）再关于 x 求导，有

$$2-y'-y'-xy''+2(y')^2+2y\cdot y''=0,$$

解出 y''，并将 y' 代入，有

$$y''=\frac{6y^2-6xy+6x^2}{(2y-x)^2\cdot(x-2y)}=\frac{6(xy-x^2-y^2)}{(2y-x)^3}.$$

方法 2　$y''=\left(\frac{y-2x}{2y-x}\right)'=\frac{(y'-2)(2y-x)-(y-2x)(2y'-1)}{(2y-x)^2}$，

将 $y'=\frac{y-2x}{2y-x}$ 代入上式，得

$$y''=\frac{6(xy-x^2-y^2)}{(2y-x)^3}.$$

（2）方程两边关于 x 求导，得

$$y'=e^y+x\cdot e^y\cdot y',\quad (*)$$

解出 y'，有

$$y'=\frac{e^y}{1-xe^y},$$

式（*）再关于 x 求导，有

$$y''=e^y\cdot y'+e^y\cdot y'+xe^y(y')^2+x\cdot e^y\cdot y'',$$

将 $y'=\frac{e^y}{1-xe^y}$代入上式，得

$$y''=\frac{2e^{2y}-xe^{3y}}{(1-xe^y)^3}.$$

（3）方程两边关于 x 求导，得

$$y'=\sec^2(x+y)\cdot(1+y'),$$

解出 y'，有

$$y'=\frac{\sec^2(x+y)}{1-\sec^2(x+y)}=-\csc^2(x+y),$$

再关于 x 求导，从而

$$y''=-2\csc(x+y)[-\csc(x+y)\cdot\cot(x+y)]\cdot(1+y')=-2\csc^2(x+y)\cot^3(x+y).$$

4. 求下列函数的 n 阶导数：

（1）$y=\cos(3x+1)$；　　（2）$y=x^2e^{3x}$；

（3）$y=\frac{x}{x^2-5x+4}$.

解　（1）由题意知，

$$y'=-3\sin(3x+1)=3\cos\left(3x+1+\frac{\pi}{2}\right),$$

$$y''=-3^2\sin\left(3x+1+\frac{\pi}{2}\right)=3^2\cos\left(3x+1+\frac{2\pi}{2}\right),$$

……

$$y^{(n)}=3^n\cos\left(3x+1+\frac{n\pi}{2}\right).$$

（2）令 $u=e^{3x}$，$v=x^2$，则

$$u^{(k)}=3^k e^{3x}\ (k\geqslant 1),\ v'=2x,\ v''=2,\ v^{(k)}=0\ (k\geqslant 3),$$

由莱布尼茨公式可得

$$y^{(n)}=(uv)^{(n)}=u^{(n)}\cdot v^{(0)}+nu^{(n-1)}\cdot v'+\frac{n(n-1)}{2}u^{(n-2)}\cdot v''$$

$$=3^n e^{3x}\cdot x^2+n\cdot 3^{n-1}e^{3x}\cdot 2x+\frac{n(n-1)}{2}\cdot 3^{n-2}e^{3x}\cdot 2$$
$$=3^{(n-2)}e^{3x}[9x^2+6nx+n(n-1)].$$

(3) 因为

$$y=\frac{1}{3}\left(\frac{4}{x-4}-\frac{1}{x-1}\right),$$

所以

$$y^{(n)}=\frac{4}{3}\left(\frac{1}{x-4}\right)^{(n)}-\frac{1}{3}\left(\frac{1}{x-1}\right)^{(n)}=\frac{4}{3}\frac{(-1)^n n!}{(x-4)^{n+1}}-\frac{1}{3}\frac{(-1)^n n!}{(x-1)^{n+1}}.$$

5. 设 $f(x)$ 二阶可导，求下列函数的二阶导数：

(1) $y=f(\ln x)$；　　(2) $y=\arctan[f(x)]$；

(3) $y=f^2(x)$.

解 (1) $y'=f'(\ln x)\dfrac{1}{x}$，

$$y''=f''(\ln x)\frac{1}{x^2}-f'(\ln x)\frac{1}{x^2}=\frac{f''(\ln x)-f'(\ln x)}{x^2}.$$

(2) $y'=\dfrac{f'(x)}{1+f^2(x)}$，

$$y''=\frac{f''(x)\cdot[1+f^2(x)]-f'(x)\cdot 2f(x)\cdot f'(x)}{[1+f^2(x)]^2}$$
$$=\frac{f''(x)[1+f^2(x)]-2f(x)[f'(x)]^2}{[1+f^2(x)]^2}.$$

(3) $y'=2f(x)\cdot f'(x)$，

$$y''=2[f'(x)]^2+2f(x)f''(x).$$

§3.5 微　分

1. 已知 $y=(x-1)^2$，求当 $x=0$，$\Delta x=0.05$ 时的 Δy 及 dy.

解 由题意知，$y(0)=1$，$y(0.05)=0.9025$，

所以

$$\Delta y=y(0.05)-y(0)=-0.0975,$$

因为 $dy=2(x-1)dx$，所以

$$dy\Big|_{\substack{x=0\\ \Delta x=0.05}}=-2\times 0.05=-0.1.$$

2. 求下列函数的微分：

(1) $y=\sqrt{1-x^2}$；　　(2) $y=x\sin 3x$；

(3) $y=2^{\ln\cos x}$；　　(4) $y=e^{-x}\cos(2+x)$；

（5）$y=\tan^2(1+x^2)$；（6）$y=\frac{1}{x}+3\sqrt{x}$.

解 （1）因为

$$y'=\frac{1}{2}\frac{-2x}{\sqrt{1-x^2}}=-\frac{x}{\sqrt{1-x^2}},$$

所以

$$dy=-\frac{x}{\sqrt{1-x^2}}dx.$$

（2）因为

$$y'=\sin3x+x\cdot\cos3x\cdot3=\sin3x+3x\cos3x,$$

所以

$$dy=(\sin3x+3x\cos3x)dx.$$

（3）因为

$$y'=-\ln2\cdot2^{\ln\cos x}\cdot\tan x,$$

所以

$$dy=-\ln2\cdot2^{\ln\cos x}\cdot\tan x dx.$$

（4）因为

$$y'=-e^{-x}\cos(2+x)-e^{-x}\sin(2+x)=-e^{-x}[\cos(2+x)+\sin(2+x)],$$

所以

$$dy=-e^{-x}[\cos(2+x)+\sin(2+x)]dx.$$

（5）因为

$$y'=2\tan x(1+x^2)\sec^2(1+x^2)\cdot2x=4x\tan(1+x^2)\sec^2(1+x^2),$$

所以

$$dy=4x\tan(1+x^2)\sec^2(1+x^2)dx.$$

（6）因为

$$y'=-\frac{1}{x^2}+\frac{3}{2}\frac{1}{\sqrt{x}},$$

所以

$$dy=\left(-\frac{1}{x^2}+\frac{3}{2}\frac{1}{\sqrt{x}}\right)dx.$$

3. 设下列方程确定了隐函数 $y=y(x)$，求 $\mathrm{d}y$：

(1) $y=1+xe^y$；　　(2) $y=\cos(xy)-x$；

(3) $y=\sin(x+y)$；　　(4) $xy=e^{x+y}$.

解 (1) 方法1　将方程两边求微分，有

$$\mathrm{d}y=e^y\mathrm{d}x+xe^y\mathrm{d}y,$$

于是

$$\mathrm{d}y=\frac{e^y}{1-xe^y}\mathrm{d}x.$$

方法2　将方程两边关于 x 求导，有

$$y'=e^y+xe^yy',$$

则

$$y'=\frac{e^y}{1-xe^y},$$

于是

$$\mathrm{d}y=\frac{e^y}{1-xe^y}\mathrm{d}x.$$

(2) 方法1　将方程两边求微分，有

$$\mathrm{d}y=-\sin(xy)(y\mathrm{d}x+x\mathrm{d}y)-\mathrm{d}x,$$

于是

$$\mathrm{d}y=-\frac{1+y\sin(xy)}{1+x\sin(xy)}\mathrm{d}x.$$

方法2　将方程两边关于 x 求导，有

$$y'=-\sin(xy)\cdot(y+xy')-1,$$

则

$$y'=-\frac{1+y\sin(xy)}{1+x\sin(xy)},$$

于是

$$\mathrm{d}y=-\frac{1+y\sin(xy)}{1+x\sin(xy)}\mathrm{d}x.$$

(3) 方法1　将方程两边求微分，有

$$\mathrm{d}y=\cos(x+y)(\mathrm{d}x+\mathrm{d}y),$$

于是

$$\mathrm{d}y=\frac{\cos(x+y)}{1-\cos(x+y)}\mathrm{d}x.$$

方法 2　将方程两边关于 x 求导，有

$$y'=\cos(x+y)\cdot(1+y')$$

则

$$y'=\frac{\cos(x+y)}{1-\cos(x+y)},$$

于是

$$\mathrm{d}y=\frac{\cos(x+y)}{1-\cos(x+y)}\mathrm{d}x.$$

（4）方法 1　将方程两边求微分，有

$$x\mathrm{d}y+y\mathrm{d}x=\mathrm{e}^{x+y}(\mathrm{d}x+\mathrm{d}y),$$

于是

$$\mathrm{d}y=\frac{\mathrm{e}^{x+y}-y}{x-\mathrm{e}^{x+y}}\mathrm{d}x.$$

方法 2　将方程两边关于 x 求导，有

$$y+xy'=\mathrm{e}^{x+y}(1+y'),$$

则

$$y'=\frac{\mathrm{e}^{x+y}-y}{x-\mathrm{e}^{x+y}},$$

于是

$$\mathrm{d}y=\frac{\mathrm{e}^{x+y}-y}{x-\mathrm{e}^{x+y}}\mathrm{d}x.$$

4. 在下列括号内填入适当的函数，使等式成立：

（1）$\mathrm{d}(\ln\sqrt{1-x^3})=(\quad)\mathrm{d}(\sqrt{1-x^3})=(\quad)\mathrm{d}(1-x^3)=(\quad)\mathrm{d}x$；

（2）$\mathrm{d}(\mathrm{e}^{\sin^2 x})=(\quad)\mathrm{d}(\sin^2 x)=(\quad)\mathrm{d}(\sin x)=(\quad)\mathrm{d}x$

解　（1）

$$\begin{aligned}\mathrm{d}(\ln\sqrt{1-x^3})&=\left(\frac{1}{\sqrt{1-x^3}}\right)\mathrm{d}(\sqrt{1-x^3})\\&=\left(\frac{1}{2(1-x^3)}\right)\mathrm{d}(1-x^3)=\left(-\frac{3x^2}{2(1-x^3)}\right)\mathrm{d}x;\end{aligned}$$

（2）

$$\begin{aligned}\mathrm{d}(\mathrm{e}^{\sin^2 x})&=(\mathrm{e}^{\sin^2 x})\mathrm{d}(\sin^2 x)=(2\mathrm{e}^{\sin^2 x}\cdot\sin x)\mathrm{d}(\sin x)\\&=\mathrm{e}^{\sin^2 x}\sin 2x\mathrm{d}x.\end{aligned}$$

5. 计算下列各式的近似值：

（1）$\sqrt{1.05}$；　　　　（2）$\sin 30°30'$.

解 (1) 设 $f(x)=\sqrt{x}$，于是 $f'(x)=\dfrac{1}{2\sqrt{x}}$，取 $x_0=1$，$\Delta x=0.05$，则

$$f(1)=1,\quad f'(1)=\frac{1}{2},$$

于是有

$$\sqrt{1.05}=f(1+0.05)\approx f(1)+f'(1)\times 0.05=1+\frac{1}{2}\times 0.05=1.025.$$

(2) 设 $f(x)=\sin x$，于是 $f'(x)=\cos x$，取

$$x_0=\frac{\pi}{6},\quad \Delta x=\frac{\pi}{360},$$

则

$$f\left(\frac{\pi}{6}\right)=\frac{1}{2},\quad f'\left(\frac{\pi}{6}\right)=\frac{\sqrt{3}}{2},$$

于是有

$$\sin 30°30'=f\left(\frac{\pi}{6}+\frac{\pi}{360}\right)\approx f\left(\frac{\pi}{6}\right)+f'\left(\frac{\pi}{6}\right)\cdot\frac{\pi}{360}=\frac{1}{2}+\frac{\sqrt{3}}{2}\cdot\frac{\pi}{360}$$
$$\approx 0.507\,6.$$

6. 设 $a>0$，且 $|b|$ 与 a^n 相比是很小的量，证明 $\sqrt[n]{a^n+b}\approx a+\dfrac{b}{na^{n-1}}$.

证 由于 $\sqrt[n]{a^n+b}=a\cdot\sqrt[n]{1+\dfrac{b}{a^n}}$，故设 $f(x)=\sqrt[n]{1+x}$，则

$$f(0)=1,\quad f'(0)=\frac{1}{n},$$

于是有

$$f\left(\frac{b}{a^n}\right)\approx f(0)+f'(0)\cdot\frac{b}{a^n},$$

即

$$\sqrt[n]{a^n+b}=af\left(\frac{b}{a^n}\right)\approx a+\frac{1}{n}\cdot a\cdot\frac{b}{a^n}\approx a+\frac{b}{na^{n-1}}.$$

7. 边长为 20cm 的正方形金属薄片加热后，边长伸长了 0.05cm，求面积大约增加了多少.

解 设用 S 表示边长为 x 的正方形面积，则有 $S=x^2$. 由题意知：$x=20$cm，$\Delta x=0.05$cm，增加的面积为 ΔS. 因为 Δx 相对于 x 较小，所以可用微分 $\mathrm{d}S$ 近似代替 ΔS，于是有

$$\Delta S\approx \mathrm{d}S=2x\Delta x=2\times 20\times 0.05=2\ (\mathrm{cm}^2),$$

故面积大约增加 2 平方厘米.

§3.6 导数在经济学中的应用

1. 某电视机当每台售价为 600 元时，每月可销售 2 000 台；当每台售价降为 550 元时，每月可多销售 400 台. 求该电视机每月的线性需求函数.

解 设电视机每月的线性需求函数为：$Q_d(P)=a-bP$，其中 P 为售价，由题意知

$$\begin{cases}2\ 000=a-600b\\2\ 400=a-550b\end{cases},$$

解得 $a=6\ 800$，$b=8$，所以需求函数为

$$Q_d(P)=6\ 800-8P.$$

2. 设某产品的总成本函数为 $C(x)=6\ 000+900x-0.8x^2$（单位：元），求生产 100 个单位产品时的平均成本及边际成本，并解释后者的经济意义.

解 由题意知，平均成本函数为

$$\overline{C}(x)=\frac{C(x)}{x}=\frac{6\ 000}{x}+900-0.8x,$$

于是 $\overline{C}(100)=880$（元），边际成本函数为

$$C'(x)=900-1.6x,$$

于是 $C'(100)=740$（元）.

经济意义：当产量为 100 个单位时，再多生产一个单位产品所增加的成本大约为 740 元.

3. 设某产品的固定成本为 1 000 元，生产 x 件产品的可变成本为 $0.01x^2+10x$，若每件产品售价为 30 元，求边际利润函数以及边际利润为 0 时的产量.

解 由题意知，总成本函数为

$$C(x)=1\ 000+0.01x^2+10x,$$

总收入函数为 $R(x)=30x$，所以，总利润函数为

$$L(x)=R(x)-C(x)=20x-0.01x^2-1\ 000,$$

于是，边际利润函数为

$$L'(x)=20-0.02x,$$

当边际利润为 0 时，即 $L'(x)=20-0.02x=0$，解得 $x=1\ 000$（件），即边际利润为 0 时的产量为 1 000 件.

4. 设某商品的需求函数为 $Q=20\mathrm{e}^{-P}$，求 P 取何值时需求价格弹性是高弹性.

解 由题意知，需求价格弹性为

$$\eta = P \cdot \frac{Q'}{Q} = -P,$$

于是，当 $\eta < -1$，即 $P > 1$ 时，需求价格弹性是高弹性.

5. 设某商品的需求函数为 $Q = 150 - 2P^2$，求：当 $P = 6$ 元时的需求价格弹性并说明其经济意义.

解 由题意知，需求价格弹性为

$$\eta = P \cdot \frac{Q'}{Q} = \frac{4P^2}{2P^2 - 150},$$

于是，当 $P = 6$ 时，有 $\eta = -\frac{24}{13}$.

经济意义：当价格为 6 元时，若价格上涨（或下跌）1%，则需求量将近似减少（或增加）$\frac{24}{13}\%$.

6. 设某产品的需求价格弹性在 -3 到 -1.5 之间，若价格降低 10%，则需求量及总收入将分别大约增加多少？

解 由题意知：$\frac{\Delta P}{P} = -10\%$，

当 $\eta = -3$ 时，

$$\frac{\Delta Q}{Q} \approx \eta \times \frac{\Delta P}{P} = (-3) \times (-10\%) = 30\%,$$

$$\frac{\Delta R}{R} \approx (1 - |\eta|) \frac{\Delta P}{P} = (1 - 3) \times (-10\%) = 20\%,$$

当 $\eta = -1.5$ 时，

$$\frac{\Delta Q}{Q} \approx (-1.5) \times (-10\%) = 15\%,$$

$$\frac{\Delta R}{R} \approx (1 - 1.5) \times (-10\%) = 5\%,$$

即需求量将大约增加 15%～30%，总收入将大约增加 5%～20%.

总复习题3

1. 已知 $f'(1) = -3$，求 $\lim\limits_{x \to 0} \frac{x}{f(1-2x) - f(1-4x)}$.

解 因为

$$\begin{aligned} \lim_{x \to 0} \frac{f(1-2x) - f(1-4x)}{x} &= \lim_{x \to 0} \frac{f(1-2x) - f(1) + f(1) - f(1-4x)}{x} \\ &= -2 \lim_{x \to 0} \frac{f(1-2x) - f(1)}{-2x} + 4 \lim_{x \to 0} \frac{f(1) - f(1-4x)}{4x} \end{aligned}$$

$$=-2\lim_{t\to 0}\frac{f(1+t)-f(1)}{t}+4\lim_{x\to 0}\frac{f(1-4x)-f(1)}{-4x}$$
$$=-2f'(1)+4f'(1)=2f'(1)=-6,$$

所以

$$\lim_{x\to 0}\frac{x}{f(1-2x)-f(1-4x)}=-\frac{1}{6}.$$

2. 设 $f(x)$ 在点 $x=0$ 处可导，且 $f(0)=0$，求$\lim\limits_{x\to 0}\dfrac{f(1-\cos x)}{\tan x^2}$.

解 由题意知

$$\lim_{x\to 0}\frac{f(1-\cos x)}{\tan x^2}=\lim_{x\to 0}\frac{f(1-\cos x)-f(0)}{1-\cos x}\cdot\frac{1-\cos x}{\tan x^2}$$
$$=f'(0)\cdot\lim_{x\to 0}\frac{\frac{1}{2}x^2}{x^2}=\frac{1}{2}f'(0).$$

3. 设 $f(x)=x(x-1)(x-2)\cdots(x-100)$，求 $f'(0)$.

解 由导数定义知

$$f'(0)=\lim_{x\to 0}\frac{f(x)-f(0)}{x}=\lim_{x\to 0}(x-1)(x-2)\cdots(x-100)=100!.$$

4. 若 $f(x)=\begin{cases}g(x)\sin\dfrac{1}{x}, & x\neq 0\\ 0, & x=0\end{cases}$，且 $g(0)=g'(0)=0$，求 $f'(0)$.

解 由题意知

$$\lim_{x\to 0}\frac{g(x)}{x}=\lim_{x\to 0}\frac{g(x)-g(0)}{x}=g'(0)=0,$$

所以

$$f'(0)=\lim_{x\to 0}\frac{f(x)-f(0)}{x}=\lim_{x\to 0}\frac{g(x)\sin\frac{1}{x}}{x}=0.$$

5. 设 $f(x)=(x-a)\varphi(x)$，其中 $\varphi(x)$ 在点 $x=a$ 处连续，求 $f'(a)$.

解 由题意知

$$f'(a)=\lim_{x\to a}\frac{f(x)-f(a)}{x-a}=\lim_{x\to a}\frac{(x-a)\varphi(x)}{x-a}=\lim_{x\to a}\varphi(x)=\varphi(a).$$

6. 设 $f(x)$ 对任何 x 满足 $f(x+1)=2f(x)$，且 $f'(0)=C$（常数），求 $f'(1)$.

解 由题意知

$$f'(1)=\lim_{x\to 1}\frac{f(x)-f(1)}{x-1}\xlongequal{t=x-1}\lim_{t\to 0}\frac{f(t+1)-f(1)}{t}=\lim_{t\to 0}\frac{2f(t)-2f(0)}{t}$$

$$=2\lim_{t\to 0}\frac{f(t)-f(0)}{t}=2f'(0)=2C.$$

7. 设 $x=g(y)$ 是 $f(x)=\ln x+\arctan x$ 的反函数，求 $g'\left(\frac{\pi}{4}\right)$.

解　由题意知

$$\frac{\pi}{4}=\ln x+\arctan x,$$

于是有 $x=1$. 又因为

$$f'(x)=\frac{1}{x}+\frac{1}{1+x^2},$$

所以

$$g'\left(\frac{\pi}{4}\right)=\frac{1}{f'(1)}=\frac{2}{3}.$$

8. 已知 $y=f\left(\frac{3x-2}{3x+2}\right)$，$f'(x)=\arctan x^2$，求 $\left.\frac{\mathrm{d}y}{\mathrm{d}x}\right|_{x=0}$.

解　因为

$$y'=f'\left(\frac{3x-2}{3x+2}\right)\cdot\frac{12}{(3x+2)^2},$$

所以

$$\left.\frac{\mathrm{d}y}{\mathrm{d}x}\right|_{x=0}=y'(0)=3f'(-1)=3\arctan 1=\frac{3}{4}\pi.$$

9. 求曲线 $y=x-\frac{1}{x}$ 与 x 轴交点处的切线方程.

解　当 $x-\frac{1}{x}=0$ 时，有 $x=\pm 1$. 因为 $y'=1+\frac{1}{x^2}$，所以

$$y'(1)=2,\quad y'(-1)=2,$$

故点（1，0）处的切线方程为

$$y=2(x-1),\quad 即\ y-2x+2=0,$$

点（−1，0）处的切线方程为

$$y=2(x+1),\quad 即\ y-2x-2=0.$$

10. 设函数 $f(x)=\begin{cases}2\mathrm{e}^x+a, & x<0\\ x^2+bx+1, & x\geqslant 0\end{cases}$ 在点 $x=0$ 处可导，求 a，b 的值.

解　因为 $f(x)$ 在点 $x=0$ 处可导，所以 $f(x)$ 在点 $x=0$ 处连续，故

$$\lim_{x\to 0^-}f(x)=\lim_{x\to 0^+}f(x),$$

即 $a+2=1$，解出 $a=-1$. 又因为 $f'_+(0)=f'_-(0)$，而

$$f'_+(0)=\lim_{x\to0^+}\frac{f(x)-f(0)}{x}=\lim_{x\to0^+}\frac{x^2+bx+1-1}{x}=b,$$

$$f'_-(0)=\lim_{x\to0^-}\frac{f(x)-f(0)}{x}=\lim_{x\to0^-}\frac{2e^x-2}{x}=2,$$

于是 $b=2$.

11. 求下列函数的导数：

(1) $y=\frac{1-x^3}{\sqrt{x}}$；　(2) $y=\frac{1-x^2}{1+x+x^2}$；

(3) $y=e^{\sqrt{1+x}}$；　(4) $y=\sqrt{1+\ln^2x}$；

(5) $y=x\sin x\ln x$；　(6) $y=\left(\arcsin\frac{x}{2}\right)^2$；

(7) $y=\left(\frac{x}{1+x}\right)^x$；　(8) $y=\frac{\sqrt{x+2}(3-x)^4}{(x+1)^5}$；

(9) $y=(\tan2x)^{\cot\frac{x}{2}}$.

解 (1) $y'=(x^{-\frac{1}{2}})'-(x^{\frac{5}{2}})'=-\frac{1}{2}x^{-\frac{3}{2}}-\frac{5}{2}x^{\frac{3}{2}}$.

(2) $$y'=\frac{-2x\cdot(1+x+x^2)-(1-x^2)(1+2x)}{(1+x+x^2)^2}$$

$$=\frac{-1-4x-x^2}{(1+x+x^2)^2}.$$

(3) $y'=e^{\sqrt{1+x}}\cdot\frac{1}{2}\cdot\frac{1}{\sqrt{1+x}}=\frac{e^{\sqrt{1+x}}}{2\sqrt{1+x}}$.

(4) $y'=\frac{1}{2}\cdot\frac{1}{\sqrt{1+\ln^2x}}\cdot2\ln x\cdot\frac{1}{x}=\frac{\ln x}{x\sqrt{1+\ln^2x}}$.

(5) $y'=\sin x\ln x+x\cos x\ln x+\sin x$.

(6) $$y'=2\arcsin\frac{x}{2}\frac{\frac{1}{2}}{\sqrt{1-\frac{x^2}{4}}}=\frac{2\arcsin\frac{x}{2}}{\sqrt{4-x^2}}.$$

(7) 等式两边取对数，有

$$\ln y=x\ln\left(\frac{x}{1+x}\right),$$

将上式两边关于 x 求导，有

$$\frac{1}{y}y'=\ln\left(\frac{x}{1+x}\right)+x\left(\frac{1}{x}-\frac{1}{1+x}\right),$$

解出 y'，得到

$$y'=\left(\frac{x}{1+x}\right)^x\cdot\left[\ln\left(\frac{x}{1+x}\right)+\frac{1}{1+x}\right].$$

(8) 等式两边取对数，有

$$\ln|y|=\frac{1}{2}\ln|x+2|+4\ln|3-x|-5\ln|x+1|,$$

将上式两边关于 x 求导，有

$$\frac{1}{y}\cdot y'=\frac{1}{2(x+2)}-\frac{4}{3-x}-\frac{5}{x+1},$$

解出 y'，得到

$$y'=\frac{\sqrt{x+2}(3-x)^4}{(x+1)^5}\left[\frac{1}{2(x+2)}-\frac{4}{3-x}-\frac{5}{x+1}\right].$$

(9) 等式两边取对数，有

$$\ln y=\cot\frac{x}{2}\cdot\ln\tan 2x,$$

将上式两边关于 x 求导，有

$$\frac{1}{y}\cdot y'=-\frac{1}{2}\csc^2\frac{x}{2}\cdot\ln\tan 2x+\cot\frac{x}{2}\cdot\frac{2\sec^2 2x}{\tan 2x},$$

解出 y'，得到

$$y'=(\tan 2x)^{\cot\frac{x}{2}}\left[-\frac{1}{2}\csc^2\frac{x}{2}\cdot\ln\tan 2x+\frac{2\cot\frac{x}{2}\cdot\sec 2x}{\sin 2x}\right],$$

化简后，得到

$$y'=\frac{1}{2}(\tan 2x)^{\cot\frac{x}{2}}\left(\frac{8\cot\frac{x}{2}}{\sin 4x}-\frac{\ln\tan 2x}{\sin^2\frac{x}{2}}\right).$$

12. 求下列函数的二阶导数：

(1) $y=\ln(1-x^2)$； (2) $y=xe^{x^2}$；

(3) $y=\frac{1-x^2}{1+x^2}$.

解 (1) $y'=\frac{-2x}{1-x^2}$，$y''=\left(\frac{-2x}{1-x^2}\right)'=-\frac{2(x^2+1)}{(x^2-1)^2}$.

(2) $y'=e^{x^2}+x\cdot 2x\cdot e^{x^2}=e^{x^2}(1+2x^2)$,

$$y''=2x\cdot e^{x^2}(1+2x^2)+e^{x^2}\cdot 4x=2xe^{x^2}(2x^2+3).$$

(3) $y'=\frac{-2x(1+x^2)-(1-x^2)\cdot 2x}{(1+x^2)^2}=\frac{-4x}{(1+x^2)^2}$,

$$y''=\frac{-4(1+x^2)^2+16x^2(1+x^2)}{(1+x^2)^4}=\frac{4(3x^2-1)}{(1+x^2)^3}.$$

13. 求下列方程所确定的隐函数 $y=y(x)$ 的导数：

(1) $e^{xy}+y^3-5x=0$；　　(2) $\sin y=\ln(x+y)$.

解 (1) 将方程两边关于 x 求导，有

$$e^{xy}\cdot(y+xy')+3y^2\cdot y'-5=0,$$

解出 y'，得到

$$y'=\frac{5-ye^{xy}}{xe^{xy}+3y^2}.$$

(2) 将方程两边关于 x 求导，有

$$\cos y\cdot y'=\frac{1+y'}{x+y},$$

解出 y'，得到

$$y'=\frac{1}{(x+y)\cos y-1}.$$

14. 设函数 $y=y(x)$ 由 $x^3-y^3-6x-3y=0$ 确定，求 y''.

解 将方程两边关于 x 求导，有

$$3x^2-3y^2\cdot y'-6-3y'=0,$$

解出 y'，得

$$y'=\frac{x^2-2}{y^2+1},$$

将等式 $3x^2-3y^2\cdot y'-6-3y'=0$ 两边关于 x 求导，有

$$6x-6y\cdot(y')^2-3y^2\cdot y''-3y''=0,$$

解出 y''，并将 y' 代入，得到

$$y''=\frac{2x(1+y^2)^2-2y\cdot(x^2-2)^2}{(1+y^2)^3}.$$

15. 设函数 $y=y(x)$ 由方程 $e^y+xy=e$ 确定，求 $y''(0)$.

解 将方程两边关于 x 求导，有

$$e^y\cdot y'+y+xy'=0,$$

将 $x=0$ 代入原方程和上式，分别得到

$$y(0)=1,\quad y'(0)=-\frac{1}{e},$$

再关于 x 求导，有

$$e^y\cdot(y')^2+(e^y+x)y''+2y'=0,$$

将 $y(0)=1$，$y'(0)=-\frac{1}{\mathrm{e}}$，$x=0$ 代入上式，得到

$$y''(0)=\frac{1}{\mathrm{e}^2}.$$

16. 求下列函数的 n 阶导数：

(1) $y=\ln\frac{1+x}{1-x}$；　　(2) $y=\frac{1}{x^2-5x+6}$.

解 (1) 因为

$$y=\ln(1+x)-\ln(1-x),$$

所以

$$\begin{aligned}y^{(n)}&=[\ln(1+x)]^{(n)}-[\ln(1-x)]^{(n)}=\frac{(-1)^{n-1}(n-1)!}{(1+x)^n}+\frac{(n-1)!}{(1-x)^n}\\&=(n-1)!\left[\frac{(-1)^{n-1}}{(1+x)^n}+\frac{1}{(1-x)^n}\right]=(-1)^{n-1}\cdot(n-1)!\left[\frac{1}{(x+1)^n}-\frac{1}{(x-1)^n}\right].\end{aligned}$$

(2) 因为

$$y=\frac{1}{x-3}-\frac{1}{x-2},$$

所以

$$\begin{aligned}y^{(n)}&=\left(\frac{1}{x-3}\right)^{(n)}-\left(\frac{1}{x-2}\right)^{(n)}=\frac{(-1)^n\cdot n!}{(x-3)^{n+1}}-\frac{(-1)^n\cdot n!}{(x-2)^{n+1}}\\&=(-1)^n n!\left[\frac{1}{(x-3)^{n+1}}-\frac{1}{(x-2)^{n+1}}\right].\end{aligned}$$

17. 求下列函数的微分：

(1) $y=\arcsin\sqrt{x}$；　　(2) $y=\sec^3(\ln x)$；

(3) $y=[xf(x^2)]^2$，其中 f 为可导函数.

解 (1) 方法1　因为 $y'=\frac{1}{2\sqrt{x}\sqrt{1-x}}$，所以

$$\mathrm{d}y=y'\mathrm{d}x=\frac{1}{2\sqrt{x}\sqrt{1-x}}\mathrm{d}x=\frac{1}{2\sqrt{x-x^2}}\mathrm{d}x.$$

方法2　$\mathrm{d}y=\frac{1}{\sqrt{1-x}}\mathrm{d}(\sqrt{x})=\frac{1}{\sqrt{1-x}}\cdot\frac{1}{2\sqrt{x}}\mathrm{d}x=\frac{1}{2\sqrt{x-x^2}}\mathrm{d}x.$

(2) 方法1　因为 $y'=\frac{3\sec^3(\ln x)\cdot\tan(\ln x)}{x}$，所以

$$\mathrm{d}y=y'\mathrm{d}x=\frac{3\sec^3(\ln x)\cdot\tan(\ln x)}{x}\mathrm{d}x.$$

方法2　$$\begin{aligned}\mathrm{d}y&=3\sec^2(\ln x)\mathrm{d}[\sec(\ln x)]=3\sec^2(\ln x)\sec(\ln x)\tan(\ln x)\mathrm{d}(\ln x)\\&=3\sec^3(\ln x)\tan(\ln x)\frac{1}{x}\mathrm{d}x.\end{aligned}$$

(3) 方法 1　因为

$$y'=2xf(x^2)\cdot[f(x^2)+xf'(x^2)\cdot 2x]$$
$$=2xf(x^2)[f(x^2)+2x^2f'(x^2)],$$

所以

$$dy=y'dx=2xf(x^2)[f(x^2)+2x^2f'(x^2)]\,dx.$$

方法 2　$dy=2xf(x^2)d[xf(x^2)]=2xf(x^2)\cdot[f(x^2)dx+xf'(x^2)\cdot 2xdx]$
$=2xf(x^2)[f(x^2)+2x^2f'(x^2)]dx.$

18. 设某产品的总成本函数和总收益函数分别为 $C(x)=3+2\sqrt{x}$，$R(x)=\frac{5x}{x+1}$，其中 x 为该产品的销售量，求该产品的边际成本、边际收入和边际利润.

解　由题意知，边际成本为

$$C'(x)=\frac{1}{\sqrt{x}},$$

边际收益为

$$R'(x)=\frac{5}{(x+1)^2},$$

边际利润为

$$L'(x)=R'(x)-C'(x)=\frac{5}{(x+1)^2}-\frac{1}{\sqrt{x}}.$$

19. 设某种商品的需求函数为 $Q=12-\frac{P}{2}$，其中 P（单位：元）为商品的价格，求

(1) 需求价格弹性函数；

(2) 价格为 4 元与 14 元时的需求价格弹性，并说明其经济意义.

解　(1) 需求价格弹性函数为

$$\eta=P\cdot\frac{Q'}{Q}=\frac{P}{P-24}.$$

(2) $\eta(4)=\frac{4}{4-24}=-\frac{1}{5}=-0.2$，

经济意义为：当价格为 4 元时，若价格上涨（或下跌）1%，则商品的需求量将大约减少（或增加）0.2%.

$$\eta(14)=\frac{14}{14-24}=-\frac{7}{5}=-1.4.$$

经济意义为：当价格为 14 元时，若价格上涨（或下跌）1%，则商品的需求量将大约减少（或增加）1.4%.

20. 求下列近似值：

(1) $\cos 29°$；　　　　　　　　(2) $\sqrt[3]{7.95}$.

解　(1) 设 $f(x)=\cos x$，则 $f'(x)=-\sin x$，取 $x_0=\frac{\pi}{6}$，$\Delta x=-\frac{\pi}{180}$，则

$$f\left(\frac{\pi}{6}\right)=\frac{\sqrt{3}}{2},\quad f'\left(\frac{\pi}{6}\right)=-\frac{1}{2},$$

于是

$$\cos 29°=f\left(\frac{\pi}{6}-\frac{\pi}{180}\right)\approx f\left(\frac{\pi}{6}\right)+f'\left(\frac{\pi}{6}\right)\cdot\left(-\frac{\pi}{180}\right)$$
$$=\frac{\sqrt{3}}{2}+\frac{1}{2}\times\frac{\pi}{180}\approx 0.874\ 8.$$

(2) 设 $f(x)=\sqrt[3]{x}$，则 $f'(x)=\frac{1}{3\sqrt[3]{x^2}}$，取 $x_0=8$，$\Delta x=-0.05$，则

$$f(8)=2,\quad f'(8)=\frac{1}{12},$$

于是

$$\sqrt[3]{7.95}=f(8-0.05)\approx f(8)+f'(8)\times(-0.05)=2-\frac{0.05}{12}\approx 1.996.$$

21. 设 $f(x)$ 是可导的偶函数，证明：$f'(x)$ 为奇函数.

证　由题意知

$$f'(-x)=\lim_{\Delta x\to 0}\frac{f(-x+\Delta x)-f(-x)}{\Delta x}=\lim_{\Delta x\to 0}\frac{f(x-\Delta x)-f(x)}{\Delta x}$$
$$=-\lim_{\Delta x\to 0}\frac{f(x-\Delta x)-f(x)}{-\Delta x}=-f'(x),$$

即 $f'(x)$ 为奇函数.

22. 设 $f(x)$ 是 $\mathbf{R}$ 上的非零函数，对任意的 x，$y\in\mathbf{R}$，有 $f(x+y)=f(x)f(y)$，且 $f'(0)=1$，证明：$f'(x)=f(x)$.

证　由题意知 $f(0)=f^2(0)$，则 $f(0)=1$，于是

$$f'(x)=\lim_{\Delta x\to 0}\frac{f(x+\Delta x)-f(x)}{\Delta x}=\lim_{\Delta x\to 0}\frac{f(x)\cdot f(\Delta x)-f(x)}{\Delta x}$$
$$=f(x)\cdot\lim_{\Delta x\to 0}\frac{f(\Delta x)-f(0)}{\Delta x}=f(x)\cdot f'(0)=f(x).$$

第 4 章　微分中值定理与导数的应用

§4.1　微分中值定理

1. 下列函数在给定区间上是否满足罗尔定理的条件？如果满足，求出定理结论中的 ξ.

(1) $f(x)=x\sqrt{4-x}$，$x\in[0,\ 4]$；　　　(2) $f(x)=\ln\sin x$，$x\in\left[\dfrac{\pi}{6},\ \dfrac{5\pi}{6}\right]$.

解　(1) 因为 $f(x)$ 在 $[0,\ 4]$ 上连续，在 $(0,\ 4)$ 内可导，并且 $f(0)=f(4)=0$，所以 $f(x)$ 在 $[0,\ 4]$ 上满足罗尔定理的条件.

$$f'(x)=\frac{8-3x}{2\sqrt{4-x}},$$

令 $f'(x)=0$，解得 $x=\dfrac{8}{3}\in(0,\ 4)$. 因此存在 $\xi=\dfrac{8}{3}\in(0,\ 4)$ 满足定理结论 $f'(\xi)=0$.

(2) 因为 $f(x)$ 在 $\left[\dfrac{\pi}{6},\ \dfrac{5\pi}{6}\right]$ 上连续，在 $\left(\dfrac{\pi}{6},\ \dfrac{5\pi}{6}\right)$ 内可导，并且 $f\left(\dfrac{\pi}{6}\right)=f\left(\dfrac{5\pi}{6}\right)$，所以 $f(x)$ 在 $\left[\dfrac{\pi}{6},\ \dfrac{5\pi}{6}\right]$ 上满足罗尔定理的条件.

$$f'(x)=\frac{\cos x}{\sin x},$$

令 $f'(x)=0$，解得 $x=\dfrac{\pi}{2}\in\left(\dfrac{\pi}{6},\ \dfrac{5\pi}{6}\right)$. 因此存在 $\xi=\dfrac{\pi}{2}\in\left(\dfrac{\pi}{6},\ \dfrac{5\pi}{6}\right)$ 满足定理结论 $f'(\xi)=0$.

注　满足中值定理的 ξ 与函数和区间有关，点 ξ 一定存在，但可能不唯一.

2. 下列函数在给定区间上是否满足拉格朗日中值定理的条件？如果满足，求出定理结论中的 ξ.

(1) $f(x)=\ln x$，$x\in[1, \mathrm{e}]$；

(2) $f(x)=x^3-1$，$x\in[0, 2]$.

解 (1) 因为 $f(x)$ 在 $[1, \mathrm{e}]$ 上连续，在 $(1, \mathrm{e})$ 内可导，所以 $f(x)$ 在 $[1, \mathrm{e}]$ 上满足拉格朗日中值定理的条件. 由拉格朗日定理可得，

$$f'(\xi)=\frac{f(\mathrm{e})-f(1)}{\mathrm{e}-1}=\frac{1}{\mathrm{e}-1},$$

即 $\frac{1}{\xi}=\frac{1}{\mathrm{e}-1}$，解得 $\xi=\mathrm{e}-1\in(1, \mathrm{e})$.

(2) 因为 $f(x)$ 在 $[0, 2]$ 上连续，在 $(0, 2)$ 内可导，所以 $f(x)$ 在 $[0, 2]$ 上满足拉格朗日中值定理的条件. 由于

$$f'(x)=3x^2,$$

令

$$f'(x)=\frac{f(2)-f(0)}{2-0}=4,$$

解得 $x=\frac{2\sqrt{3}}{3}\in(0, 2)$. 因此存在 $\xi=\frac{2\sqrt{3}}{3}\in(0, 2)$ 满足定理结论 $f'(\xi)=\frac{f(2)-f(0)}{2-0}$.

3. 函数 $f(x)=2x$ 与 $g(x)=\frac{1}{2}x^2-1$ 在 $[0, 1]$ 上是否满足柯西中值定理的条件？若满足，求出定理结论中的 ξ.

解 因为 $f(x)$ 和 $g(x)$ 在 $[0, 1]$ 上连续，在 $(0, 1)$ 内可导，并且 $g'(x)=x\neq0$，$x\in(0, 1)$，所以 $f(x)$ 和 $g(x)$ 在 $[0, 1]$ 上满足柯西中值定理的条件. 由于

$$f'(x)=2, \quad g'(x)=x,$$

令

$$\frac{f'(x)}{g'(x)}=\frac{f(1)-f(0)}{g(1)-g(0)}=4,$$

即 $\frac{2}{x}=4$，解得 $x=\frac{1}{2}\in(0, 1)$. 因此存在 $\xi=\frac{1}{2}\in(0, 1)$ 满足定理结论

$$\frac{f'(\xi)}{g'(\xi)}=\frac{f(1)-f(0)}{g(1)-g(0)}.$$

4. 设函数 $f(x)=px^2+qx+r$，其中 p，q，r 为常数，且 $p\neq0$. 证明：对该函数应用拉格朗日中值定理求得的点 ξ 总是位于区间的中点.

证 因为 $f(x)$ 为二次多项式，在任意闭区间 $[a, b]\subset(-\infty, +\infty)$ 上可导，所以 $f(x)$ 在 $[a, b]$ 上满足拉格朗日中值定理的条件，因此存在 $\xi\in(a, b)$，使得 $f'(\xi)=\frac{f(b)-f(a)}{b-a}$，即

$$2p\xi+q=\frac{pb^2+qb+r-(pa^2+qa+r)}{b-a}=p(b+a)+q,$$

解得 $\xi=\frac{b+a}{2}$，即点 ξ 总是位于区间 (a, b) 的中点.

5. 若 4 次方程 $a_4x^4+a_3x^3+a_2x^2+a_1x+a_0=0$ 有 4 个不同实根，其中 a_i $(i=0, 1, 2, 3, 4)$ 为常数，且 $a_4\neq 0$，证明方程

$$4a_4x^3+3a_3x^2+2a_2x+a_1=0$$

所有的根均为实根.

证 设 $f(x)=a_4x^4+a_3x^3+a_2x^2+a_1x+a_0$，方程 $f(x)=0$ 的 4 个不同实根为 x_i，$i=1, 2, 3, 4$，且 $x_1<x_2<x_3<x_4$. 显然 $f(x)$ 在 $[x_i, x_{i+1}]$ 上可导，并且

$$f(x_i)=f(x_{i+1})=0,\quad i=1, 2, 3,$$

因此 $f(x)$ 在 $[x_i, x_{i+1}]$ 上满足罗尔定理的条件，从而在 (x_i, x_{i+1}) 内至少存在一点 ξ_i，使得

$$f'(\xi_i)=0,\quad i=1, 2, 3,$$

即方程 $4a_4x^3+3a_3x^2+2a_2x+a_1=0$ 至少有 3 个实根 ξ_i，$i=1, 2, 3$.

又由于 3 次方程最多有 3 个根，所以方程

$$4a_4x^3+3a_3x^2+2a_2x+a_1=0$$

有且只有 3 个根，且所有的根均为实根.

6. 证明方程 $x^5+x-1=0$ 不可能有两个不同的实根.

证 （反证法）假设方程 $x^5+x-1=0$ 有两个不同的实根 x_1，x_2，且 $x_1<x_2$. 显然 $f(x)=x^5+x-1$ 在 $[x_1, x_2]$ 上可导，并且 $f(x_1)=f(x_2)=0$，因此 $f(x)$ 在 $[x_1, x_2]$ 上满足罗尔定理的条件，从而在 (x_1, x_2) 内至少存在一点 ξ，使得 $f'(\xi)=0$，即

$$5\xi^4+1=0.$$

但显然 $5\xi^4+1>0$，矛盾，从而假设错误，故方程 $x^5+x-1=0$ 不可能有两个不同的实根.

7. 设函数 $f(x)$ 在 $[a, b]$ 上连续，在 (a, b) 内二阶可导，且 $f(a)=f(b)=f(c)(a<c<b)$，证明至少存在一点 $\xi\in(a, b)$，使得 $f''(\xi)=0$.

证 由已知得，$f(x)$ 在 $[a, c]$ 和 $[c, b]$ 上均满足罗尔定理的条件，从而分别存在 $\xi_1\in(a, c)$，$\xi_2\in(c, b)$，使得

$$f'(\xi_1)=f'(\xi_2)=0.$$

又因为 $f'(x)$ 在 $[\xi_1, \xi_2]$ 上满足罗尔定理的条件，从而存在 $\xi\in(\xi_1, \xi_2)\subset(a, b)$，使得

$$f''(\xi)=0.$$

8. 设 a，b，c 是任意实数，证明方程 $e^x=ax^2+bx+c$ 最多有3个不同的实根.

证 （反证法）假设方程 $e^x=ax^2+bx+c$ 有4个不同的实根 x_1，x_2，x_3，x_4，且 $x_1<x_2<x_3<x_4$. $f(x)=e^x-(ax^2+bx+c)$ 在 $[x_1, x_2]$，$[x_2, x_3]$，$[x_3, x_4]$ 上可导，并且

$$f(x_1)=f(x_2)=f(x_3)=f(x_4)=0,$$

满足罗尔定理的条件，从而至少存在点 $\xi_1\in(x_1, x_2)$，$\xi_2\in(x_2, x_3)$，$\xi_3\in(x_3, x_4)$，使得

$$f'(\xi_1)=f'(\xi_2)=f'(\xi_3)=0.$$

又由 $f'(x)=e^x-(2ax+b)$ 在 $[\xi_1, \xi_2]$，$[\xi_2, \xi_3]$ 上可导，并且

$$f'(\xi_1)=f'(\xi_2)=f'(\xi_3)=0,$$

满足罗尔定理的条件，从而至少存在点 $\eta_1\in(\xi_1, \xi_2)$，$\eta_2\in(\xi_2, \xi_3)$，使得

$$f''(\eta_1)=f''(\eta_2)=0.$$

再由 $f''(x)=e^x-2a$ 在 $[\eta_1, \eta_2]$ 上可导，并且 $f''(\eta_1)=f''(\eta_2)=0$，满足罗尔定理的条件，从而至少存在点 $\zeta\in(\eta_1, \eta_2)$，使得

$$f'''(\zeta)=0.$$

但显然 $f'''(x)=e^x>0$，矛盾，从而假设错误，故方程 $e^x=ax^2+bx+c$ 最多有3个不同的实根.

9. 证明下列不等式：

（1）$|\sin x-\sin y|\leqslant|x-y|$；

（2）当 $x_2>x_1>0$ 时，$\dfrac{x_2-x_1}{x_2}<\ln\dfrac{x_2}{x_1}<\dfrac{x_2-x_1}{x_1}$；

（3）当 $x>1$ 时，$e^x>ex$.

证 （1）若 $x=y$，原不等式显然成立.

若 $x\neq y$，由 $f(x)=\sin x$ 在 $[x, y]$ 或 $[y, x]$ 上可导，利用拉格朗日中值定理可得，存在 $\xi\in(x, y)$ 或 (y, x)，使得

$$\sin x-\sin y=\cos\xi\cdot(x-y),$$

从而有

$$|\sin x-\sin y|=|\cos\xi|\cdot|x-y|\leqslant|x-y|,$$

综上所述，有

$$|\sin x-\sin y|\leqslant|x-y|.$$

（2）$f(x)=\ln x$ 在 $[x_1, x_2]$ 上可导，利用拉格朗日中值定理可得，存在 $\xi\in(x_1, x_2)$，使得

$$\ln x_2-\ln x_1=\frac{1}{\xi}\cdot(x_2-x_1).$$

由 $\xi\in(x_1, x_2)$，得$\frac{1}{x_2}<\frac{1}{\xi}<\frac{1}{x_1}$，从而

$$\frac{x_2-x_1}{x_2}<\ln\frac{x_2}{x_1}=\frac{1}{\xi}(x_2-x_1)<\frac{x_2-x_1}{x_1}.$$

（3）当 $x>1$ 时，$f(x)=e^x$ 在 $[1, x]$ 上可导，利用拉格朗日中值定理可得，存在 $\xi\in(1, x)$，使得

$$e^x-e=e^{\xi}(x-1).$$

由 $\xi>1$ 得，

$$e^x-e>e(x-1),$$

即

$$e^x>ex.$$

10. 证明当 $x\geqslant 1$ 时，有 $2\arctan x+\arcsin\frac{2x}{1+x^2}=\pi$.

证 设

$$f(x)=2\arctan x+\arcsin\frac{2x}{1+x^2},$$

则 $f(x)$ 在 $[1, +\infty)$ 上连续，并且当 $x>1$ 时，

$$\begin{aligned}f'(x)&=\frac{2}{1+x^2}+\frac{1}{\sqrt{1-\left(\frac{2x}{1+x^2}\right)^2}}\cdot\frac{2(1+x^2)-4x^2}{(1+x^2)^2}\\&=\frac{2}{1+x^2}+\frac{1}{\sqrt{(1-x^2)^2}}\cdot\frac{2(1-x^2)}{1+x^2}\\&=0,\end{aligned}$$

从而当 $x>1$ 时 $f(x)=C$（常数）. 由 $f(x)$ 在 $[1, +\infty)$ 上连续，有

$$C=\lim_{x\to 1^+}f(x)=f(1)=2\arctan 1+\arcsin 1=\pi.$$

所以当 $x\geqslant 1$ 时，$f(x)=\pi$，即

$$2\arctan x+\arcsin\frac{2x}{1+x^2}=\pi.$$

11. 设 $f(x)$ 在 $[a, b]$ 上连续，在 (a, b) 内可导，且 $f(a)=f(b)=0$，证明：

（1）在 (a, b) 内至少存在一点 ξ，使得 $f'(\xi)+f(\xi)=0$；

（2）在 (a, b) 内至少存在一点 ξ，使得 $f'(\xi)-f(\xi)=0$.

证 （1）设 $F(x)=f(x)e^x$，则 $F(x)$ 在 $[a, b]$ 上连续，在 (a, b) 内可导，并且

$F(a)=F(b)=0$. 由罗尔定理得，至少存在一点 $\xi\in(a, b)$，使得

$$F'(\xi)=f'(\xi)e^{\xi}+f(\xi)e^{\xi}=0,$$

即

$$f'(\xi)+f(\xi)=0,\ \xi\in(a, b).$$

(2) 设 $F(x)=f(x)e^{-x}$，则 $F(x)$ 在 $[a, b]$ 上连续，在 (a, b) 内可导，并且 $F(a)=F(b)=0$. 由罗尔定理得，至少存在一点 $\xi\in(a, b)$，使得

$$F'(\xi)=f'(\xi)e^{-\xi}-f(\xi)e^{-\xi}=0,$$

即

$$f'(\xi)-f(\xi)=0,\ \xi\in(a, b).$$

12. 若函数 $f(x)$ 在 $(-\infty, +\infty)$ 上满足关系式 $f'(x)=f(x)$，且 $f(0)=1$，证明：$f(x)=e^x$.

证　构造辅助函数 $F(x)=f(x)e^{-x}$，则在 $(-\infty, +\infty)$ 上有

$$F'(x)=f'(x)e^{-x}-f(x)e^{-x}=0,$$

从而在 $(-\infty, +\infty)$ 上，$F(x)=f(x)e^{-x}=C$，其中 C 为常数，即 $f(x)=Ce^x$. 代入 $f(0)=1$，得 $C=1$，所以 $f(x)=e^x$.

13. 设 $f(x)$ 在 $[a, b]$ 上连续，在 (a, b) 内二阶可导，且 $f(a)=f(b)=0$，$f(c)>0$ $(a<c<b)$. 证明：

(1) 在 (a, b) 内至少存在一点 ξ_1，使得 $f'(\xi_1)>0$；在 (a, b) 内至少存在一点 ξ_2，使得 $f'(\xi_2)<0$；

(2) 在 (a, b) 内至少存在一点 ξ，使得 $f''(\xi)<0$.

证　(1) 由已知，$f(x)$ 在 $[a, c]$ 上连续，在 (a, c) 内可导，利用拉格朗日中值定理可得，在 $(a, c)\subset(a, b)$ 内至少存在一点 ξ_1，使得

$$f'(\xi_1)=\frac{f(c)-f(a)}{c-a}>0.$$

同理，$f(x)$ 在 $[c, b]$ 上连续，在 (c, b) 内可导，从而在 $(c, b)\subset(a, b)$ 内至少存在一点 ξ_2，使得

$$f'(\xi_2)=\frac{f(b)-f(c)}{b-c}<0.$$

(2) 由已知可知，$f(x)$ 在 $[\xi_1, \xi_2]$ 上连续，在 (ξ_1, ξ_2) 内可导，利用拉格朗日中值定理可得，在 $(\xi_1, \xi_2)\subset(a, b)$ 内至少存在一点 ξ，使得

$$f''(\xi)=\frac{f'(\xi_2)-f'(\xi_1)}{\xi_2-\xi_1}<0.$$

§4.2 洛必达法则

1. 计算下列极限：

(1) $\lim\limits_{x\to 0}\dfrac{\sin 3x-x}{2x+\tan x}$；

(2) $\lim\limits_{x\to 0}\dfrac{x^2}{\ln\cos x}$；

(3) $\lim\limits_{x\to 1}\dfrac{x^m-1}{x^n-1}$（$m$，$n$ 为正整数）；

(4) $\lim\limits_{x\to 0}\dfrac{\ln\cos 3x}{\ln\cos 4x}$；

(5) $\lim\limits_{x\to 4}\dfrac{\sqrt{2x+1}-3}{\sqrt{x-2}-\sqrt{2}}$；

(6) $\lim\limits_{x\to 0}\dfrac{\sin 4x^2}{\sqrt{x^2+1}-1}$；

(7) $\lim\limits_{x\to 1}\dfrac{\ln\cos(x-1)}{1-\sin\dfrac{\pi}{2}x}$；

(8) $\lim\limits_{x\to 0}\dfrac{x-\sin x}{x^2(e^x-1)}$；

(9) $\lim\limits_{x\to 0}\dfrac{\cot x\ln(1+x^3)}{1-\cos x}$；

(10) $\lim\limits_{x\to 0}\dfrac{(x+1)^2-e^{2x}}{x^3-x^2}$；

(11) $\lim\limits_{x\to 0}\dfrac{a^x-a^{\sin x}}{x^3}$（$a>0$，$a\neq 1$）；

(12) $\lim\limits_{x\to +\infty}\dfrac{x^n}{e^{ax}}$（常数 $a>0$，n 为正整数）；

(13) $\lim\limits_{x\to 0^+}\dfrac{\ln\cot x}{\ln x}$；

(14) $\lim\limits_{x\to\infty}\dfrac{x+\cos x}{x-\sin x}$.

解 (1) $\lim\limits_{x\to 0}\dfrac{\sin 3x-x}{2x+\tan x}=\lim\limits_{x\to 0}\dfrac{3\cos 3x-1}{2+\sec^2 x}=\dfrac{2}{3}$.

(2) $\lim\limits_{x\to 0}\dfrac{x^2}{\ln\cos x}=\lim\limits_{x\to 0}\dfrac{2x}{-\tan x}=\lim\limits_{x\to 0}\dfrac{2x}{-x}=-2$.

(3) $\lim\limits_{x\to 1}\dfrac{x^m-1}{x^n-1}=\lim\limits_{x\to 1}\dfrac{mx^{m-1}}{nx^{n-1}}=\dfrac{m}{n}$.

(4) $$\lim\limits_{x\to 0}\dfrac{\ln\cos 3x}{\ln\cos 4x}=\lim\limits_{x\to 0}\dfrac{\dfrac{-3\sin 3x}{\cos 3x}}{\dfrac{-4\sin 4x}{\cos 4x}}=\lim\limits_{x\to 0}\dfrac{-3\tan 3x}{-4\tan 4x}=\lim\limits_{x\to 0}\dfrac{-9x}{-16x}=\dfrac{9}{16}.$$

(5) $$\lim\limits_{x\to 4}\dfrac{\sqrt{2x+1}-3}{\sqrt{x-2}-\sqrt{2}}=\lim\limits_{x\to 4}\dfrac{\dfrac{2}{2\sqrt{2x+1}}}{\dfrac{1}{2\sqrt{x-2}}}=\dfrac{2\sqrt{2}}{3}.$$

(6) 方法 1 $\lim\limits_{x\to 0}\dfrac{\sin 4x^2}{\sqrt{x^2+1}-1}=\lim\limits_{x\to 0}\dfrac{4x^2}{\dfrac{1}{2}x^2}=8$.

方法 2 $$\lim\limits_{x\to 0}\dfrac{\sin 4x^2}{\sqrt{x^2+1}-1}=\lim\limits_{x\to 0}\dfrac{8x\cos 4x^2}{\dfrac{x}{\sqrt{x^2+1}}}=\lim\limits_{x\to 0}\dfrac{8\cos 4x^2}{\dfrac{1}{\sqrt{x^2+1}}}=8.$$

(7) $$\lim\limits_{x\to 1}\dfrac{\ln\cos(x-1)}{1-\sin\dfrac{\pi}{2}x}=\lim\limits_{x\to 1}\dfrac{-\tan(x-1)}{-\dfrac{\pi}{2}\cos\dfrac{\pi}{2}x}=\dfrac{2}{\pi}\lim\limits_{x\to 1}\dfrac{x-1}{\cos\dfrac{\pi}{2}x}$$

$$=\frac{2}{\pi}\lim_{x\to 1}\frac{1}{-\frac{\pi}{2}\sin\frac{\pi}{2}x}=-\frac{4}{\pi^2}.$$

（8）$\lim\limits_{x\to 0}\dfrac{x-\sin x}{x^2(e^x-1)}=\lim\limits_{x\to 0}\dfrac{x-\sin x}{x^3}=\lim\limits_{x\to 0}\dfrac{1-\cos x}{3x^2}=\lim\limits_{x\to 0}\dfrac{\sin x}{6x}=\dfrac{1}{6}.$

（9）$\lim\limits_{x\to 0}\dfrac{\cot x\ln(1+x^3)}{1-\cos x}=\lim\limits_{x\to 0}\dfrac{\ln(1+x^3)}{\tan x(1-\cos x)}=\lim\limits_{x\to 0}\dfrac{x^3}{x\cdot\dfrac{x^2}{2}}=2.$

（10）$\lim\limits_{x\to 0}\dfrac{(x+1)^2-e^{2x}}{x^3-x^2}=\lim\limits_{x\to 0}\dfrac{2(x+1)-2e^{2x}}{3x^2-2x}=\lim\limits_{x\to 0}\dfrac{2-4e^{2x}}{6x-2}=\dfrac{-2}{-2}=1.$

（11）$\lim\limits_{x\to 0}\dfrac{a^x-a^{\sin x}}{x^3}=\lim\limits_{x\to 0}\dfrac{a^{\sin x}(a^{x-\sin x}-1)}{x^3}=\lim\limits_{x\to 0}a^{\sin x}\cdot\lim\limits_{x\to 0}\dfrac{a^{x-\sin x}-1}{x^3}$

$$=\lim_{x\to 0}\frac{(x-\sin x)\ln a}{x^3}=\ln a\cdot\lim_{x\to 0}\frac{1-\cos x}{3x^2}$$

$$=\ln a\cdot\lim_{x\to 0}\frac{\frac{x^2}{2}}{3x^2}=\frac{1}{6}\ln a.$$

（12）由洛必达法则有

$$\lim_{x\to+\infty}\frac{x^n}{e^{ax}}=\lim_{x\to+\infty}\frac{nx^{n-1}}{ae^{ax}},$$

当 $n>1$ 时，$\lim\limits_{x\to+\infty}\dfrac{nx^{n-1}}{ae^{ax}}$ 仍为 $\dfrac{\infty}{\infty}$ 型未定式，可以继续使用洛必达法则．依次下去，连续使用 n 次洛必达法则，可得

$$\lim_{x\to+\infty}\frac{x^n}{e^{ax}}=\lim_{x\to+\infty}\frac{nx^{n-1}}{ae^{ax}}=\cdots=\lim_{x\to+\infty}\frac{n!}{a^n e^{ax}}=0.$$

（13）$\lim\limits_{x\to 0^+}\dfrac{\ln\cot x}{\ln x}=\lim\limits_{x\to 0^+}\dfrac{\dfrac{-\csc^2 x}{\cot x}}{\dfrac{1}{x}}=\lim\limits_{x\to 0^+}\dfrac{-x\tan x}{\sin^2 x}=\lim\limits_{x\to 0^+}\dfrac{-x^2}{x^2}=-1.$

（14）$\lim\limits_{x\to\infty}\dfrac{x+\cos x}{x-\sin x}=\lim\limits_{x\to\infty}\dfrac{1+\dfrac{1}{x}\cos x}{1-\dfrac{1}{x}\sin x}=\dfrac{1+0}{1-0}=1.$

2. 利用洛必达法则计算下列极限：

（1）$\lim\limits_{x\to 0}\left[\dfrac{1}{\ln(1+x)}-\dfrac{1}{x}\right]$；

（2）$\lim\limits_{x\to 0}\left(\dfrac{e^x}{x}-\dfrac{1}{e^x-1}\right)$；

（3）$\lim\limits_{x\to+\infty}\left[\sqrt{x+2\sqrt{x}}-\sqrt{x}\right]$；

（4）$\lim\limits_{x\to 0}\left(\dfrac{1}{\sin^2 x}-\dfrac{\cos^2 x}{x^2}\right)$；

（5）$\lim\limits_{x\to+\infty}\left[x-x^2\ln\left(1+\dfrac{1}{x}\right)\right]$；

（6）$\lim\limits_{x\to 0}(1+xe^x)^{\frac{1}{x}}$；

（7）$\lim\limits_{x\to 0}\left(\dfrac{\sin x}{x}\right)^{\frac{1}{1-\cos x}}$；

（8）$\lim\limits_{x\to\infty}\left(\sin\dfrac{1}{x}+\cos\dfrac{1}{x}\right)^x$；

(9) $\lim\limits_{x\to 0^+}(\cot x)^{\frac{1}{\ln x}}$； (10) $\lim\limits_{x\to 0^+}\left(\frac{1}{x}\right)^{\tan x}$；

(11) $\lim\limits_{x\to 0^+}x^{\sqrt{x}}$； (12) $\lim\limits_{x\to \frac{\pi}{2}^-}(\cos x)^{\frac{\pi}{2}-x}$.

解 (1) $\lim\limits_{x\to 0}\left[\frac{1}{\ln(1+x)}-\frac{1}{x}\right]=\lim\limits_{x\to 0}\frac{x-\ln(1+x)}{x\ln(1+x)}=\lim\limits_{x\to 0}\frac{x-\ln(1+x)}{x^2}$

$$=\lim_{x\to 0}\frac{1-\frac{1}{1+x}}{2x}=\lim_{x\to 0}\frac{1}{2(1+x)}=\frac{1}{2}.$$

(2) $\lim\limits_{x\to 0}\left(\frac{e^x}{x}-\frac{1}{e^x-1}\right)=\lim\limits_{x\to 0}\frac{e^{2x}-e^x-x}{x(e^x-1)}=\lim\limits_{x\to 0}\frac{e^{2x}-e^x-x}{x^2}$

$$=\lim_{x\to 0}\frac{2e^{2x}-e^x-1}{2x}=\lim_{x\to 0}\frac{4e^{2x}-e^x}{2}=\frac{3}{2}.$$

(3) $\lim\limits_{x\to +\infty}[\sqrt{x+2\sqrt{x}}-\sqrt{x}]=\lim\limits_{x\to +\infty}\frac{2\sqrt{x}}{\sqrt{x+2\sqrt{x}}+\sqrt{x}}=\lim\limits_{x\to +\infty}\frac{2}{\sqrt{1+\frac{2}{\sqrt{x}}}+1}=1.$

(4) $\lim\limits_{x\to 0}\left(\frac{1}{\sin^2 x}-\frac{\cos^2 x}{x^2}\right)=\lim\limits_{x\to 0}\frac{x^2-\frac{1}{4}\sin^2 2x}{x^2\sin^2 x}=\lim\limits_{x\to 0}\frac{x^2-\frac{1}{4}\sin^2 2x}{x^4}$

$$=\lim_{x\to 0}\frac{2x-\frac{1}{2}\sin 4x}{4x^3}=\lim_{x\to 0}\frac{2-2\cos 4x}{12x^2}=\lim_{x\to 0}\frac{8\sin 4x}{24x}$$

$$=\lim_{x\to 0}\frac{4x}{3x}=\frac{4}{3}.$$

(5) $\lim\limits_{x\to +\infty}\left[x-x^2\ln\left(1+\frac{1}{x}\right)\right]=\lim\limits_{x\to +\infty}x^2\left[\frac{1}{x}-\ln\left(1+\frac{1}{x}\right)\right]\overset{t=\frac{1}{x}}{=\!=\!=}\lim\limits_{t\to 0^+}\frac{t-\ln(1+t)}{t^2}$

$$=\lim_{t\to 0^+}\frac{1-\frac{1}{1+t}}{2t}=\lim_{t\to 0^+}\frac{1}{2(1+t)}=\frac{1}{2}.$$

(6) $\lim\limits_{x\to 0}(1+xe^x)^{\frac{1}{x}}=\lim\limits_{x\to 0}[(1+xe^x)^{\frac{1}{xe^x}}]^{e^x}=e.$

(7) 方法1 $\lim\limits_{x\to 0}\left(\frac{\sin x}{x}\right)^{\frac{1}{1-\cos x}}=\lim\limits_{x\to 0}\left[\left(1+\frac{\sin x-x}{x}\right)^{\frac{x}{\sin x-x}}\right]^{\frac{\sin x-x}{x(1-\cos x)}}=e^{\lim\limits_{x\to 0}\frac{\sin x-x}{x(1-\cos x)}}$

$$=e^{\lim\limits_{x\to 0}\frac{\sin x-x}{\frac{x^3}{2}}}=e^{\lim\limits_{x\to 0}\frac{\cos x-1}{\frac{3}{2}x^2}}=e^{\lim\limits_{x\to 0}\frac{-\frac{x^2}{2}}{\frac{3}{2}x^2}}=e^{-\frac{1}{3}}.$$

方法2 $\lim\limits_{x\to 0}\left(\frac{\sin x}{x}\right)^{\frac{1}{1-\cos x}}=\lim\limits_{x\to 0}e^{\frac{\ln\sin x-\ln x}{1-\cos x}}=e^{\lim\limits_{x\to 0}\frac{\frac{\cos x}{\sin x}-\frac{1}{x}}{\sin x}}$

$$=e^{\lim\limits_{x\to 0}\frac{x\cos x-\sin x}{x^3}}=e^{\lim\limits_{x\to 0}\frac{\cos x-x\sin x-\cos x}{3x^2}}=e^{-\frac{1}{3}}.$$

(8) 方法1 $\lim\limits_{x\to \infty}\left(\sin\frac{1}{x}+\cos\frac{1}{x}\right)^x=\lim\limits_{x\to \infty}\left[\left(1+\sin\frac{1}{x}+\cos\frac{1}{x}-1\right)^{\frac{1}{\sin\frac{1}{x}+\cos\frac{1}{x}-1}}\right]^{x\left(\sin\frac{1}{x}+\cos\frac{1}{x}-1\right)}$

$$=e^{\lim\limits_{x\to \infty}x\left(\sin\frac{1}{x}+\cos\frac{1}{x}-1\right)},$$

又因为

$$\lim_{x\to\infty}x\left(\sin\frac{1}{x}+\cos\frac{1}{x}-1\right)\xlongequal{t=\frac{1}{x}}\lim_{t\to0}\frac{\sin t+\cos t-1}{t}=\lim_{t\to0}\frac{\cos t-\sin t}{1}=1,$$

所以原极限

$$\lim_{x\to\infty}\left(\sin\frac{1}{x}+\cos\frac{1}{x}\right)^{x}=\mathrm{e}.$$

方法 2 $\lim\limits_{x\to\infty}\left(\sin\frac{1}{x}+\cos\frac{1}{x}\right)^{x}=\lim\limits_{x\to\infty}\left[\left(\sin\frac{1}{x}+\cos\frac{1}{x}\right)^{2}\right]^{\frac{x}{2}}=\lim\limits_{x\to\infty}\left(1+\sin\frac{2}{x}\right)^{\frac{x}{2}}$

$$=\lim_{x\to\infty}\left[\left(1+\sin\frac{2}{x}\right)^{\frac{1}{\sin\frac{2}{x}}}\right]^{\frac{\sin\frac{2}{x}}{\frac{2}{x}}}=\mathrm{e}.$$

方法 3 $\lim\limits_{x\to\infty}\left(\sin\frac{1}{x}+\cos\frac{1}{x}\right)^{x}=\lim\limits_{x\to\infty}\mathrm{e}^{x\ln\left(\sin\frac{1}{x}+\cos\frac{1}{x}\right)}=\mathrm{e}^{\lim\limits_{x\to\infty}x\ln\left(\sin\frac{1}{x}+\cos\frac{1}{x}\right)}$

$$=\mathrm{e}^{\lim\limits_{x\to\infty}x\left(\sin\frac{1}{x}+\cos\frac{1}{x}-1\right)},$$

再由方法 1 可得指数的极限，从而求出原极限.

(9) $\lim\limits_{x\to0^{+}}(\cot x)^{\frac{1}{\ln x}}=\lim\limits_{x\to0^{+}}\mathrm{e}^{\frac{\ln\cot x}{\ln x}}=\mathrm{e}^{\lim\limits_{x\to0^{+}}\frac{\ln\cot x}{\ln x}}=\mathrm{e}^{\lim\limits_{x\to0^{+}}\frac{\frac{-\csc^{2}x}{\cot x}}{\frac{1}{x}}}=\mathrm{e}^{\lim\limits_{x\to0^{+}}\frac{-x\tan x}{\sin^{2}x}}=\mathrm{e}^{-1}.$

(10) $\lim\limits_{x\to0^{+}}\left(\frac{1}{x}\right)^{\tan x}=\lim\limits_{x\to0^{+}}\mathrm{e}^{\tan x(-\ln x)}=\mathrm{e}^{\lim\limits_{x\to0^{+}}\frac{-\ln x}{\cot x}}=\mathrm{e}^{\lim\limits_{x\to0^{+}}\frac{-\frac{1}{x}}{-\csc^{2}x}}=\mathrm{e}^{\lim\limits_{x\to0^{+}}\frac{\sin^{2}x}{x}}=\mathrm{e}^{0}=1.$

(11) $\lim\limits_{x\to0^{+}}x^{\sqrt{x}}=\lim\limits_{x\to0^{+}}\mathrm{e}^{\sqrt{x}\ln x}=\mathrm{e}^{\lim\limits_{x\to0^{+}}\sqrt{x}\ln x}=\mathrm{e}^{\lim\limits_{x\to0^{+}}\frac{\ln x}{x^{-\frac{1}{2}}}}=\mathrm{e}^{\lim\limits_{x\to0^{+}}\frac{\frac{1}{x}}{-\frac{1}{2}x^{-\frac{3}{2}}}}=\mathrm{e}^{\lim\limits_{x\to0^{+}}(-2\sqrt{x})}=1.$

(12) 方法 1 $\lim\limits_{x\to\frac{\pi}{2}^{-}}(\cos x)^{\frac{\pi}{2}-x}=\lim\limits_{x\to\frac{\pi}{2}^{-}}\mathrm{e}^{\left(\frac{\pi}{2}-x\right)\ln\cos x}=\mathrm{e}^{\lim\limits_{x\to\frac{\pi}{2}^{-}}\left(\frac{\pi}{2}-x\right)\ln\cos x}$

$$=\mathrm{e}^{\lim\limits_{x\to\frac{\pi}{2}^{-}}\frac{\ln\cos x}{\left(\frac{\pi}{2}-x\right)^{-1}}}=\mathrm{e}^{\lim\limits_{x\to\frac{\pi}{2}^{-}}\frac{-\tan x}{\left(\frac{\pi}{2}-x\right)^{-2}}}$$

$$=\mathrm{e}^{\lim\limits_{x\to\frac{\pi}{2}^{-}}\frac{\left(\frac{\pi}{2}-x\right)^{2}}{-\cot x}}=\mathrm{e}^{\lim\limits_{x\to\frac{\pi}{2}^{-}}\frac{-2\left(\frac{\pi}{2}-x\right)}{\csc^{2}x}}$$

$$=\mathrm{e}^{\lim\limits_{x\to\frac{\pi}{2}^{-}}-2\left(\frac{\pi}{2}-x\right)\sin^{2}x}=\mathrm{e}^{0}=1.$$

方法 2 令 $t=\frac{\pi}{2}-x$，则

$$原式=\lim_{t\to0^{+}}(\sin t)^{t}=\lim_{t\to0^{+}}\mathrm{e}^{t\ln\sin t}=\mathrm{e}^{\lim\limits_{t\to0^{+}}t\ln\sin t}$$

$$=\mathrm{e}^{\lim\limits_{t\to0^{+}}\frac{\ln\sin t}{t^{-1}}}=\mathrm{e}^{\lim\limits_{t\to0^{+}}\frac{\frac{\cos t}{\sin t}}{-t^{-2}}}=\mathrm{e}^{\lim\limits_{t\to0^{+}}\frac{t^{2}\cos t}{-\sin t}}=\mathrm{e}^{\lim\limits_{t\to0^{+}}(-t\cos t)}=\mathrm{e}^{0}=1.$$

3. 设 $f''(x_0)$ 存在，证明 $f''(x_0)=\lim\limits_{h\to0}\frac{f(x_0+h)-2f(x_0)+f(x_0-h)}{h^{2}}$.

证 由 $f''(x_0)$ 存在，可得 $f'(x)$ 在点 x_0 的某邻域内存在，从而

$$\lim_{h\to 0}\frac{f(x_0+h)-2f(x_0)+f(x_0-h)}{h^2}\overset{\left(\frac{0}{0}\right)}{=}\lim_{h\to 0}\frac{f'(x_0+h)-f'(x_0-h)}{2h}$$

$$=\frac{1}{2}\left[\lim_{h\to 0}\frac{f'(x_0+h)-f'(x_0)}{h}+\lim_{h\to 0}\frac{f'(x_0-h)-f'(x_0)}{-h}\right]$$

$$=\frac{1}{2}[f''(x_0)+f''(x_0)]=f''(x_0).$$

§4.3 泰勒公式

1. 将多项式 $f(x)=5x^5+4x^3+2x+1$ 按 $(x-1)$ 的幂展开.

解 $f'(x)=25x^4+12x^2+2$， $f'(1)=39$，

$f''(x)=100x^3+24x$， $f''(1)=124$，

$f'''(x)=300x^2+24$， $f'''(1)=324$，

$f^{(4)}(x)=600x$， $f^{(4)}(1)=600$，

$f^{(5)}(x)=600$， $f^{(5)}(1)=600$.

由泰勒公式，得

$$f(x)=f(1)+f'(1)(x-1)+\frac{f''(1)}{2!}(x-1)^2+\frac{f'''(1)}{3!}(x-1)^3+\frac{f^{(4)}(1)}{4!}(x-1)^4+\frac{f^{(5)}(1)}{5!}(x-1)^5$$

$$=12+39(x-1)+62(x-1)^2+54(x-1)^3+25(x-1)^4+5(x-1)^5.$$

2. 求函数 $f(x)=\tan x$ 的带有皮亚诺型余项的 3 阶麦克劳林公式.

解 $f'(x)=\sec^2 x$， $f'(0)=1$，

$f''(x)=2\sec^2 x\tan x$， $f''(0)=0$，

$f'''(x)=4\sec^2 x\tan^2 x+2\sec^4 x$， $f'''(0)=2$，

由麦克劳林公式，得

$$f(x)=f(0)+f'(0)x+\frac{f''(0)}{2!}x^2+\frac{f'''(0)}{3!}x^3+o(x^3)$$

$$=x+\frac{x^3}{3}+o(x^3)\quad(x\to 0).$$

3. 求函数 $f(x)=\sqrt{x}$ 在点 $x=4$ 处的带有拉格朗日型余项的 3 阶泰勒公式.

解 $f'(x)=\frac{1}{2}x^{-\frac{1}{2}}$， $f'(4)=\frac{1}{4}$，

$f''(x)=-\frac{1}{4}x^{-\frac{3}{2}}$， $f''(4)=-\frac{1}{32}$，

$f'''(x)=\frac{3}{8}x^{-\frac{5}{2}}$， $f'''(4)=\frac{3}{256}$，

$f^{(4)}(x)=-\frac{15}{16}x^{-\frac{7}{2}}$，

由泰勒公式，得

$$f(x)=f(4)+f'(4)(x-4)+\frac{f''(4)}{2!}(x-4)^2+\frac{f'''(4)}{3!}(x-4)^3+\frac{f^{(4)}(4+\theta(x-4))}{4!}(x-4)^4$$

$$=2+\frac{1}{4}(x-4)-\frac{1}{64}(x-4)^2+\frac{1}{512}(x-4)^3-\frac{5(x-4)^4}{128\left[4+\theta(x-4)\right]^{\frac{7}{2}}}\quad(0<\theta<1).$$

4. 求函数 $f(x)=\sin 3x$ 的带有皮亚诺型余项的 $2m$ 阶麦克劳林公式，其中 $m=1$，2，….

解　利用 $\sin x$ 的带有皮亚诺型余项的 $2m$ 阶麦克劳林公式

$$\sin x=x-\frac{x^3}{3!}+\frac{x^5}{5!}-\cdots+(-1)^{(m-1)}\frac{x^{2m-1}}{(2m-1)!}+o(x^{2m})\quad(x\to 0),$$

可得 $f(x)=\sin 3x$ 的带有皮亚诺型余项的 $2m$ 阶麦克劳林公式为

$$\sin 3x=3x-\frac{3^3}{3!}x^3+\frac{3^5}{5!}x^5-\cdots+(-1)^{(m-1)}\frac{3^{2m-1}}{(2m-1)!}x^{2m-1}+o(x^{2m})\quad(x\to 0).$$

5. 求 $f(x)=x^2\mathrm{e}^x$ 的带有皮亚诺型余项的 n 阶麦克劳林公式.

解　由 e^x 的带有皮亚诺型余项的（$n-2$）阶麦克劳林公式

$$\mathrm{e}^x=1+x+\frac{x^2}{2!}+\cdots+\frac{x^{n-2}}{(n-2)!}+o(x^{n-2})\quad(x\to 0),$$

可得 $f(x)=x^2\mathrm{e}^x$ 的带有皮亚诺型余项的 n 阶麦克劳林公式为

$$x^2\mathrm{e}^x=x^2+x^3+\frac{x^4}{2!}+\cdots+\frac{x^n}{(n-2)!}+o(x^n)\quad(x\to 0).$$

6. 求函数 $f(x)=\ln(2+4x)$ 的带有皮亚诺型余项的 n 阶麦克劳林公式.

解　由 $\ln(1+x)$ 的带有皮亚诺型余项的 n 阶麦克劳林公式

$$\ln(1+x)=x-\frac{x^2}{2}+\frac{x^3}{3}+\cdots+(-1)^{n-1}\frac{x^n}{n}+o(x^n)\quad(x\to 0),$$

可得 $f(x)=\ln(2+4x)$ 的带有皮亚诺型余项的 n 阶麦克劳林公式为

$$\ln(2+4x)=\ln 2+\ln(1+2x)$$

$$=\ln 2+2x-2x^2+\frac{8}{3}x^3+\cdots+(-1)^{n-1}\frac{2^n}{n}x^n+o(x^n)\quad(x\to 0).$$

7. 求函数 $f(x)=\dfrac{1}{4-x}$在点 $x=1$ 处的带有皮亚诺型余项的 n 阶泰勒公式.

解　由

$$\frac{1}{1-x}=1+x+x^2+\cdots+x^n+o(x^n)\quad(x\to 0)$$

可得 $f(x)=\dfrac{1}{4-x}$ 在点 $x=1$ 处的带有皮亚诺型余项的 n 阶泰勒公式为

$$\frac{1}{4-x}=\frac{1}{3-(x-1)}=\frac{1}{3}\frac{1}{1-\frac{x-1}{3}}$$

$$=\frac{1}{3}+\frac{x-1}{3^2}+\frac{(x-1)^2}{3^3}+\cdots+\frac{(x-1)^n}{3^{n+1}}+o((x-1)^n)\quad(x\to 1).$$

8. 利用泰勒公式计算下列极限：

(1) $\lim\limits_{x\to 0}\dfrac{\cos x-e^{-\frac{x^2}{2}}}{x^4}$；　　(2) $\lim\limits_{x\to 0}\dfrac{\sqrt{1+x^2}-1-\frac{1}{2}x^2}{(\cos x-e^{x^2})\sin^2 x}$；

(3) $\lim\limits_{x\to\infty}\left[x-x^2\ln\left(1+\dfrac{1}{x}\right)\right]$.

解 (1) 当 $x\to 0$ 时，

$$\cos x=1-\frac{x^2}{2!}+\frac{x^4}{4!}+o(x^4),$$

$$e^{-\frac{x^2}{2}}=1-\frac{x^2}{2}+\frac{x^4}{8}+o(x^4),$$

所以

$$\cos x-e^{-\frac{x^2}{2}}=-\frac{x^4}{12}+o(x^4),$$

从而

$$\lim_{x\to 0}\frac{\cos x-e^{-\frac{x^2}{2}}}{x^4}=\lim_{x\to 0}\frac{-\frac{x^4}{12}+o(x^4)}{x^4}=-\frac{1}{12}.$$

(2) 当 $x\to 0$ 时，

$$\sqrt{1+x^2}=1+\frac{x^2}{2}+\frac{1}{2}\left(\frac{1}{2}-1\right)\frac{x^4}{2!}+o(x^4),$$

$$\cos x=1-\frac{x^2}{2!}+o(x^2),$$

$$e^{x^2}=1+x^2+o(x^2),$$

由此可得

$$\sqrt{1+x^2}-1-\frac{x^2}{2}=-\frac{x^4}{8}+o(x^4),$$

$$\cos x-e^{x^2}=-\frac{3}{2}x^2+o(x^2),$$

所以

$$\lim_{x\to 0}\frac{\sqrt{1+x^2}-1-\frac{x^2}{2}}{(\cos x-e^{x^2})\sin^2 x}=\lim_{x\to 0}\frac{-\frac{x^4}{8}+o(x^4)}{\left[-\frac{3}{2}x^2+o(x^2)\right]x^2}=\lim_{x\to 0}\frac{-\frac{x^4}{8}+o(x^4)}{-\frac{3}{2}x^4+o(x^4)}$$

$$=\lim_{x\to 0}\frac{-\frac{1}{8}+\frac{o(x^4)}{x^4}}{-\frac{3}{2}+\frac{o(x^4)}{x^4}}=\frac{1}{12}.$$

(3) 当 $x\to 0$ 时，

$$\ln(1+x)=x-\frac{x^2}{2}+\frac{x^3}{3}+o(x^3),$$

从而当 $x\to\infty$时，有

$$\ln\left(1+\frac{1}{x}\right)=\frac{1}{x}-\frac{1}{2x^2}+\frac{1}{3x^3}+o\left(\frac{1}{x^3}\right),$$

$$x^2\ln\left(1+\frac{1}{x}\right)=x^2\left[\frac{1}{x}-\frac{1}{2x^2}+\frac{1}{3x^3}+o\left(\frac{1}{x^3}\right)\right]=x-\frac{1}{2}+\frac{1}{3x}+o\left(\frac{1}{x}\right),$$

从而当 $x\to\infty$时，有

$$x-x^2\ln\left(1+\frac{1}{x}\right)=\frac{1}{2}-\frac{1}{3x}+o\left(\frac{1}{x}\right),$$

$$\lim_{x\to\infty}\left[x-x^2\ln\left(1+\frac{1}{x}\right)\right]=\lim_{x\to\infty}\left[\frac{1}{2}-\frac{1}{3x}+o\left(\frac{1}{x}\right)\right]=\frac{1}{2}.$$

§4.4　函数的单调性

1. 试确定下列函数的单调区间：

(1) $y=x^3-\frac{9}{2}x^2+6x-5$；　　(2) $y=\frac{x^2}{1+x}$；

(3) $y=2x^2-\ln x$；　　(4) $y=6x+e^{-2x}$.

解　(1) 函数的定义域为 $(-\infty, +\infty)$，

$$y'=3x^2-9x+6=3(x-1)(x-2).$$

令 $y'=0$，解得 $x_1=1$ 和 $x_2=2$. 当 $x\in(-\infty, 1)\cup(2, +\infty)$ 时，$y'>0$；当 $x\in(1, 2)$ 时，$y'<0$. 所以 y 的单调增加区间为 $(-\infty, 1]$ 和 $[2, +\infty)$，单调减少区间为 $[1, 2]$.

(2) 函数的定义域为 $(-\infty, -1)\cup(-1, +\infty)$，且

$$y'=\frac{2x(1+x)-x^2}{(1+x)^2}=\frac{x(2+x)}{(1+x)^2}.$$

令 $y'=0$，解得 $x_1=-2$ 和 $x_2=0$. 当 $x\in(-\infty,-2)\cup(0,+\infty)$ 时，$y'>0$；当 $x\in(-2,-1)\cup(-1,0)$时，$y'<0$. 所以 y 的单调增加区间为 $(-\infty,-2]$ 和 $[0,+\infty)$，单调减少区间为 $[-2,-1)$ 和 $(-1,0]$.

(3) 函数的定义域为 $(0,+\infty)$，且

$$y'=4x-\frac{1}{x}=\frac{(2x+1)(2x-1)}{x}.$$

令 $y'=0$，解得 $x=\frac{1}{2}$. 当 $x\in\left(0,\frac{1}{2}\right)$时，$y'<0$；当 $x\in\left(\frac{1}{2},+\infty\right)$时，$y'>0$.

所以 $f(x)$ 的单调增加区间为$\left[\frac{1}{2},+\infty\right)$，单调减少区间为$\left(0,\frac{1}{2}\right]$.

(4) 函数的定义域为 $(-\infty,+\infty)$，且

$$y'=6-2e^{-2x}.$$

令 $y'=0$，解得 $x=-\frac{\ln3}{2}$. 当 $x\in\left(-\infty,-\frac{1}{2}\ln3\right)$时，$y'<0$；当 $x\in\left(-\frac{1}{2}\ln3,+\infty\right)$时，$y'>0$. 所以 y 的单调增加区间为$\left[-\frac{1}{2}\ln3,+\infty\right)$，单调减少区间为$\left(-\infty,-\frac{1}{2}\ln3\right]$；

2. 证明：当 $x>0$ 时，$x-\frac{x^2}{2}<\ln(1+x)$.

证 设 $f(x)=x-\frac{x^2}{2}-\ln(1+x)$，则 $f(x)$ 在 $[0,+\infty)$ 上连续，并且在 $(0,+\infty)$ 内，

$$f'(x)=1-x-\frac{1}{1+x}=\frac{-x^2}{1+x}<0,$$

所以 $f(x)$ 在 $[0,+\infty)$ 上单调减少，从而当 $x>0$ 时，

$$f(x)<f(0)=0,$$

即

$$x-\frac{x^2}{2}<\ln(1+x).$$

3. 证明：当 $x>0$ 时，$\sin x>x-\frac{x^3}{3!}$.

证 设 $f(x)=\sin x-x+\frac{x^3}{3!}$，则

$$f'(x)=\cos x-1+\frac{x^2}{2},\quad f''(x)=-\sin x+x,\quad f'''(x)=-\cos x+1.$$

由 $f'''(x)\geqslant0$，并且在任意一个区间内 $f'''(x)$ 不恒为 0，$f''(x)$ 在点 $x=0$ 处连续，可得 $f''(x)$ 在 $[0,+\infty)$ 上单调增加，从而当 $x>0$ 时，

$$f''(x)>f''(0)=0.$$

又由于 $f'(x)$ 在点 $x=0$ 处连续，所以 $f'(x)$ 在 $[0,+\infty)$ 上单调增加，从而当 $x>0$ 时，

$$f'(x)>f'(0)=0,$$

再由 $f(x)$ 在点 $x=0$ 处连续，得 $f(x)$ 在 $[0,+\infty)$ 上单调增加，从而当 $x>0$ 时，有

$$f(x)>f(0)=0,$$

即

$$\sin x>x-\frac{x^3}{3!}.$$

4. 证明方程 $\sin x=x$ 有且仅有一个实根.

证 设 $f(x)=\sin x-x$，则 $f(x)$ 在 $(-\infty,+\infty)$ 上连续，因为

$$f'(x)=\cos x-1\leqslant 0,$$

并且在任意一个区间内 $f'(x)$ 不恒为 0，所以 $f(x)$ 在 $(-\infty,+\infty)$ 上单调减少，从而 $f(x)$ 在 $(-\infty,+\infty)$ 上至多有一个实根.

又显然有 $f(0)=0$，即 $x=0$ 为 $f(x)$ 的一个实根，所以 $f(x)$ 在 $(-\infty,+\infty)$ 上至少有一个实根.

综上所述，$f(x)=0$ 在 $(-\infty,+\infty)$ 上有且仅有一个实根，即方程 $\sin x=x$ 有且仅有一个实根.

5. 证明：$e^{\pi}>\pi^{e}$.

分析 将 π 换为 x，只需证明当 $x>e$ 时，$e^x>x^e$，即 $x>e\ln x$.

证 设 $f(x)=x-e\ln x$，则 $f(x)$ 在 $[e,+\infty)$ 上连续，并且在 $(e,+\infty)$ 内

$$f'(x)=1-\frac{e}{x}>0,$$

所以 $f(x)$ 在 $[e,+\infty)$ 上单调增加，从而当 $x>e$ 时，

$$f(x)>f(e)=0,$$

即

$$x>e\ln x,$$

从而当 $x>e$ 时，

$$e^x>x^e.$$

由 $\pi>e$，可得

$$e^{\pi}>\pi^{e}.$$

§4.5 函数的极值与最值

1. 求下列函数的极值：

(1) $y=\frac{1}{3}x^3-4x$；　　(2) $y=\frac{2x}{1+x^2}$；

(3) $y=3-\sqrt[3]{(x-2)^2}$；　　(4) $y=x^2\mathrm{e}^{-x}$.

解 (1) 函数的定义域为 $(-\infty, +\infty)$. 先求一阶、二阶导数

$$y'=x^2-4=(x+2)(x-2),\quad y''=2x.$$

令 $y'=0$，解得驻点为 $x_1=-2$，$x_2=2$，且

$$y''|_{x=-2}=-4<0,\quad y''|_{x=2}=4>0,$$

所以函数在 $x=-2$ 处取得极大值 $\frac{16}{3}$，在 $x=2$ 处取得极小值 $-\frac{16}{3}$.

(2) 函数的定义域为 $(-\infty, +\infty)$. 先求一阶导数

$$y'=\frac{2-2x^2}{(1+x^2)^2}=\frac{2(1+x)(1-x)}{(1+x^2)^2},$$

令 $y'=0$，解得驻点为 $x_1=-1$，$x_2=1$，列表如下：

x	$(-\infty, -1)$	-1	$(-1, 1)$	1	$(1, +\infty)$
$f'(x)$	$-$	0	$+$	0	$-$
$f(x)$	↘	-1 极小值	↗	1 极大值	↘

所以函数在 $x=-1$ 处取得极小值 -1，在 $x=1$ 处取得极大值 1.

(3) 函数的定义域为 $(-\infty, +\infty)$. 先求一阶导数

$$y'=-\frac{2}{3}(x-2)^{-\frac{1}{3}}=-\frac{2}{3\sqrt[3]{x-2}},$$

可见 $y'\neq 0$，即函数没有驻点，并且在 $x=2$ 处函数不可导. 列表如下：

x	$(-\infty, 2)$	2	$(2, +\infty)$
$f'(x)$	$+$	∞	$-$
$f(x)$	↗	3 极大值	↘

所以函数在 $x=2$ 处取得极大值 3.

（4）函数的定义域为（$-\infty$，$+\infty$）. 先求一阶导数

$$y'=2xe^{-x}-x^2e^{-x}=x(2-x)e^{-x},$$

令 $y'=0$，解得驻点为 $x_1=0$，$x_2=2$. 列表如下：

x	$(-\infty, 0)$	0	$(0, 2)$	2	$(2, +\infty)$
$f'(x)$	$-$	0	$+$	0	$-$
$f(x)$	↘	0 极小值	↗	$\frac{4}{e^2}$ 极大值	↘

所以函数在 $x=0$ 处取得极小值 0，在 $x=2$ 处取得极大值 $\frac{4}{e^2}$.

2. 求下列函数的最值：

（1）$y=x-\ln x$，$x\in[1, e]$；　　（2）$y=x^4-2x^2+5$，$x\in[-2, 2]$；

（3）$y=\frac{x}{1+x^2}$，　$x\in[-2, 2]$.

解　（1）函数 $y=x-\ln x$ 在 $[1, e]$ 上连续，从而函数在 $[1, e]$ 上存在最大值和最小值. 一阶导数为

$$y'=1-\frac{1}{x}.$$

在 $[1, e]$ 上，$y'\geqslant 0$，并且当且仅当 $x=1$ 时导数为 0，因此 $y=x-\ln x$ 在 $[1, e]$ 上单调增加. 所以 $y=x-\ln x$ 在 $[1, e]$ 上的最小值为 $y|_{x=1}=1$，最大值为 $y|_{x=e}=e-1$.

（2）函数 $y=x^4-2x^2+5$ 在 $[-2, 2]$ 上连续，从而函数在 $[-2, 2]$ 上存在最大值和最小值.

$$y'=4x^3-4x=4x(x+1)(x-1).$$

令 $f'(x)=0$，得驻点 $x_1=-1$，$x_2=1$，$x_3=0$. 而

$$y(-2)=13,\quad y(2)=13,\quad y(1)=4,\quad y(-1)=4,\quad y(0)=5,$$

比较函数值可得，函数在 $x=\pm 2$ 处取得最大值 13，在 $x=\pm 1$ 处取得最小值 4.

（3）函数 $y=\frac{x}{1+x^2}$ 在 $[-2, 2]$ 上连续，从而函数在 $[-2, 2]$ 上存在最大值和最小值. 一阶导数为

$$y'=\frac{1-x^2}{(1+x^2)^2}=\frac{(1+x)(1-x)}{(1+x^2)^2}.$$

令 $y'=0$，解得驻点为 $x_1=-1$，$x_2=1$. 而

$$y(-1)=-\frac{1}{2},\quad y(1)=\frac{1}{2},\quad y(-2)=-\frac{2}{5},\quad y(2)=\frac{2}{5},$$

比较函数值可得，函数在 $x=1$ 处取得最大值 $\frac{1}{2}$，在 $x=-1$ 处取得最小值 $-\frac{1}{2}$.

3. 设函数 $f(x)$ 在点 $x=0$ 的某邻域内可导，且

$$f'(0)=0,\quad \lim_{x\to 0}\frac{f'(x)}{\sin x}=-\frac{1}{2}.$$

证明 $f(x)$ 在点 $x=0$ 处一定取得极大值.

证 由已知，点 $x=0$ 为 $f(x)$ 的驻点，且

$$\lim_{x\to 0}\frac{f'(x)}{\sin x}=\lim_{x\to 0}\frac{f'(x)}{x}=\lim_{x\to 0}\frac{f'(x)-f'(0)}{x-0}=f''(0)=-\frac{1}{2}<0,$$

所以 $f(x)$ 在点 $x=0$ 处取得极大值.

4. 设函数 $f(x)=ax^3+bx^2+cx+d$，其中 a，b，c，d 为常数，且满足条件 $b^2-3ac<0$，证明 $f(x)$ 没有极值.

证 $f(x)=ax^3+bx^2+cx+d$ 在 $(-\infty,+\infty)$ 上可导，且

$$f'(x)=3ax^2+2bx+c.$$

由条件 $b^2-3ac<0$ 可得 $a\neq 0$，并且一元二次方程 $3ax^2+2bx+c=0$ 的判别式

$$\Delta=4(b^2-3ac)<0,$$

从而 $3ax^2+2bx+c\neq 0$，即 $f(x)=ax^3+bx^2+cx+d$ 无驻点. 由费马定理，即可导函数的极值点一定是驻点，可得 $f(x)$ 没有极值.

5. 某工厂生产的某种产品的固定成本为 400 万元，多生产一个单位产品成本增加 10 万元. 假设产销平衡，且产品的需求函数为 $x=1\,000-50p$，其中 x 为产品需求量，p 为价格（单位：万元）. 问该厂生产多少单位产品时所获利润最大？最大利润是多少？

解 生产 x 单位产品时的总成本函数为

$$C(x)=400+10x.$$

由需求函数解得

$$p=20-0.02x,$$

从而总收入函数为

$$R(x)=px=(20-0.02x)x=20x-0.02x^2,$$

总利润函数为

$$L(x)=R(x)-C(x)=10x-0.02x^2-400,$$

令 $L'(x)=10-0.04x=0$，解得 $x=250$. 由于 $L''(x)=-0.04<0$，所以生产 250 单位产品时所获利润最大，并且最大利润为 850 万元.

§4.6 曲线的凹凸性

1. 求下列曲线的凹凸区间与拐点：

(1) $y=3x^5-5x^3$； (2) $y=\sqrt[3]{x}$；

(3) $y=x\arctan x$； (4) $y=xe^{-x}$；

(5) $y=\frac{2x}{x^2+1}$； (6) $y=\ln(x^2+1)$.

解 (1) 函数在其定义域 $(-\infty,+\infty)$ 上连续，且

$$y'=15x^4-15x^2,\quad y''=60x^3-30x=60x\left(x+\frac{\sqrt{2}}{2}\right)\left(x-\frac{\sqrt{2}}{2}\right).$$

令 $y''=0$，解得 $x=\pm\frac{\sqrt{2}}{2}$，$x=0$. 列表如下：

x	$\left(-\infty,-\frac{\sqrt{2}}{2}\right)$	$-\frac{\sqrt{2}}{2}$	$\left(-\frac{\sqrt{2}}{2},0\right)$	0	$\left(0,\frac{\sqrt{2}}{2}\right)$	$\frac{\sqrt{2}}{2}$	$\left(\frac{\sqrt{2}}{2},+\infty\right)$
y''	$-$	0	$+$	0	$-$	0	$+$
y	凸	$\frac{7}{8}\sqrt{2}$ 拐点	凹	0 拐点	凸	$-\frac{7}{8}\sqrt{2}$ 拐点	凹

所以曲线的凹区间为 $\left[-\frac{\sqrt{2}}{2},0\right]$ 和 $\left[\frac{\sqrt{2}}{2},+\infty\right)$，凸区间为 $\left(-\infty,-\frac{\sqrt{2}}{2}\right]$ 和 $\left[0,\frac{\sqrt{2}}{2}\right]$，拐点为 $\left(-\frac{\sqrt{2}}{2},\frac{7}{8}\sqrt{2}\right)$，$\left(\frac{\sqrt{2}}{2},-\frac{7}{8}\sqrt{2}\right)$ 和 $(0,0)$.

(2) 函数在其定义域 $(-\infty,+\infty)$ 上连续，函数的一阶、二阶导数分别为

$$y'=\frac{1}{3}x^{-\frac{2}{3}},\quad y''=-\frac{2}{9}x^{-\frac{5}{3}}.$$

易知 $y''\neq0$，且 $x=0$ 时 y'' 不存在，列表如下：

x	$(-\infty,0)$	0	$(0,+\infty)$
y''	$+$	不存在	$-$
y	凹	0 拐点	凸

所以曲线的凹区间为 $(-\infty,0]$，凸区间为 $[0,+\infty)$，拐点为 $(0,0)$.

(3) 函数在定义域 $(-\infty,+\infty)$ 上连续，且

$$y'=\arctan x+\frac{x}{1+x^2},$$

$$y''=\frac{1}{1+x^2}+\frac{1-x^2}{(1+x^2)^2}=\frac{2}{(1+x^2)^2}>0.$$

所以曲线在定义域上为凹的，即曲线的凹区间为（$-\infty$，$+\infty$）.

（4）函数在定义域（$-\infty$，$+\infty$）上连续，且

$$y'=(1-x)e^{-x}, \quad y''=(x-2)e^{-x}.$$

令 $y''=0$ 解得 $x=2$. 列表如下：

x	$(-\infty, 2)$	2	$(2, +\infty)$
y''	$-$	0	$+$
y	凸	$\frac{2}{e^2}$ 拐点	凹

所以曲线的凹区间为 $[2, +\infty)$，凸区间为 $(-\infty, 2]$，拐点为 $\left(2, \frac{2}{e^2}\right)$.

（5）函数在定义域（$-\infty$，$+\infty$）上连续，且

$$y'=\frac{2-2x^2}{(1+x^2)^2},$$

$$y''=\frac{-4x(1+x^2)^2-8(1-x^2)(1+x^2)x}{(1+x^2)^4}=\frac{4x(x^2-3)}{(1+x^2)^3}.$$

令 $y''=0$，解得 $x=\pm\sqrt{3}$，$x=0$. 列表如下：

x	$(-\infty, -\sqrt{3})$	$-\sqrt{3}$	$(-\sqrt{3}, 0)$	0	$(0, \sqrt{3})$	$\sqrt{3}$	$(\sqrt{3}, +\infty)$
y''	$-$	0	$+$	0	$-$	0	$+$
y	凸	$-\frac{\sqrt{3}}{2}$ 拐点	凹	0 拐点	凸	$\frac{\sqrt{3}}{2}$ 拐点	凹

所以曲线的凹区间为 $[-\sqrt{3}, 0]$ 和 $[\sqrt{3}, +\infty)$，凸区间为 $(-\infty, -\sqrt{3}]$ 和 $[0, \sqrt{3}]$，拐点为 $\left(-\sqrt{3}, -\frac{\sqrt{3}}{2}\right)$，$(0, 0)$ 和 $\left(\sqrt{3}, \frac{\sqrt{3}}{2}\right)$.

（6）函数在定义域（$-\infty$，$+\infty$）上连续，且

$$y'=\frac{2x}{1+x^2}, \quad y''=\frac{2-2x^2}{(1+x^2)^2}=\frac{2(1+x)(1-x)}{(1+x^2)^2}.$$

令 $y''=0$，解得 $x=\pm1$. 列表如下：

x	$(-\infty, -1)$	-1	$(-1, 1)$	1	$(1, +\infty)$
y''	$-$	0	$+$	0	$-$
y	凸	ln2 拐点	凹	ln2 拐点	凸

所以曲线的凹区间为 $[-1, 1]$，凸区间为 $(-\infty, -1]$ 和 $[1, +\infty)$，拐点为 $(-1, \ln2)$ 和 $(1, \ln2)$.

2. 利用函数的凹凸性证明不等式：

(1) 当 $x\neq y$ 时，$\dfrac{e^x+e^y}{2}>e^{\frac{x+y}{2}}$；

(2) 对任何非负实数 a，b，有 $2\arctan\left(\dfrac{a+b}{2}\right)\geqslant\arctan a+\arctan b$.

证 (1) 设 $f(x)=e^x$，则 $f''(x)=e^x>0$，从而 $f(x)$ 在 $(-\infty, +\infty)$ 上的图形是凹的. 由定义，对任意 $x\neq y$，有

$$\frac{f(x)+f(y)}{2}>f\left(\frac{x+y}{2}\right),$$

即$\dfrac{e^x+e^y}{2}>e^{\frac{x+y}{2}}$.

(2) 设 $f(x)=\arctan x$，则当 $x>0$ 时，

$$f''(x)=\frac{-2x}{(1+x^2)^2}<0,$$

从而 $f(x)$ 在 $[0, +\infty)$ 上的图形是凸的.

若 $a=b$，不等式显然成立.

若 $a\neq b$，由定义，对任意不相等的非负实数 a，b，有

$$f\left(\frac{a+b}{2}\right)>\frac{f(a)+f(b)}{2},$$

即

$$\arctan\left(\frac{a+b}{2}\right)>\frac{\arctan a+\arctan b}{2},$$

即

$$2\arctan\left(\frac{a+b}{2}\right)>\arctan a+\arctan b.$$

综上所述，对任何非负实数 a，b，有

$$2\arctan\left(\frac{a+b}{2}\right)\geqslant\arctan a+\arctan b.$$

3. 已知 $f(x)=x^3+ax^2+bx+c$ 在点 $x=0$ 处有极大值，并且有一个拐点 $(1, -1)$，求常数 a，b，c 的值.

解 由题意，

$$f'(x)=3x^2+2ax+b,\quad f''(x)=6x+2a.$$

由已知，有

$$\begin{cases} f'(0)=0 \\ f''(1)=0 \\ f(1)=-1 \end{cases}, \quad 即 \begin{cases} b=0 \\ 6+2a=0 \\ 1+a+b+c=-1 \end{cases}.$$

解得 $a=-3$，$b=0$，$c=1$. 此时 $f''(0)=-6<0$，从而 $f(x)$ 在点 $x=0$ 处有极大值.

所以 $a=-3$，$b=0$，$c=1$.

§4.7 函数图形的绘制

1. 求下列曲线的渐近线：

(1) $y=e^x$；　　(2) $y=\dfrac{3x}{\sqrt{x^2-4}}$；

(3) $y=xe^{\frac{1}{x^2}}$；　　(4) $y=\dfrac{x^3}{(x-1)^2}$.

解 (1) $y=e^x$ 的定义域为 $(-\infty, +\infty)$，所以 $y=e^x$ 无垂直渐近线. 因为

$$\lim_{x\to-\infty} e^x=0, \quad \lim_{x\to+\infty} e^x=+\infty,$$

所以 $y=e^x$ 有一条水平渐近线 $y=0$.

$$\lim_{x\to+\infty}\frac{e^x}{x}=+\infty,$$

所以 $y=e^x$ 无斜渐近线. 综上所述，$y=e^x$ 有一条水平渐近线 $y=0$.

(2) 函数的定义域为 $(-\infty, -2)\cup(2, +\infty)$.

$$\lim_{x\to+\infty}\frac{3x}{\sqrt{x^2-4}}=\lim_{x\to+\infty}\frac{3}{\sqrt{1-\frac{4}{x^2}}}=3,$$

$$\lim_{x\to-\infty}\frac{3x}{\sqrt{x^2-4}}=\lim_{x\to-\infty}\frac{-3}{\sqrt{1-\frac{4}{x^2}}}=-3,$$

所以 $y=\dfrac{3x}{\sqrt{x^2-4}}$ 有两条水平渐近线 $y=3$ 和 $y=-3$. 又因为

$$\lim_{x\to-2^-}\frac{3x}{\sqrt{x^2-4}}=-\infty, \quad \lim_{x\to2^+}\frac{3x}{\sqrt{x^2-4}}=+\infty,$$

所以 $y=\dfrac{x}{\sqrt{x^2-1}}$ 有两条垂直渐近线 $x=-2$ 和 $x=2$.

综上所述，$y=\dfrac{x}{\sqrt{x^2-1}}$ 有两条水平渐近线 $y=3$ 和 $y=-3$，有两条垂直渐近线 $x=-2$

和$x=2$.

(3) $y=xe^{\frac{1}{x^2}}$的定义域为 $(-\infty, 0)\cup(0, +\infty)$. 由于

$$\lim_{x\to\infty}xe^{\frac{1}{x^2}}=\infty,$$

故 $y=xe^{\frac{1}{x^2}}$不存在水平渐近线. 因为

$$\lim_{x\to0}xe^{\frac{1}{x^2}}=\lim_{x\to0}\frac{e^{\frac{1}{x^2}}}{\frac{1}{x}}\overset{t=\frac{1}{x}}{=\!=\!=}\lim_{t\to\infty}\frac{e^{t^2}}{t}==\lim_{t\to\infty}\frac{e^{t^2}\cdot 2t}{1}=\infty,$$

所以 $y=xe^{\frac{1}{x^2}}$有一条垂直渐近线 $x=0$. 又因为

$$\lim_{x\to\infty}\frac{y}{x}=\lim_{x\to\infty}e^{\frac{1}{x^2}}=1,$$

$$\lim_{x\to\infty}(y-x)=\lim_{x\to\infty}(xe^{\frac{1}{x^2}}-x)=\lim_{x\to\infty}x(e^{\frac{1}{x^2}}-1)=\lim_{x\to\infty}x\cdot\frac{1}{x^2}=\lim_{x\to\infty}\frac{1}{x}=0,$$

所以曲线 $y=xe^{\frac{1}{x^2}}$有一条斜渐近线 $y=x$.

综上所述, $y=xe^{\frac{1}{x^2}}$有一条垂直渐近线 $x=0$, 有一条斜渐近线 $y=x$.

(4) $y=\frac{x^3}{(x-1)^2}$的定义域为 $(-\infty, 1)\cup(1, +\infty)$. 因为

$$\lim_{x\to\infty}\frac{x^3}{(x-1)^2}=\infty,$$

所以 $y=\frac{x^3}{(x-1)^2}$不存在水平渐近线. 因为

$$\lim_{x\to1}\frac{x^3}{(x-1)^2}=\infty,$$

所以 $y=\frac{x^3}{(x-1)^2}$有一条垂直渐近线 $x=1$. 又因为

$$\lim_{x\to\infty}\frac{y}{x}=\lim_{x\to\infty}\frac{x^2}{(x-1)^2}=1,$$

$$\lim_{x\to\infty}(y-x)=\lim_{x\to\infty}\left[\frac{x^3}{(x-1)^2}-x\right]=\lim_{x\to\infty}\frac{2x^2-x}{(x-1)^2}=2,$$

所以曲线 $y=\frac{x^3}{(x-1)^2}$有一条斜渐近线 $y=x+2$.

综上所述, $y=\frac{x^3}{(x-1)^2}$有一条垂直渐近线 $x=1$, 有一条斜渐近线 $y=x+2$.

2. 作下列函数的图形:

(1) $y=3x-x^3$;

(2) $y=\frac{2x}{1+x^2}$;

(3) $y=\frac{x^3}{x^2-1}$;

(4) $y=x+\arctan x$;

（5）$y=\frac{e^x}{1+x}$；　　　　　　　　（6）$y=\ln(1+x^2)$.

解　（1）函数的定义域为 $(-\infty,+\infty)$，且为奇函数，从而函数图形关于原点对称，先讨论 $[0,+\infty)$ 上的图形.

$$y'=3-3x^2=3(1+x)(1-x),\quad y''=-6x.$$

令 $y'=0$ 得，在 $[0,+\infty)$ 上，驻点为 $x=1$. 令 $y''=0$ 得 $x=0$. 列表如下：

x	0	(0，1)	1	(1，+∞)
y'		+	0	−
y''	0	−		−
y	0 拐点	↗	2 极大值	↘

由

$$\lim_{x\to\infty}(3x-x^3)=\infty,\quad \lim_{x\to\infty}\frac{3x-x^3}{x}=\lim_{x\to\infty}(3-x^2)=\infty$$

可知曲线无渐近线. 补充辅助点 $(\sqrt{3},0)$，$(2,-2)$，作函数在 $[0,+\infty)$ 上的图形，再利用图形的对称性，画出函数在 $(-\infty,0]$ 上的图形，从而得到函数的图形，如图 4.1 所示.

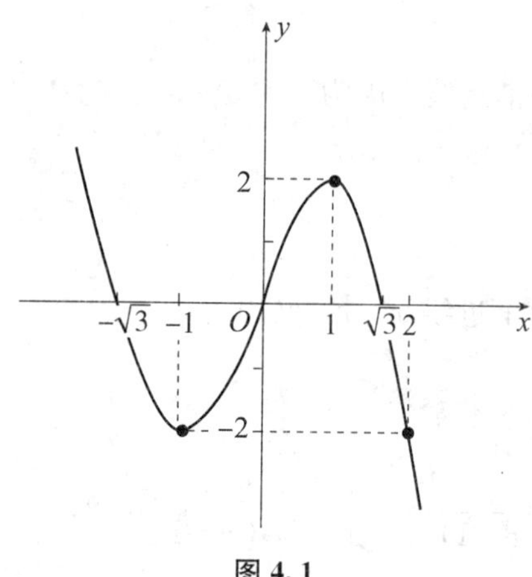

图 4.1

（2）函数的定义域为 $(-\infty,+\infty)$，且为奇函数，从而函数图形关于原点对称，先讨论 $[0,+\infty)$ 上的图形. 由题意

$$y'=\frac{2-2x^2}{(1+x^2)^2},$$

$$y''=\frac{-4x(1+x^2)^2-8(1-x^2)(1+x^2)x}{(1+x^2)^4}=\frac{4x(x^2-3)}{(1+x^2)^3}.$$

令 $y'=0$ 得，在 $[0,+\infty)$ 上，驻点为 $x=1$. 令 $y''=0$ 得，在区间 $[0,+\infty)$ 上，有 $x=$

$\sqrt{3}$，$x=0$．列表如下：

x	0	(0，1)	1	(1，$\sqrt{3}$)	$\sqrt{3}$	($\sqrt{3}$，$+\infty$)
y'		+	0	−		−
y''	0	−		−	0	+
y	0 拐点	↗	1 极大值	↘	$\frac{\sqrt{3}}{2}$ 拐点	↘

由 $\lim\limits_{x\to+\infty}\frac{2x}{1+x^2}=0$，可知曲线有水平渐近线 $y=0$．补充辅助点 $\left(\frac{1}{2},\ \frac{4}{5}\right)$，$\left(2,\ \frac{4}{5}\right)$，作函数在 $[0,\ +\infty)$ 上的图形，再利用图形的对称性，画出函数在 $(-\infty,\ 0]$ 上的图形，从而得到函数的图形，如图 4.2 所示．

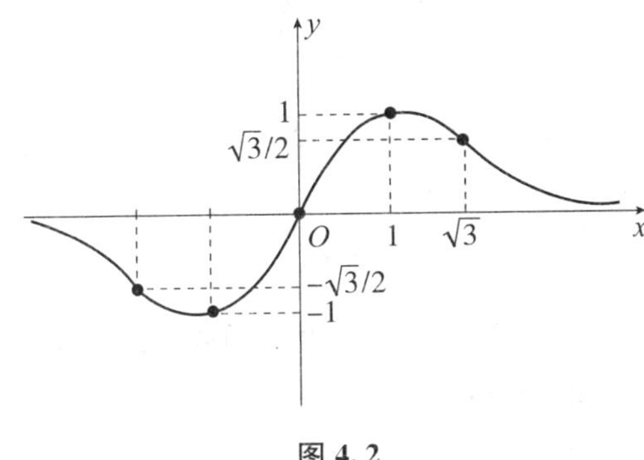

图 4.2

(3) 函数的定义域为 $(-\infty,\ -1)\cup(-1,\ 1)\cup(1,\ +\infty)$，且为奇函数，从而函数图形关于原点对称，先讨论 $[0,\ 1)\cup(1,\ +\infty)$ 上的图形．由题意

$$y'=\frac{x^2(x^2-3)}{(x^2-1)^2},\quad y''=\frac{2x(x^2+3)}{(x^2-1)^3}.$$

令 $y'=0$，解得在 $[0,\ 1)\cup(1,\ +\infty)$ 上的驻点为 $x=0$ 和 $x=\sqrt{3}$．令 $y''=0$，解得在区间 $[0,\ +\infty)$ 上有 $x=0$．列表如下：

x	0	(0，1)	(1，$\sqrt{3}$)	$\sqrt{3}$	($\sqrt{3}$，$+\infty$)
y'		−	−		+
y''	0	−	+	0	+
y	0 拐点	↘	↘	$\frac{3\sqrt{3}}{2}$ 极小值	↗

由于

$$\lim_{x\to-1}\frac{x^3}{x^2-1}=\infty,\quad \lim_{x\to1}\frac{x^3}{x^2-1}=\infty,$$

可知曲线有两条垂直渐近线 $x=-1$ 和 $x=1$. 由于

$$\lim_{x\to\infty}\frac{y}{x}=\lim_{x\to\infty}\frac{x^2}{x^2-1}=1,\quad \lim_{x\to\infty}(y-x)=\lim_{x\to\infty}\frac{x}{1-x^2}=0,$$

可知曲线有斜渐近线 $y=x$. 作函数在 $[0,+\infty)$ 上的图形，再利用图形的对称性，画出函数在 $(-\infty,0]$ 上的图形，从而得到函数的图形，如图 4.3 所示.

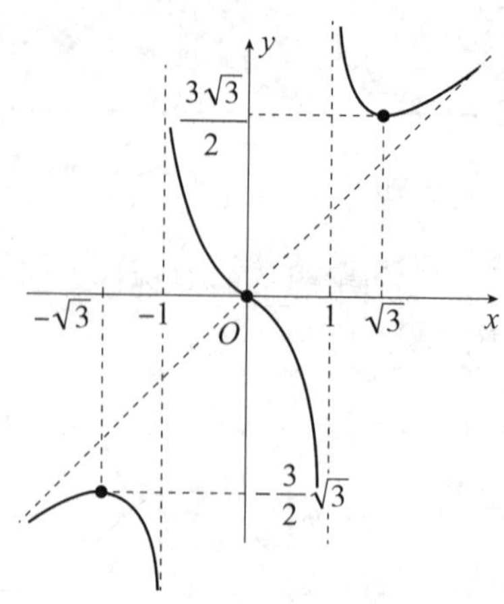

图 4.3

(4) 函数的定义域为 $(-\infty,+\infty)$，且为奇函数，从而函数图形关于原点对称，先讨论 $[0,+\infty)$ 上的图形. 由题意，有

$$y'=1+\frac{1}{1+x^2}>0,$$

$$y''=-\frac{2x}{(1+x^2)^2}.$$

由 $y'>0$ 得，函数单调增加，无极值. 令 $y''=0$ 得 $x=0$，并且在 $(0,+\infty)$ 内 $y''<0$，曲线为凸的. 由于

$$\lim_{x\to\infty}(x+\arctan x)=\infty,$$

可知曲线无水平渐近线. 由

$$\lim_{x\to\infty}\frac{x+\arctan x}{x}=1,$$

$$\lim_{x\to+\infty}(x+\arctan x-x)=\frac{\pi}{2},$$

$$\lim_{x\to-\infty}(x+\arctan x-x)=-\frac{\pi}{2},$$

可知曲线有两条斜渐近线 $y=x+\frac{\pi}{2}$ 和 $y=x-\frac{\pi}{2}$. 作函数在 $[0,+\infty)$ 上的图形，再利用图形的对称性，画出函数在 $(-\infty,0]$ 上的图形，从而得到函数的图形，如图 4.4 所示.

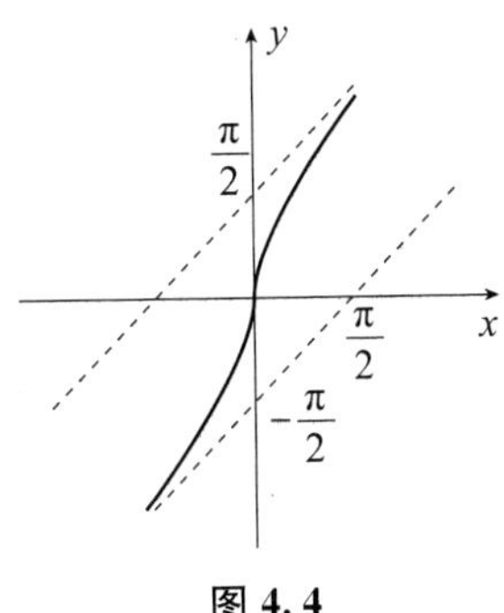

图 4.4

(5) 函数的定义域为 $(-\infty,\ -1)\cup(-1+\infty)$．由题意，有

$$y'=\frac{xe^x}{(1+x)^2},\quad y''=\frac{(1+x^2)e^x}{(1+x)^3}\neq 0.$$

令 $y'=0$，解得驻点 $x=0$．列表如下：

x	$(-\infty,\ -1)$	$(-1,\ 0)$	0	$(0,\ +\infty)$
y'	$-$	$-$		$+$
y''	$-$	$+$	0	$+$
y	↘	↘	1 极小值	↗

由于

$$\lim_{x\to+\infty}\frac{e^x}{1+x}=+\infty,\quad \lim_{x\to-\infty}\frac{e^x}{1+x}=0,$$

因此曲线有水平渐近线 $y=0$．而

$$\lim_{x\to-1}\frac{e^x}{1+x}=\infty,$$

因此曲线有垂直渐近线 $x=-1$．又因为

$$\lim_{x\to+\infty}\frac{y}{x}=\lim_{x\to+\infty}\frac{e^x}{x(1+x)}=+\infty,$$

可知曲线无斜渐近线．补充辅助点 $\left(1,\ \frac{e}{2}\right)$，作出函数的图形，如图 4.5 所示．

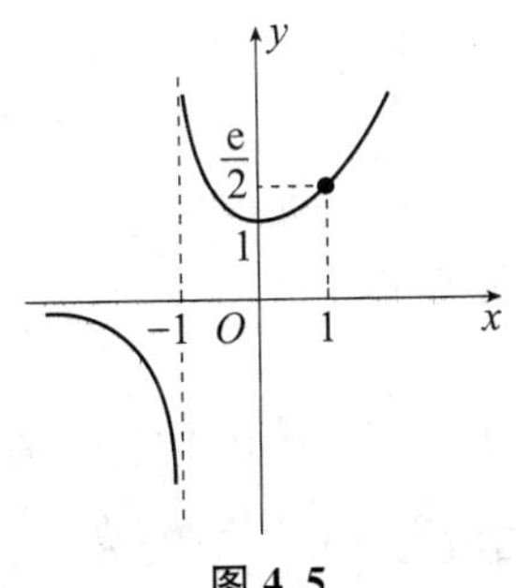

图 4.5

(6) 函数的定义域为 $(-\infty, +\infty)$，且为偶函数，从而函数图形关于 y 轴对称，先讨论 $[0, +\infty)$ 上的图形. 由题意，有

$$y'=\frac{2x}{1+x^2},\quad y''=\frac{2(1-x^2)}{(1+x^2)^2}.$$

令 $y'=0$，解得驻点为 $x=0$. 令 $y''=0$，解得在 $[0, +\infty)$ 上有 $x=1$. 列表如下：

x	0	$(0, 1)$	1	$(1, +\infty)$
y'	0	+		+
y''		+	0	−
y	0 极小值	↗	ln2 拐点	↗

曲线无渐近线. 作函数在 $[0, +\infty)$ 上的图形，再利用图形的对称性，画出函数在 $(-\infty, 0]$ 上的图形，从而得到函数的图形，如图 4.6 所示.

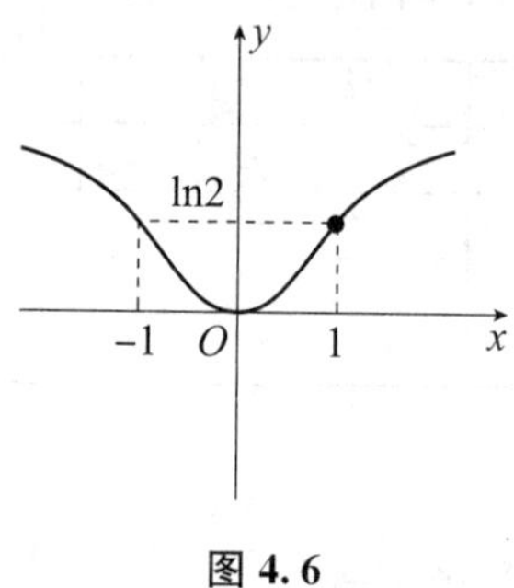

图 4.6

总复习题 4

1. 填空题

(1) 函数 $f(x)=\ln\sin x$ 在 $\left[\frac{\pi}{6}, \frac{5\pi}{6}\right]$ 上满足罗尔定理结论的 $\xi=$________.

(2) 函数 $f(x)=e^x$ 在区间 $[0, 1]$ 上满足拉格朗日中值定理结论的 $\xi=$________.

(3) 函数 $y=x+2\cos x$ 在 $\left[0, \frac{\pi}{2}\right]$ 上的最大值点为________，最小值点为________.

(4) 设 $p(x)=ax^2+bx+c$，若 $2^x=p(x)+o(x^2)(x\to0)$，则 $a=$________，$b=$________，$c=$________.

(5) 函数 $f(x)=x^{\frac{1}{x}}$ 在 $x=$________处取得极________值.

(6) 函数 $f(x)=xe^x$ 的 n 阶导数 $f^{(n)}(x)$ 在点 $x=$________处取得极________值________.

(7) 若 $(1, 3)$ 为曲线 $f(x)=ax^3+bx^2$ 的拐点，则 $a=$________，$b=$________.

(8) 曲线 $y=\frac{x|x|}{(x-1)(x-2)}$ 的所有渐近线方程为________.

解 (1) 由罗尔定理得，存在 $\xi\in\left(\frac{\pi}{6}, \frac{5\pi}{6}\right)$ 使 $f'(\xi)=0$. 令

$$f'(x)=\frac{\cos x}{\sin x}=0,$$

解得 $x=\frac{\pi}{2}\in\left(\frac{\pi}{6}, \frac{5\pi}{6}\right)$. 因此满足罗尔定理结论的 $\xi=\frac{\pi}{2}$.

(2) 由拉格朗日中值定理，存在 $\xi\in(0, 1)$ 使 $f'(\xi)=\frac{f(1)-f(0)}{1-0}$，即

$$e^{\xi}=e-1,$$

解得 $\xi=\ln(e-1)\in(0, 1)$. 因此满足罗尔定理结论的 $\xi=\ln(e-1)$.

(3) 函数 $y=x+2\cos x$ 在 $\left[0, \frac{\pi}{2}\right]$ 上连续，从而有最大值和最小值. 令 $y'=1-2\sin x=0$，解得 $\left(0, \frac{\pi}{2}\right)$ 内的驻点为 $x=\frac{\pi}{6}$. 比较函数值 $y|_{x=0}=2$，$y|_{x=\frac{\pi}{2}}=\frac{\pi}{2}$，$y|_{x=\frac{\pi}{6}}=\frac{\pi}{6}+\sqrt{3}$ 可得，函数在 $\left[0, \frac{\pi}{2}\right]$ 上的最大值点为 $\frac{\pi}{6}$，最小值点为 $\frac{\pi}{2}$.

(4) 方法1　由麦克劳林公式，得

$$2^x=e^{x\ln 2}=1+x\ln 2+\frac{1}{2}(x\ln 2)^2+o(x^2) \quad (x\to 0),$$

故 $a=\frac{1}{2}(\ln 2)^2$，$b=\ln 2$，$c=1$.

方法2　由已知

$$\lim_{x\to 0}\frac{2^x-p(x)}{x^2}=\lim_{x\to 0}\frac{2^x-(ax^2+bx+c)}{x^2}=0,$$

从而

$$\lim_{x\to 0}[2^x-(ax^2+bx+c)]=1-c=0,$$

即 $c=1$. 由

$$\lim_{x\to 0}\frac{2^x-(ax^2+bx+1)}{x^2}=\lim_{x\to 0}\frac{2^x\ln 2-(2ax+b)}{2x}=0,$$

得

$$\lim_{x\to 0}[2^x\ln 2-(2ax+b)]=\ln 2-b=0,$$

即 $b=\ln 2$. 由

$$\lim_{x\to 0}\frac{2^x\ln 2-(2ax+b)}{2x}=\lim_{x\to 0}\frac{2^x(\ln 2)^2-2a}{2}=\frac{1}{2}(\ln 2)^2-a=0,$$

得 $a=\frac{1}{2}(\ln 2)^2$.

(5) 令

$$f'(x)=(e^{\frac{1}{x}\ln x})'=e^{\frac{1}{x}\ln x}\frac{1-\ln x}{x^2}=0,$$

解得驻点 $x=e$. 当 $0<x<e$ 时，$f'(x)>0$，当 $x>e$ 时，$f'(x)<0$，所以 $f(x)$ 在 $x=e$ 处取得极大值 $f(e)=e^{\frac{1}{e}}$.

(6) 由题意，

$$f^{(n)}(x)=(x+n)e^x,\quad f^{(n+1)}(x)=(x+n+1)e^x.$$

令 $f^{(n+1)}(x)=(x+n+1)e^x=0$，解得 $f^{(n)}(x)$ 的驻点为 $x=-n-1$. 当 $x<-n-1$ 时，$f^{(n+1)}(x)<0$；当 $x>-n-1$ 时，$f^{(n+1)}(x)>0$. 所以 $f^{(n)}(x)$ 在点 $x=-n-1$ 处取得极小值 $f^{(n)}(-n-1)=-e^{-n-1}$.

(7) 函数的二阶导数为

$$f''(x)=6ax+2b.$$

由已知，有

$$f''(1)=6a+2b=0,\quad f(1)=a+b=3,$$

解得 $a=-\frac{3}{2}$，$b=\frac{9}{2}$.

(8) 函数的定义域为 $(-\infty,1)\cup(1,2)\cup(2,+\infty)$. 由于

$$\lim_{x\to+\infty}y=\lim_{x\to+\infty}\frac{x^2}{(x-1)(x-2)}=1,$$

$$\lim_{x\to-\infty}y=\lim_{x\to-\infty}\frac{-x^2}{(x-1)(x-2)}=-1,$$

所以函数有两条水平渐近线 $y=1$ 和 $y=-1$，无斜渐近线. 又因为

$$\lim_{x\to1}y=\infty,\quad \lim_{x\to2}y=\infty,$$

所以函数有两条垂直渐近线 $x=1$ 和 $x=2$.

综上所述，函数有两条水平渐近线 $y=1$ 和 $y=-1$，有两条垂直渐近线 $x=1$ 和 $x=2$.

2. 选择题

(1) 若函数 $f(x)$ 在 (a,b) 内可导，x_1，x_2 是 (a,b) 内任意两点，且 $x_1<x_2$，则必有（　　）.

(A) 存在 $\xi\in(a,b)$，使得 $f(b)-f(a)=f'(\xi)(b-a)$；

(B) 存在 $\xi\in(x_1,b)$，使得 $f(b)-f(x_1)=f'(\xi)(b-x_1)$；

(C) 存在 $\xi\in(a,x_2)$，使得 $f(x_2)-f(a)=f'(\xi)(x_2-a)$；

(D) 存在 $\xi\in(x_1,x_2)$，使得 $f(x_1)-f(x_2)=f'(\xi)(x_1-x_2)$.

(2) 设在 $[0,1]$ 上 $f''(x)>0$，则下列不等式成立的是（　　）.

(A) $f'(1)>f'(0)>f(1)-f(0)$；

(B) $f'(1)>f(1)-f(0)>f'(0)$；

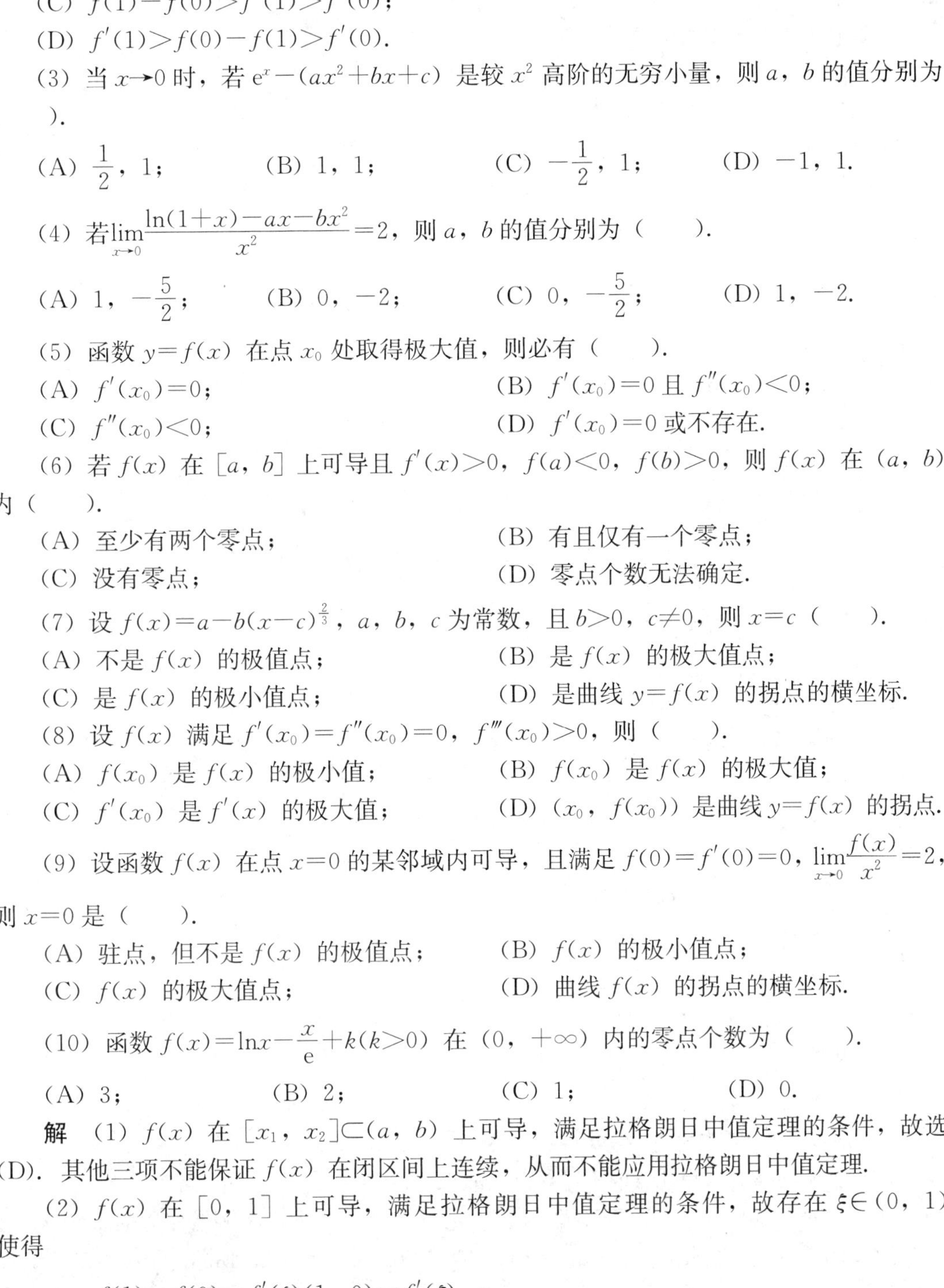

(C) $f(1)-f(0)>f'(1)>f'(0)$;

(D) $f'(1)>f(0)-f(1)>f'(0)$.

(3) 当 $x\to 0$ 时，若 $\mathrm{e}^x-(ax^2+bx+c)$ 是较 x^2 高阶的无穷小量，则 a，b 的值分别为（　　）.

(A) $\frac{1}{2}$，1；　(B) 1，1；　(C) $-\frac{1}{2}$，1；　(D) -1，1.

(4) 若 $\lim\limits_{x\to 0}\frac{\ln(1+x)-ax-bx^2}{x^2}=2$，则 a，b 的值分别为（　　）.

(A) 1，$-\frac{5}{2}$；　(B) 0，-2；　(C) 0，$-\frac{5}{2}$；　(D) 1，-2.

(5) 函数 $y=f(x)$ 在点 x_0 处取得极大值，则必有（　　）.

(A) $f'(x_0)=0$；　(B) $f'(x_0)=0$ 且 $f''(x_0)<0$；

(C) $f''(x_0)<0$；　(D) $f'(x_0)=0$ 或不存在.

(6) 若 $f(x)$ 在 $[a, b]$ 上可导且 $f'(x)>0$，$f(a)<0$，$f(b)>0$，则 $f(x)$ 在 (a, b) 内（　　）.

(A) 至少有两个零点；　(B) 有且仅有一个零点；

(C) 没有零点；　(D) 零点个数无法确定.

(7) 设 $f(x)=a-b(x-c)^{\frac{2}{3}}$，$a$，$b$，$c$ 为常数，且 $b>0$，$c\neq 0$，则 $x=c$（　　）.

(A) 不是 $f(x)$ 的极值点；　(B) 是 $f(x)$ 的极大值点；

(C) 是 $f(x)$ 的极小值点；　(D) 是曲线 $y=f(x)$ 的拐点的横坐标.

(8) 设 $f(x)$ 满足 $f'(x_0)=f''(x_0)=0$，$f'''(x_0)>0$，则（　　）.

(A) $f(x_0)$ 是 $f(x)$ 的极小值；　(B) $f(x_0)$ 是 $f(x)$ 的极大值；

(C) $f'(x_0)$ 是 $f'(x)$ 的极大值；　(D) $(x_0, f(x_0))$ 是曲线 $y=f(x)$ 的拐点.

(9) 设函数 $f(x)$ 在点 $x=0$ 的某邻域内可导，且满足 $f(0)=f'(0)=0$，$\lim\limits_{x\to 0}\frac{f(x)}{x^2}=2$，则 $x=0$ 是（　　）.

(A) 驻点，但不是 $f(x)$ 的极值点；　(B) $f(x)$ 的极小值点；

(C) $f(x)$ 的极大值点；　(D) 曲线 $f(x)$ 的拐点的横坐标.

(10) 函数 $f(x)=\ln x-\frac{x}{\mathrm{e}}+k(k>0)$ 在 $(0, +\infty)$ 内的零点个数为（　　）.

(A) 3；　(B) 2；　(C) 1；　(D) 0.

解　(1) $f(x)$ 在 $[x_1, x_2]\subset(a, b)$ 上可导，满足拉格朗日中值定理的条件，故选(D). 其他三项不能保证 $f(x)$ 在闭区间上连续，从而不能应用拉格朗日中值定理.

(2) $f(x)$ 在 $[0, 1]$ 上可导，满足拉格朗日中值定理的条件，故存在 $\xi\in(0, 1)$ 使得

$$f(1)-f(0)=f'(\xi)(1-0)=f'(\xi).$$

由 $f''(x)>0$ 得，在 $f'(x)$ 在 $[0, 1]$ 上单调增加，从而

$$f'(1)>f(1)-f(0)>f'(0).$$

故选（B）.

（3）由麦克劳林公式，得

$$e^x=1+x+\frac{1}{2}x^2+o(x^2)\quad(x\to0),$$

所以

$$e^x-\left(1+x+\frac{1}{2}x^2\right)=o(x^2)\quad(x\to0)$$

故 $a=\frac{1}{2}$，$b=1$，选（A）.

（4）方法 1 $\lim\limits_{x\to0}\frac{\ln(1+x)-ax-bx^2}{x^2}=\lim\limits_{x\to0}\frac{x-\frac{x^2}{2}+o(x^2)-ax-bx^2}{x^2}$

$$=\lim_{x\to0}\frac{(1-a)x-\left(b+\frac{1}{2}\right)x^2+o(x^2)}{x^2}$$

$$=\lim_{x\to0}\left[\frac{1-a}{x}-\left(b+\frac{1}{2}\right)\right]=2,$$

所以 $a=1$，$b=-\frac{5}{2}$. 选（A）.

方法 2 由已知，得

$$\lim_{x\to0}\frac{\ln(1+x)-ax-bx^2}{x^2}=\lim_{x\to0}\frac{\frac{1}{1+x}-a-2bx}{2x}=2,$$

从而

$$\lim_{x\to0}\left(\frac{1}{1+x}-a-2bx\right)=1-a=0,$$

所以 $a=1$.

$$\lim_{x\to0}\frac{\frac{1}{1+x}-1-2bx}{2x}=\lim_{x\to0}\frac{\frac{-1}{(1+x)^2}-2b}{2}=\frac{-1-2b}{2}=2,$$

所以 $b=-\frac{5}{2}$. 选（A）.

（5）可能的极值点为驻点或不可导点，故选（D）.

（6）因为在 $[a,b]$ 上 $f'(x)>0$，所以 $f(x)$ 在 $[a,b]$ 上单调增加，从而 $f(x)$ 在 (a,b) 内至多有一个零点. 由 $f(a)<0$，$f(b)>0$，利用零点定理得，$f(x)$ 在 (a,b) 内至少有一个零点. 总之，$f(x)$ 在 (a,b) 内有且仅有一个零点. 选（B）.

（7）由 $f'(x)=-\frac{2}{3}b(x-c)^{-\frac{1}{3}}$ 可得，$f(x)$ 在 $x=c$ 处不可导，并且当 $x<c$ 时 $f'(x)>0$，当 $x>c$ 时 $f'(x)<0$，所以 $x=c$ 为 $f(x)$ 的极大值点. 选（B）.

(8) 由泰勒公式得，当 $x\to x_0$ 时，

$$f(x)=f(x_0)+f'(x_0)(x-x_0)+\frac{f''(x_0)}{2}(x-x_0)^2+\frac{f'''(x_0)}{3!}(x-x_0)^3+o((x-x_0)^3)$$
$$=f(x_0)+\frac{f'''(x_0)}{3!}(x-x_0)^3+o((x-x_0)^3),$$

所以

$$f(x)-f(x_0)=\left[\frac{f'''(x_0)}{3!}+\alpha\right](x-x_0)^3,$$

其中 $\lim\limits_{x\to x_0}\alpha=0$.

由 $f'''(x_0)>0$，可知在 x_0 的某邻域 $U(x_0)$ 内

$$\frac{f'''(x_0)}{3!}+\alpha>0,$$

并且在左邻域内 $f(x)<f(x_0)$，在右邻域内 $f(x)>f(x_0)$，从而 $f(x_0)$ 不是 $f(x)$ 的极值. 排除 (A) 和 (B).

由 $f''(x_0)=0$，$f'''(x_0)>0$ 可得，$f'(x_0)$ 是 $f'(x)$ 的极小值，排除 (C). 由

$$f'''(x_0)=\lim_{x\to x_0}\frac{f''(x)-f''(x_0)}{x-x_0}=\lim_{x\to x_0}\frac{f''(x)}{x-x_0}>0,$$

利用极限的保号性，存在 x_0 的某空心邻域 $\mathring{U}(x_0)$，使

$$\frac{f''(x)}{x-x_0}>0,$$

从而在左邻域内 $f''(x)<0$，在右邻域内 $f''(x)>0$，所以 $(x_0, f(x_0))$ 是曲线 $y=f(x)$ 的拐点. 选 (D).

(9) 由已知，

$$\lim_{x\to 0}\frac{f(x)}{x^2}=\lim_{x\to 0}\frac{f'(x)}{2x}=\frac{1}{2}\lim_{x\to 0}\frac{f'(x)-f'(0)}{x-0}=\frac{1}{2}f''(0)=2,$$

即 $f''(0)=4>0$，所以 $x=0$ 是 $f(x)$ 的极小值点，并且 $(0, f(0))$ 不是 $f(x)$ 的拐点. 选 (B).

(10) 令

$$f'(x)=\frac{1}{x}-\frac{1}{\mathrm{e}}=0,$$

得 $f(x)$ 的驻点为 $x=\mathrm{e}$. 当 $0<x<\mathrm{e}$ 时，$f'(x)>0$，$f(x)$ 单调增加；当 $x>\mathrm{e}$ 时，$f'(x)<0$，$f(x)$ 单调减少. 因此 $f(x)=0$ 在 $(0, \mathrm{e}]$ 和 $[\mathrm{e}, +\infty)$ 上分别至多有一个实根. 又由

$$f(\mathrm{e})=k>0,\quad \lim_{x\to 0^+}f(x)=-\infty,\quad \lim_{x\to+\infty}f(x)=-\infty$$

以及零点定理可得，$f(x)=0$ 在 $(0, \mathrm{e}]$ 和 $[\mathrm{e}, +\infty)$ 上分别至少有一个实根. 综上所述，

$f(x)$ 在 $(0,+\infty)$ 内有且只有两个零点，选（B）.

3. 计算下列极限：

（1）$\lim\limits_{x\to0}\dfrac{e^x-\sin x-1}{1-\sqrt{1-x^2}}$；（2）$\lim\limits_{x\to0}\dfrac{x(e^x+1)-2(e^x-1)}{x^3}$；

（3）$\lim\limits_{x\to+\infty}\left(1+\dfrac{1}{x}+\dfrac{1}{x^2}\right)^x$；（4）$\lim\limits_{x\to0}\left[\dfrac{1}{x}-\left(\dfrac{1}{x^2}-1\right)\ln(1+x)\right]$；

（5）$\lim\limits_{x\to0}(e^x+\sin 2x)^{\frac{1}{x}}$；（6）$\lim\limits_{x\to0}\left(\dfrac{e^x+e^{2x}+\cdots+e^{nx}}{n}\right)^{\frac{1}{x}}$；

（7）$\lim\limits_{x\to1}\dfrac{x^x-1}{x\ln x}$；（8）$\lim\limits_{x\to0}\dfrac{e^x+\ln(1-x)-1}{x-\arctan x}$；

（9）$\lim\limits_{x\to0}\dfrac{(1+x)^{\frac{1}{x}}-e}{x}$；（10）$\lim\limits_{x\to+\infty}(x+\sqrt{1+x^2})^{\frac{1}{x}}$.

解 （1）$\lim\limits_{x\to0}\dfrac{e^x-\sin x-1}{1-\sqrt{1-x^2}}=\lim\limits_{x\to0}\dfrac{e^x-\sin x-1}{-\frac{1}{2}(-x^2)}=\lim\limits_{x\to0}\dfrac{e^x-\cos x}{x}=\lim\limits_{x\to0}\dfrac{e^x+\sin x}{1}=1.$

（2）
$$\lim_{x\to0}\frac{x(e^x+1)-2(e^x-1)}{x^3}=\lim_{x\to0}\frac{(e^x+1)+xe^x-2e^x}{3x^2}$$
$$=\lim_{x\to0}\frac{xe^x-e^x+1}{3x^2}=\lim_{x\to0}\frac{xe^x}{6x}=\lim_{x\to0}\frac{e^x}{6}=\frac{1}{6}.$$

（3）方法 1

$$\lim_{x\to+\infty}\left(1+\frac{1}{x}+\frac{1}{x^2}\right)^x=\lim_{x\to+\infty}\left[\left(1+\frac{x+1}{x^2}\right)^{\frac{x^2}{x+1}}\right]^{\frac{x+1}{x}}=e.$$

方法 2

$$\lim_{x\to+\infty}\left(1+\frac{1}{x}+\frac{1}{x^2}\right)^x=\lim_{x\to+\infty}e^{x\ln\left(1+\frac{1}{x}+\frac{1}{x^2}\right)}=e^{\lim\limits_{x\to+\infty}\frac{\ln\left(1+\frac{1}{x}+\frac{1}{x^2}\right)}{\frac{1}{x}}},$$

又因为

$$\lim_{x\to+\infty}\frac{\ln\left(1+\frac{1}{x}+\frac{1}{x^2}\right)}{\frac{1}{x}}\overset{令 t=\frac{1}{x}}{=\!=\!=}\lim_{t\to0^+}\frac{\ln(1+t+t^2)}{t}=\lim_{t\to0^+}\frac{t+t^2}{t}=1,$$

所以

$$\lim_{x\to+\infty}\left(1+\frac{1}{x}+\frac{1}{x^2}\right)^x=e.$$

（4）
$$\lim_{x\to0}\left[\frac{1}{x}-\left(\frac{1}{x^2}-1\right)\ln(1+x)\right]=\lim_{x\to0}\left[\frac{x-\ln(1+x)}{x^2}+\ln(1+x)\right]$$
$$=\lim_{x\to0}\frac{x-\ln(1+x)}{x^2}+0=\lim_{x\to0}\frac{1-\frac{1}{1+x}}{2x}$$
$$=\lim_{x\to0}\frac{1}{2(1+x)}=\frac{1}{2}.$$

（5）方法 1

$$\lim_{x\to 0}(e^x+\sin 2x)^{\frac{1}{x}}=\lim_{x\to 0}\left\{\left[1+(e^x+\sin 2x-1)\right]^{\frac{1}{e^x+\sin 2x-1}}\right\}^{\frac{e^x+\sin 2x-1}{x}},$$

因为

$$\lim_{x\to 0}\frac{e^x+\sin 2x-1}{x}=\lim_{x\to 0}\frac{e^x+2\cos 2x}{1}=3,$$

因此

$$\lim_{x\to 0}(e^x+\sin 2x)^{\frac{1}{x}}=e^3.$$

方法 2

$$\lim_{x\to 0}(e^x+\sin 2x)^{\frac{1}{x}}=\lim_{x\to 0}e^{\frac{1}{x}\ln(e^x+\sin 2x)}=e^{\lim\limits_{x\to 0}\frac{\ln(e^x+\sin 2x)}{x}}\overset{\left(\frac{0}{0}\right)}{=}e^{\lim\limits_{x\to 0}\frac{e^x+2\cos 2x}{e^x+\sin 2x}}=e^3.$$

（6）方法 1 $\lim\limits_{x\to 0}\left(\dfrac{e^x+e^{2x}+\cdots+e^{nx}}{n}\right)^{\frac{1}{x}}=\lim\limits_{x\to 0}e^{\frac{\ln(e^x+e^{2x}+\cdots+e^{nx})-\ln n}{x}}$

$$=e^{\lim\limits_{x\to 0}\frac{\ln(e^x+e^{2x}+\cdots+e^{nx})-\ln n}{x}}=e^{\lim\limits_{x\to 0}\frac{e^x+2e^{2x}+\cdots+ne^{nx}}{e^x+e^{2x}+\cdots+e^{nx}}}$$

$$=e^{\frac{1+2+\cdots+n}{n}}=e^{\frac{n+1}{2}}.$$

方法 2

$$\lim_{x\to 0}\left(\frac{e^x+e^{2x}+\cdots+e^{nx}}{n}\right)^{\frac{1}{x}}=\lim_{x\to 0}\left[\left(1+\frac{e^x+e^{2x}+\cdots+e^{nx}-n}{n}\right)^{\frac{n}{e^x+e^{2x}+\cdots+e^{nx}-n}}\right]^{\frac{e^x+e^{2x}+\cdots+e^{nx}-n}{nx}}$$

$$=e^{\lim\limits_{x\to 0}\frac{e^x+e^{2x}+\cdots+e^{nx}-n}{nx}}=e^{\lim\limits_{x\to 0}\frac{e^x+2e^{2x}+\cdots+ne^{nx}}{n}}=e^{\frac{1+2+\cdots+n}{n}}=e^{\frac{n+1}{2}}.$$

（7）方法 1

$$\lim_{x\to 1}\frac{x^x-1}{x\ln x}=\lim_{x\to 1}\frac{e^{x\ln x}-1}{x\ln x}=\lim_{x\to 1}\frac{x\ln x}{x\ln x}=1.$$

方法 2

$$\lim_{x\to 1}\frac{x^x-1}{x\ln x}=\lim_{x\to 1}\frac{(e^{x\ln x}-1)'}{(x\ln x)'}=\lim_{x\to 1}\frac{x^x(\ln x+1)}{\ln x+1}=\lim_{x\to 1}x^x=1.$$

（8）$\lim\limits_{x\to 0}\dfrac{e^x+\ln(1-x)-1}{x-\arctan x}=\lim\limits_{x\to 0}\dfrac{e^x-\dfrac{1}{1-x}}{1-\dfrac{1}{1+x^2}}=\lim\limits_{x\to 0}\dfrac{\left[e^x(1-x)-1\right](1+x^2)}{x^2(1-x)}$

$$=\lim_{x\to 0}\frac{1+x^2}{1-x}\cdot\lim_{x\to 0}\frac{e^x(1-x)-1}{x^2}$$

$$=\lim_{x\to 0}\frac{e^x(1-x)-e^x}{2x}=-\frac{1}{2}.$$

(9) $\lim\limits_{x\to0}\frac{(1+x)^{\frac{1}{x}}-\mathrm{e}}{x}=\lim\limits_{x\to0}\frac{[(1+x)^{\frac{1}{x}}-\mathrm{e}]'}{x'}=\lim\limits_{x\to0}[\mathrm{e}^{\frac{\ln(1+x)}{x}}]'$

$$=\lim_{x\to0}\mathrm{e}^{\frac{\ln(1+x)}{x}}\cdot\frac{\frac{x}{1+x}-\ln(1+x)}{x^2}=\mathrm{e}\lim_{x\to0}\frac{x-(1+x)\ln(1+x)}{x^2(1+x)}$$

$$=\mathrm{e}\lim_{x\to0}\frac{x-(1+x)\ln(1+x)}{x^2}=\mathrm{e}\lim_{x\to0}\frac{-\ln(1+x)}{2x}$$

$$=\mathrm{e}\lim_{x\to0}\frac{-x}{2x}=-\frac{\mathrm{e}}{2}.$$

(10) $\lim\limits_{x\to+\infty}(x+\sqrt{1+x^2})^{\frac{1}{x}}=\lim\limits_{x\to+\infty}\mathrm{e}^{\frac{1}{x}\ln(x+\sqrt{1+x^2})}$

$$=\mathrm{e}^{\lim\limits_{x\to+\infty}\frac{\ln(x+\sqrt{1+x^2})}{x}}=\mathrm{e}^{\lim\limits_{x\to+\infty}\frac{\frac{1}{\sqrt{1+x^2}}}{1}}=\mathrm{e}^0=1.$$

4. 利用泰勒公式计算下列极限：

(1) $\lim\limits_{x\to0}\frac{\ln(1+x)-\sin x}{\sqrt{1+x^2}-\cos(x^2)}$；

(2) $\lim\limits_{x\to0}\frac{\mathrm{e}^x\sin x-x(x+1)}{x^2\sin x}$.

解 (1) 当 $x\to0$ 时，$\ln(1+x)=x-\frac{x^2}{2}+o(x^2)$，

$$\sin x=x-\frac{x^3}{3!}+o(x^3),$$

$$\sqrt{1+x^2}=1+\frac{1}{2}x^2+o(x^2),$$

$$\cos(x^2)=1-\frac{1}{2!}x^4+o(x^4),$$

从而

$$\ln(1+x)-\sin x=-\frac{x^2}{2}+o(x^2),$$

$$\sqrt{1+x^2}-\cos(x^2)=\frac{1}{2}x^2+o(x^2),$$

故

$$\lim_{x\to0}\frac{\ln(1+x)-\sin x}{\sqrt{1+x^2}-\cos(x^2)}=\lim_{x\to0}\frac{-\frac{1}{2}x^2+o(x^2)}{\frac{1}{2}x^2+o(x^2)}=\lim_{x\to0}\frac{-\frac{1}{2}+\frac{o(x^2)}{x^2}}{\frac{1}{2}+\frac{o(x^2)}{x^2}}=-1.$$

(2) 当 $x\to0$ 时，有

$$\mathrm{e}^x=1+x+\frac{x^2}{2}+o(x^2),\quad \sin x=x-\frac{x^3}{3!}+o(x^3),$$

从而

$$e^x\sin x=\left[1+x+\frac{x^2}{2}+o(x^2)\right]\cdot\left[x-\frac{x^3}{6}+o(x^3)\right]=x+x^2+\frac{1}{3}x^3+o(x^3),$$

故

$$\lim_{x\to0}\frac{e^x\sin x-x(x+1)}{x^2\sin x}=\lim_{x\to0}\frac{e^x\sin x-x(x+1)}{x^3}=\lim_{x\to0}\frac{x+x^2+\frac{1}{3}x^3+o(x^3)-x(x+1)}{x^3}$$
$$=\lim_{x\to0}\left[\frac{1}{3}+\frac{o(x^3)}{x^3}\right]=\frac{1}{3}.$$

5. 讨论 $f(x)=\begin{cases}\left[\dfrac{(1+x)^{\frac{1}{x}}}{e}\right]^{\frac{1}{x}}, & x>0\\ e^{-\frac{1}{2}}, & x\leqslant0\end{cases}$ 在点 $x=0$ 处的连续性.

解　由于

$$\lim_{x\to0^+}f(x)=\lim_{x\to0^+}\left[\frac{1}{e}(1+x)^{\frac{1}{x}}\right]^{\frac{1}{x}}=\lim_{x\to0^+}e^{\frac{1}{x}\left[\frac{\ln(1+x)}{x}-1\right]}=\lim_{x\to0^+}e^{\frac{\ln(1+x)-x}{x^2}}$$
$$=e^{\lim\limits_{x\to0^+}\frac{\ln(1+x)-x}{x^2}}=e^{\lim\limits_{x\to0^+}\frac{\ln(1+x)-x}{x^2}}=e^{\lim\limits_{x\to0^+}\frac{\frac{1}{1+x}-1}{2x}}=e^{-\frac{1}{2}}=f(0),$$

所以 $f(x)$ 在点 $x=0$ 处右连续. 显然 $f(x)$ 在点 $x=0$ 处左连续，因此 $f(x)$ 在点 $x=0$ 处连续.

6. 设函数 $f(x)$ 在点 $x=0$ 的某邻域内有三阶导数，且 $\lim\limits_{x\to0}\left[1+x+\dfrac{f(x)}{x}\right]^{\frac{1}{x}}=e^3$，求 $f(0)$，$f'(0)$，$f''(0)$ 及 $\lim\limits_{x\to0}\left[1+\dfrac{f(x)}{x}\right]^{\frac{1}{x}}$.

解　由

$$\lim_{x\to0}\left[1+x+\frac{f(x)}{x}\right]^{\frac{1}{x}}=\lim_{x\to0}e^{\frac{\ln\left[1+x+\frac{f(x)}{x}\right]}{x}}=e^{\lim\limits_{x\to0}\frac{\ln\left[1+x+\frac{f(x)}{x}\right]}{x}}=e^3,$$

可得

$$\lim_{x\to0}\frac{\ln\left[1+x+\frac{f(x)}{x}\right]}{x}=3,$$

从而

$$\lim_{x\to0}\ln\left[1+x+\frac{f(x)}{x}\right]=0,\quad \lim_{x\to0}\left[x+\frac{f(x)}{x}\right]=0,$$

所以

$$\lim_{x\to0}\frac{\ln\left[1+x+\frac{f(x)}{x}\right]}{x}=\lim_{x\to0}\frac{x+\frac{f(x)}{x}}{x}=\lim_{x\to0}\left[1+\frac{f(x)}{x^2}\right]=3,$$

$$\lim_{x\to 0}\frac{f(x)}{x^2}=2.$$

从而

$$f(0)=\lim_{x\to 0}f(x)=\lim_{x\to 0}\frac{f(x)}{x^2}\cdot x^2=2\times 0=0.$$

由

$$\lim_{x\to 0}\frac{f(x)}{x^2}=\lim_{x\to 0}\frac{f'(x)}{2x}=2,$$

得

$$f'(0)=\lim_{x\to 0}f'(x)=0,$$

从而

$$\lim_{x\to 0}\frac{f(x)}{x^2}=\lim_{x\to 0}\frac{f'(x)}{2x}=\frac{1}{2}\lim_{x\to 0}\frac{f'(x)-f'(0)}{x-0}=\frac{1}{2}f''(0)=2,$$
$$f''(0)=4.$$

$$\lim_{x\to 0}\left[1+\frac{f(x)}{x}\right]^{\frac{1}{x}}=\lim_{x\to 0}e^{\frac{\ln\left[1+\frac{f(x)}{x}\right]}{x}}=e^{\lim\limits_{x\to 0}\frac{\frac{f(x)}{x}}{x}}=e^{\lim\limits_{x\to 0}\frac{f(x)}{x^2}}=e^2.$$

7. 设某商品需求量 x 是价格 P（单位：元）的函数 $x=12\,000-80P$，生产该商品 x 单位的总成本为 $C(x)=25\,000+50x$，若每单位商品需要纳税 2 元，应如何给商品定价可使税后利润最大?

解 商品的总收入函数为

$$R(x)=Px=\frac{12\,000-x}{80}\cdot x=150x-\frac{1}{80}x^2,$$

总利润函数为

$$\begin{aligned}L(x)&=R(x)-C(x)-2x=150x-\frac{1}{80}x^2-(25\,000+50x)-2x\\&=-\frac{1}{80}x^2+98x-25\,000.\end{aligned}$$

令

$$L'(x)=-\frac{1}{40}x+98=0,$$

解得 $x=3\,920$. 又 $L''(x)=-\frac{1}{40}<0$，所以 $x=3\,920$ 时利润最大，此时 $P=101$ 元，即商品价格为 101 元时税后利润最大.

8. 设酒厂有批新酿的好酒，若现在（假定 $t=0$）即刻出售，总收入为 R_0（元），若窖藏之，待来日按陈酒出售，t 年末总收入为 $R=R_0e^{\frac{2}{5}\sqrt{t}}$. 求窖藏多少年售出，可使总收入的现值最大. 假设银行年利率为 $r=0.06$，且以连续复利计息.

解　设窖藏 t 年售出，总收入的现值为

$$y=R(t)\mathrm{e}^{-rt}=R_0\mathrm{e}^{\frac{2}{5}\sqrt{t}-0.06t}.$$

令

$$y'=R_0\mathrm{e}^{\frac{2}{5}\sqrt{t}-0.06t}\left(\frac{1}{5\sqrt{t}}-0.06\right)=0,$$

解得驻点 $t=\frac{100}{9}$，且当 $0<t<\frac{100}{9}$ 时 $y'>0$，当 $t>\frac{100}{9}$ 时 $y'<0$，从而 $t=\frac{100}{9}$ 时 y 最大，即窖藏 $t=\frac{100}{9}\approx 11$ 年售出可使总收入的现值最大.

9. 作下列函数的图形：

(1) $y=x-\sin x$；　(2) $y=x\arctan x$；　(3) $y=(x+2)\mathrm{e}^{\frac{1}{x}}$.

解　(1) 函数的定义域为 $(-\infty, +\infty)$，且为奇函数，从而函数图形关于原点对称，先讨论 $[0, +\infty)$ 上的图形.

$$y'=1-\cos x,\quad y''=\sin x.$$

由于 $y'\geqslant 0$，并且当且仅当 $x=2k\pi(k\in\mathbf{Z})$ 时 $y'=0$，所以函数在 $(-\infty, +\infty)$ 上单调增加，无极值. 令 $y''=\sin x=0$ 得，$x=k\pi(k\in\mathbf{Z})$. 当 $x\in(2k\pi, 2k\pi+\pi)$ 时，$y''>0$，曲线为凹的；当 $x\in(2k\pi-\pi, 2k\pi)$ 时，$y''<0$，曲线为凸的. 列表如下：

x	0	$(0, \pi)$	π	$(\pi, 2\pi)$	2π	…
y'		+		+		
y''	0	+	0	−	0	
y	0 拐点	↗	π 拐点	↗	2π 拐点	

由于

$$\lim_{x\to\infty}(x-\sin x)=\infty,$$

所以曲线无水平渐近线. 又因为

$$\lim_{x\to\infty}\frac{x-\sin x}{x}=\lim_{x\to\infty}\left(1-\frac{1}{x}\sin x\right)=1,$$

$$\lim_{x\to\infty}(x-\sin x-x)=\lim_{x\to\infty}(-\sin x).$$

$\lim\limits_{x\to\infty}(-\sin x)$ 不存在，所以曲线无斜渐近线. 曲线的拐点为 $(k\pi, k\pi)$，补充点

$$\left(2k\pi+\frac{\pi}{2}, 2k\pi+\frac{\pi}{2}-1\right),\quad \left(2k\pi-\frac{\pi}{2}, 2k\pi-\frac{\pi}{2}+1\right)\quad (k\in\mathbf{Z}).$$

作函数在 $[0, +\infty)$ 上的图形，再利用图形的对称性，画出函数在 $(-\infty, 0]$ 上的图

形，从而得到函数的图形，如图 4.7 所示.

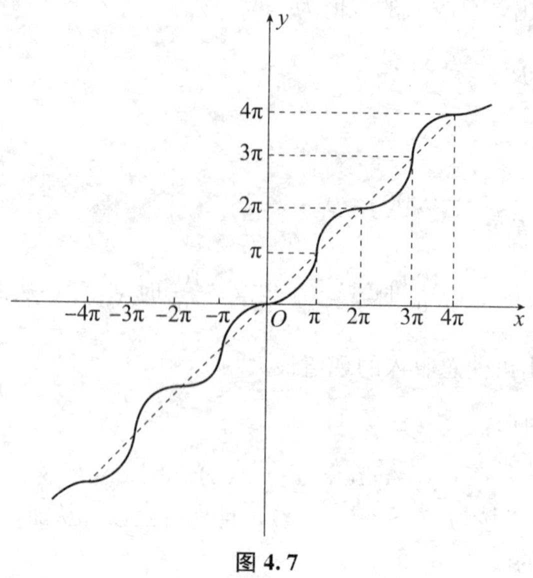

图 4.7

（2）函数的定义域为（$-\infty$，$+\infty$），且为偶函数，从而函数图形关于 y 轴对称，先讨论 $[0, +\infty)$ 上的图形.

$$y'=\arctan x+\frac{x}{1+x^2},\quad y''=\frac{2}{(1+x^2)^2}.$$

由 $y'=0$，解得驻点为 $x=0$，且当 $x>0$ 时 $y'>0$，从而函数在 $[0, +\infty)$ 上单调增加. $y''>0$，从而函数在 $[0, +\infty)$ 上是凹的. 因为

$$\lim_{x\to+\infty}x\arctan x=+\infty,\quad \lim_{x\to-\infty}x\arctan x=-\infty,$$

因此曲线无水平渐近线. 又因为

$$\lim_{x\to+\infty}\frac{y}{x}=\lim_{x\to+\infty}\arctan x=\frac{\pi}{2},$$

$$\lim_{x\to+\infty}\left(x\arctan x-\frac{\pi}{2}x\right)=\lim_{x\to+\infty}\frac{\arctan x-\dfrac{\pi}{2}}{\dfrac{1}{x}}=\lim_{x\to+\infty}\frac{\dfrac{1}{1+x^2}}{-\dfrac{1}{x^2}}=\lim_{x\to+\infty}\left(-\frac{x^2}{1+x^2}\right)=-1,$$

$$\lim_{x\to-\infty}\frac{y}{x}=\lim_{x\to-\infty}\arctan x=-\frac{\pi}{2},$$

$$\lim_{x\to-\infty}\left(x\arctan x+\frac{\pi}{2}x\right)=\lim_{x\to-\infty}\frac{\arctan x+\dfrac{\pi}{2}}{\dfrac{1}{x}}=\lim_{x\to-\infty}\frac{\dfrac{1}{1+x^2}}{-\dfrac{1}{x^2}}=\lim_{x\to-\infty}\left(-\frac{x^2}{1+x^2}\right)=-1,$$

所以曲线有斜渐近线 $y=\frac{\pi}{2}x-1$ 和 $y=-\frac{\pi}{2}x-1$.

补充辅助点$\left(1, \frac{\pi}{4}\right)$，作函数在 $[0, +\infty)$ 上的图形，再利用图形的对称性，画出函数在 $(-\infty, 0]$ 上的图形，从而得到函数的图形，如图 4.8 所示.

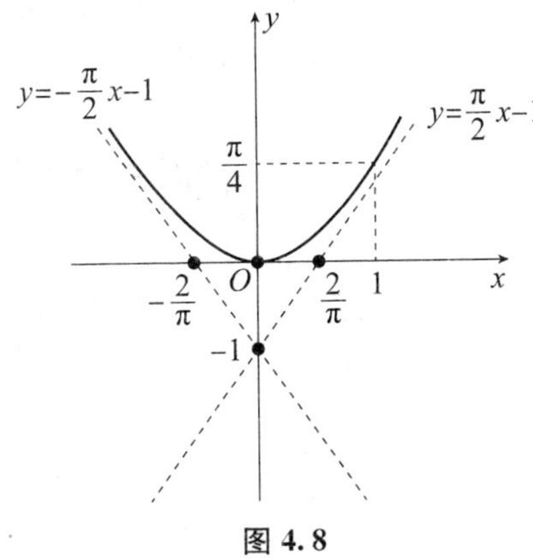

图 4.8

(3) $y=(x+2)e^{\frac{1}{x}}$ 的定义域为 $(-\infty, 0)\cup(0, +\infty)$. 函数的一阶、二阶导数分别为

$$y'=\frac{(x-2)(x+1)}{x^2}e^{\frac{1}{x}}, \quad y''=\frac{5x+2}{x^4}e^{\frac{1}{x}}.$$

令 $y'=0$，解得驻点 $x_1=-1$，$x_2=2$. 令 $y''=0$，解得 $x=-\frac{2}{5}$. 列表如下：

x	$(-\infty, -1)$	-1	$\left(-1, -\frac{2}{5}\right)$	$-\frac{2}{5}$	$\left(-\frac{2}{5}, 0\right)$	$(0, 2)$	2	$(2, +\infty)$
y'	+	0	−	−	−	−	0	+
y''	−		−	0	+	+		+
y	↗	$\frac{1}{e}$ 极大值	↘	$\frac{8}{5}e^{-\frac{5}{2}}$ 拐点	↘	↘	$4\sqrt{e}$ 极小值	↗

由于

$$\lim_{x\to\infty}(x+2)e^{\frac{1}{x}}=\infty,$$

所以曲线无水平渐近线. 因为

$$\lim_{x\to 0^-}(x+2)e^{\frac{1}{x}}=0, \quad \lim_{x\to 0^+}(x+2)e^{\frac{1}{x}}=+\infty,$$

所以曲线有垂直渐近线 $x=0$. 又因为

$$\lim_{x\to\infty}\frac{(x+2)e^{\frac{1}{x}}}{x}=1,$$

$$\lim_{x\to\infty}[(x+2)e^{\frac{1}{x}}-x]=\lim_{x\to\infty}[x(e^{\frac{1}{x}}-1)+2e^{\frac{1}{x}}]=\lim_{x\to\infty}x(e^{\frac{1}{x}}-1)+\lim_{x\to\infty}2e^{\frac{1}{x}}$$

$$=\lim_{x\to\infty}x\cdot\frac{1}{x}+2=3,$$

因此曲线有斜渐近线 $y=x+3$.

补充辅助点 $(-2, 0)$，作出函数的图形，如图 4.9 所示.

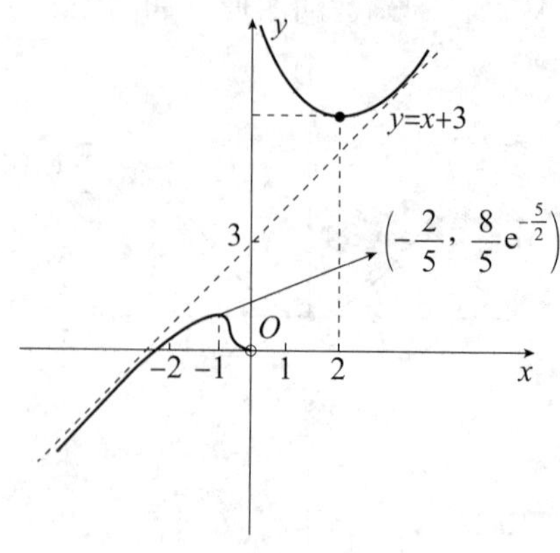

图 4.9

10. 若函数 $f(x)$ 在 $[0, 1]$ 上有三阶导数，且 $f(0)=f(1)=0$，设 $F(x)=x^3 f(x)$，证明：在 $(0, 1)$ 内至少存在一点 ξ，使 $F'''(\xi)=0$.

证 由于

$$F'(x)=3x^2 f(x)+x^3 f'(x),$$
$$F''(x)=6xf(x)+6x^2 f'(x)+x^3 f''(x),$$

故 $F'(0)=0$，$F''(0)=0$. $F(x)$ 在 $[0, 1]$ 上可导，且 $F(0)=F(1)=0$，由罗尔定理，至少存在一点 $\xi_1\in(0, 1)$，使得 $F'(\xi_1)=0$.

因为 $F'(x)$ 在 $[0, \xi_1]$ 上可导，且 $F'(0)=F'(\xi_1)=0$，由罗尔定理，至少存在一点 $\xi_2\in(0, \xi_1)$，使得 $F''(\xi_2)=0$.

又因为 $F''(x)$ 在 $[0, \xi_2]$ 上可导，且 $F''(0)=F''(\xi_2)=0$，由罗尔定理，至少存在一点 $\xi\in(0, \xi_2)\subset(0, 1)$，使得 $F'''(\xi)=0$.

11. 设 $f(x)$ 在 $[0, 1]$ 上连续，在 $(0, 1)$ 内二阶可导，过两点 $(0, f(0))$，$(1, f(1))$ 的直线与曲线 $y=f(x)$ 相交于 $(c, f(c))$ $(0<c<1)$，证明：在 $(0, 1)$ 内至少存在一点 ξ，使得 $f''(\xi)=0$.

证 $f(x)$ 在 $[0, c]$，$[c, 1]$ 上均满足拉格朗日中值定理的条件，从而至少存在 $\xi_1\in(0, c)$ 和 $\xi_2\in(c, 1)$，满足

$$f'(\xi_1)=\frac{f(c)-f(0)}{c-0}, \quad f'(\xi_2)=\frac{f(1)-f(c)}{1-c},$$

由于 $(0, f(0))$，$(1, f(1))$，$(c, f(c))$ 在同一条直线上，所以 $f'(\xi_1)=f'(\xi_2)$. 函数 $f'(x)$ 在 $[\xi_1, \xi_2]$ 上满足罗尔定理，从而至少存在一点 $\xi\in(\xi_1, \xi_2)$，使得 $f''(\xi)=0$.

12. 设 $f(x)$ 在 $[0, +\infty)$ 上可导，且 $f(0)\in[0, 1]$，$|f'(x)|<f(x)$ $(x\geqslant 0)$，证明：当 $x>0$ 时，$f(x)<e^x$.

证 设 $F(x)=f(x)e^{-x}$，则 $F(x)$ 在 $[0, +\infty)$ 上可导，且

$$F'(x)=[f'(x)-f(x)]e^{-x}<0,$$

所以 $F(x)$ 在 $[0,+\infty)$ 上单调减少，从而当 $x>0$ 时，

$$F(x)<F(0)=f(0)\leqslant 1,$$

即 $f(x)<e^x$.

13. 已知函数 $f(x)$ 在 $[0,1]$ 上连续，在 $(0,1)$ 内可导，且 $f(0)=0$，$f(1)=1$，$f(x)$ 是 x 的非线性函数，证明：在 $(0,1)$ 内至少存在一点 ξ，使得 $f'(\xi)>1$.

证 由已知，$f(x)$ 不恒等于 x，从而至少存在一点 $x_0\in(0,1)$ 使得 $f(x_0)\neq x_0$.

若 $f(x_0)>x_0$，则 $f(x)$ 在 $[0,x_0]$ 上应用拉格朗日中值定理可得，至少存在一点 $\xi\in(0,x_0)$，使得

$$f'(\xi)=\frac{f(x_0)-f(0)}{x_0-0}=\frac{f(x_0)}{x_0}>1.$$

若 $f(x_0)<x_0$，则 $f(x)$ 在 $[x_0,1]$ 上应用拉格朗日中值定理可得，至少存在一点 $\xi\in(x_0,1)$，使得

$$f'(\xi)=\frac{f(1)-f(x_0)}{1-x_0}=\frac{1-f(x_0)}{1-x_0}>1.$$

14. 已知 $f(x)$ 在 $[0,+\infty)$ 上连续，$f(0)=0$，$f'(x)$ 在 $(0,+\infty)$ 内存在且单调增加，证明函数 $\frac{f(x)}{x}$ 在 $(0,+\infty)$ 内单调增加.

证 由题意有

$$\left[\frac{f(x)}{x}\right]'=\frac{xf'(x)-f(x)}{x^2}.$$

对于任意的 $x>0$，$f(x)$ 在 $[0,x]$ 上满足拉格朗日中值定理的条件，所以 $\exists\,\xi\in(0,x)$，使得

$$f(x)-f(0)=f'(\xi)(x-0),$$

即 $f(x)=f'(\xi)x$，从而

$$\left[\frac{f(x)}{x}\right]'=\frac{xf'(x)-xf'(\xi)}{x^2}=\frac{f'(x)-f'(\xi)}{x}.$$

由于 $f'(x)$ 在 $(0,+\infty)$ 内单调增加，且 $0<\xi<x$，所以 $f'(x)>f'(\xi)$，$\left[\frac{f(x)}{x}\right]'>0$，从而 $\frac{f(x)}{x}$ 在 $(0,+\infty)$ 内单调增加.

15. 证明：当 $x>0$ 时，$e^x-(1+x)>1-\cos x$.

证 构造辅助函数

$$f(x)=e^x-(1+x)-(1-\cos x)=e^x-x+\cos x-2,$$

则 $f(x)$ 在 $[0,+\infty)$ 上连续，在 $(0,+\infty)$ 内，有

$$f'(x)=e^x-1-\sin x,$$
$$f''(x)=e^x-\cos x>0,$$

所以 $f'(x)$ 在 $[0,+\infty)$ 上单调增加，从而当 $x>0$ 时，

$$f'(x)>f'(0)=0,$$

进而 $f(x)$ 在 $[0,+\infty)$ 上单调增加，当 $x>0$ 时，

$$f(x)>f(0)=0,$$

即

$$e^x-(1+x)>1-\cos x.$$

16. 证明：当 $0<x<\frac{\pi}{2}$ 时，$\frac{2}{\pi}x<\sin x<x$.

证 方法 1（利用单调性）

（1）先证当 $0<x<\frac{\pi}{2}$ 时，$\sin x<x$.

设 $f(x)=\sin x-x$，则 $f(x)$ 在 $\left[0,\frac{\pi}{2}\right]$ 上连续，在 $\left(0,\frac{\pi}{2}\right)$ 内

$$f'(x)=\cos x-1<0,$$

所以 $f(x)$ 在 $\left[0,\frac{\pi}{2}\right]$ 上单调减少，从而当 $0<x<\frac{\pi}{2}$ 时，$f(x)<f(0)=0$，即 $\sin x<x$.

（2）再证当 $0<x<\frac{\pi}{2}$ 时，$\frac{2}{\pi}x<\sin x$. 设

$$f(x)=\sin x-\frac{2}{\pi}x,$$

则 $f(x)$ 在 $\left[0,\frac{\pi}{2}\right]$ 上连续，且 $f'(x)=\cos x-\frac{2}{\pi}$. 令 $f'(x)=0$，得 $x_0=\arccos\frac{2}{\pi}$.

当 $0<x<x_0$ 时，$f'(x)>0$，所以 $f(x)$ 在 $[0,x_0]$ 上单调增加，从而当 $0<x\leqslant x_0$ 时，

$$f(x)>f(0)=0;$$

当 $x_0<x<\frac{\pi}{2}$ 时，$f'(x)<0$，所以 $f(x)$ 在 $\left[x_0,\frac{\pi}{2}\right]$ 上单调减少，从而当 $x_0<x<\frac{\pi}{2}$ 时，

$$f(x)>f\left(\frac{\pi}{2}\right)=0.$$

综上所述，当 $0<x<\frac{\pi}{2}$ 时，$\frac{2}{\pi}x<\sin x$.

方法 2 先利用单调性证，当 $0<x<\frac{\pi}{2}$ 时，$\sin x<x$（同方法 1，略）；再利用最值证

明当 $0<x<\frac{\pi}{2}$ 时，$\frac{2}{\pi}x<\sin x$. 设

$$f(x)=\sin x-\frac{2}{\pi}x,$$

则 $f(x)$ 在 $\left[0,\ \frac{\pi}{2}\right]$ 上连续，从而有最大值和最小值. 令

$$f'(x)=\cos x-\frac{2}{\pi}=0,$$

解得 $x_0=\arccos\frac{2}{\pi}$. 由

$$f''(x)=-\sin x<0,\quad f(0)=f\left(\frac{\pi}{2}\right)=0$$

可知 $f(x)$ 在 $\left[0,\ \frac{\pi}{2}\right]$ 上的最小值为 $f(0)=f\left(\frac{\pi}{2}\right)=0$，最大值为 $f(x_0)$. 所以当 $0<x<\frac{\pi}{2}$ 时，$f(x)>0$，即 $\frac{2}{\pi}x<\sin x$.

方法 3 先利用单调性证，当 $0<x<\frac{\pi}{2}$ 时，$\sin x<x$（同方法 1，略）；再利用凹凸性证明当 $0<x<\frac{\pi}{2}$ 时，$\frac{2}{\pi}x<\sin x$.

设 $f(x)=\sin x-\frac{2}{\pi}x$，则 $f(x)$ 在 $\left[0,\ \frac{\pi}{2}\right]$ 上连续，在 $\left(0,\ \frac{\pi}{2}\right)$ 内，

$$f''(x)=-\sin x<0,$$

所以 $f(x)$ 在 $\left(0,\ \frac{\pi}{2}\right)$ 内的图形为凸的. 又由于 $f(0)=f\left(\frac{\pi}{2}\right)=0$，所以当 $0<x<\frac{\pi}{2}$ 时，$f(x)>0$，即 $\frac{2}{\pi}x<\sin x$.

方法 4 只需证明不等式 $\frac{2}{\pi}<\frac{\sin x}{x}<1$ 在 $\left(0,\ \frac{\pi}{2}\right)$ 内成立. 令

$$f(x)=\begin{cases}\frac{\sin x}{x}, & 0<x\leqslant\frac{\pi}{2},\\ 1, & x=0\end{cases}$$

则 $f(x)$ 在 $\left[0,\ \frac{\pi}{2}\right]$ 上连续，在 $\left(0,\ \frac{\pi}{2}\right)$ 内可导，且

$$f'(x)=\frac{x\cos x-\sin x}{x^2}.$$

令

$$g(x)=x\cos x-\sin x,\quad x\in\left[0,\frac{\pi}{2}\right],$$

则 $g(x)$ 在$\left[0,\frac{\pi}{2}\right]$上连续，在$\left(0,\frac{\pi}{2}\right)$内可导，且 $g'(x)=-x\sin x<0$，所以 $g(x)$ 在$\left[0,\frac{\pi}{2}\right]$上单调减少，从而当 $0<x<\frac{\pi}{2}$时，

$$g(x)<g(0)=0,$$

故 $f'(x)<0$，即 $f(x)$ 在$\left[0,\frac{\pi}{2}\right]$上单调减少，所以当 $0<x<\frac{\pi}{2}$时

$$\frac{2}{\pi}=f\left(\frac{\pi}{2}\right)<f(x)=\frac{\sin x}{x}<f(0)=1,$$

即

$$\frac{2}{\pi}x<\sin x<x.$$

17. 设$\lim\limits_{x\to 0}\frac{f(x)}{x}=1$，且 $f''(x)>0$，证明：$f(x)\geqslant x$.

证 由$\lim\limits_{x\to 0}\frac{f(x)}{x}=1$，得

$$f(0)=\lim_{x\to 0}f(x)=\lim_{x\to 0}\frac{f(x)}{x}\cdot x=0,$$

$$f'(0)=\lim_{x\to 0}\frac{f(x)-f(0)}{x-0}=\lim_{x\to 0}\frac{f(x)}{x}=1.$$

由泰勒公式，得

$$f(x)=f(0)+f'(0)x+\frac{f''(\xi)}{2!}x^2=x+\frac{f''(\xi)}{2!}x^2\geqslant x,$$

其中 ξ 介于 0 与 x 之间.

*18. 设函数 $f(x)$ 在 $[a,b]$ 上连续，在 (a,b) 内可导，且 $f'(x)\neq 0$，证明：在 (a,b) 内存在两点 ξ，η，使得$\frac{f'(\xi)}{f'(\eta)}=\frac{e^b-e^a}{b-a}e^{-\eta}$.

分析 即证$\frac{b-a}{e^b-e^a}f'(\xi)=\frac{f'(\eta)}{e^\eta}$. 右端为柯西中值定理中含中值的一端，可以由此入手去推导.

证 $f(x)$ 和 e^x 均在 $[a,b]$ 上连续，在 (a,b) 内可导，且 $(e^x)'=e^x\neq 0$，由柯西中值定理得，存在 $\eta\in(a,b)$，使得

$$\frac{f'(\eta)}{e^\eta}=\frac{f(b)-f(a)}{e^b-e^a}.$$

对 $f(x)$ 在 $[a,b]$ 上应用拉格朗日中值定理得，存在 $\xi\in(a,b)$，使得

$$f(b)-f(a)=f'(\xi)(b-a),$$

所以有

$$\frac{f'(\eta)}{e^{\eta}}=\frac{f'(\xi)(b-a)}{e^{b}-e^{a}},$$

即存在 ξ，$\eta\in(a,b)$，使得

$$\frac{f'(\xi)}{f'(\eta)}=\frac{e^{b}-e^{a}}{b-a}e^{-\eta}.$$

*19. 设函数 $f(x)$ 在 $[a,b]$ 上可导，且 $f(a)=f(b)=1$，证明：至少存在两点 ξ，$\eta\in(a,b)$，使得

$$e^{\eta-\xi}[f(\eta)+f'(\eta)]=1.$$

分析 欲证式含有两个中值点 ξ，η，首先需要恒等变形，使得含有 ξ，η 的部分分别在等式的一侧，$e^{\eta}[f(\eta)+f'(\eta)]=e^{\xi}$，再利用中值定理. 左端为$[f(x)e^{x}]'|_{x=\eta}$，考虑对 $f(x)e^{x}$ 在 $[a,b]$ 上应用拉格朗日中值定理. 右端对 e^{x} 应用拉格朗日中值定理.

证 设 $F(x)=f(x)e^{x}$，则 $F(x)$ 在 $[a,b]$ 上连续，在 (a,b) 内可导，由拉格朗日中值定理得，存在 $\eta\in(a,b)$，使得

$$e^{\eta}[f(\eta)+f'(\eta)]=\frac{f(b)e^{b}-f(a)e^{a}}{b-a}=\frac{e^{b}-e^{a}}{b-a}.$$

由于 e^{x} 在 $[a,b]$ 上满足拉格朗日中值定理的条件，从而存在 $\xi\in(a,b)$，使得

$$e^{\xi}=\frac{e^{b}-e^{a}}{b-a}.$$

从而

$$e^{\eta}[f(\eta)+f'(\eta)]=e^{\xi},$$

即

$$e^{\eta-\xi}[f(\eta)+f'(\eta)]=1.$$

第 5 章　不定积分

§5.1　不定积分的概念与性质

1. 求下列不定积分：

(1) $\int x^2\sqrt[3]{x}\,\mathrm{d}x$；　　(2) $\int \frac{(x+1)^2}{\sqrt{x}}\mathrm{d}x$；

(3) $\int 2^{2x}\mathrm{e}^x\,\mathrm{d}x$；　　(4) $\int \cos^2\frac{x}{2}\mathrm{d}x$；

(5) $\int \frac{\cos 2x}{\cos x-\sin x}\mathrm{d}x$；　　(6) $\int \frac{1+2x^2}{x^2(1+x^2)}\mathrm{d}x$；

(7) $\int \mathrm{e}^x\left(1-\frac{\mathrm{e}^{-x}}{\sqrt{1-x^2}}\right)\mathrm{d}x$；　　(8) $\int \csc x(\csc x-\cot x)\mathrm{d}x$.

解　(1) $\int x^2\sqrt[3]{x}\,\mathrm{d}x=\int x^{\frac{7}{3}}\mathrm{d}x=\frac{3}{10}x^{\frac{10}{3}}+C$.

(2) $\int \frac{(x+1)^2}{\sqrt{x}}\mathrm{d}x=\int (x^{\frac{3}{2}}+2x^{\frac{1}{2}}+x^{-\frac{1}{2}})\mathrm{d}x=\frac{2}{5}x^{\frac{5}{2}}+\frac{4}{3}x^{\frac{3}{2}}+2x^{\frac{1}{2}}+C$.

(3) $\int 2^{2x}\mathrm{e}^x\,\mathrm{d}x=\int (4\mathrm{e})^x\mathrm{d}x=\frac{(4\mathrm{e})^x}{2\ln 2+1}+C$.

(4) $\int \cos^2\frac{x}{2}\mathrm{d}x=\int \frac{1+\cos x}{2}\mathrm{d}x=\frac{x}{2}+\frac{\sin x}{2}+C$.

(5) $\int \frac{\cos 2x}{\cos x-\sin x}\mathrm{d}x=\int (\cos x+\sin x)\mathrm{d}x=\sin x-\cos x+C$.

(6) $\int \frac{1+2x^2}{x^2(1+x^2)}\mathrm{d}x = \int\left(\frac{1}{x^2}+\frac{1}{1+x^2}\right)\mathrm{d}x = -\frac{1}{x}+\arctan x + C.$

(7) $\int \mathrm{e}^x\left(1-\frac{\mathrm{e}^{-x}}{\sqrt{1-x^2}}\right)\mathrm{d}x = \int\left(\mathrm{e}^x-\frac{1}{\sqrt{1-x^2}}\right)\mathrm{d}x = \mathrm{e}^x - \arcsin x + C.$

(8) $\int \csc x(\csc x-\cot x)\mathrm{d}x = \int(\csc^2 x - \csc x\cot x)\mathrm{d}x = -\cot x + \csc x + C.$

2. 已知曲线在任一点的切线斜率为 e^x，且曲线过点（0，0），求该曲线方程.

解 由题意知，$y'=\mathrm{e}^x$，所以

$$y=\int y'\mathrm{d}x=\int \mathrm{e}^x\mathrm{d}x=\mathrm{e}^x+C,$$

又曲线过（0，0），代入上式有 $1+C=0$，求得 $C=-1$，所以 $y=\mathrm{e}^x-1$.

3. 已知等式 $\int xf(x)\mathrm{d}x = x\sin x - \int \sin x\mathrm{d}x$，试求 $f(x)$.

解 等式 $\int xf(x)\mathrm{d}x = x\sin x - \int \sin x\mathrm{d}x$ 两边同时求导，得

$$xf(x)=\sin x+x\cos x-\sin x,$$

解得 $f(x)=\cos x$.

4. 若 $\int f(x)\mathrm{d}x = x^2\mathrm{e}^{2x}+C$，试求 $\lim\limits_{x\to 0}\frac{f(x)}{x}$.

解 等式 $\int f(x)\mathrm{d}x = x^2\mathrm{e}^{2x}+C$ 两边求导，得

$$f(x)=2x\mathrm{e}^{2x}+2x^2\mathrm{e}^{2x},$$

从而

$$\lim_{x\to 0}\frac{f(x)}{x}=\lim_{x\to 0}\frac{2x\mathrm{e}^{2x}+2x^2\mathrm{e}^{2x}}{x}=\lim_{x\to 0}(2\mathrm{e}^{2x}+2x\mathrm{e}^{2x})=2.$$

5. 试证在区间（$-a$，a）内，函数 $\arcsin\frac{x}{a}$，$-\arccos\frac{x}{a}$，$2\arctan\sqrt{\frac{a+x}{a-x}}$ 均为 $\frac{1}{\sqrt{a^2-x^2}}$ 的原函数.

证 因为

$$\left(\arcsin\frac{x}{a}\right)'=\frac{1}{\sqrt{1-\left(\frac{x}{a}\right)^2}}\frac{1}{a}=\frac{1}{\sqrt{a^2-x^2}},$$

$$\left(-\arccos\frac{x}{a}\right)'=\frac{1}{\sqrt{1-\left(\frac{x}{a}\right)^2}}\frac{1}{a}=\frac{1}{\sqrt{a^2-x^2}},$$

$$\left(2\arctan\sqrt{\frac{a+x}{a-x}}\right)'=\frac{2}{1+\left(\sqrt{\frac{a+x}{a-x}}\right)^2}\cdot\frac{1}{2}\sqrt{\frac{a-x}{a+x}}\cdot\frac{a-x+a+x}{(a-x)^2}=\frac{1}{\sqrt{a^2-x^2}},$$

所以在区间 $(-a, a)$ 上，函数 $\arcsin\frac{x}{a}$，$-\arccos\frac{x}{a}$，$2\arctan\sqrt{\frac{a+x}{a-x}}$ 均是 $\frac{1}{\sqrt{a^2-x^2}}$ 的原函数.

§5.2　换元积分法

1. 在下列各式等号右端的空白处填入适当的系数，使等式成立（例如 $dx=\frac{1}{2}d(2x+7)$）.

(1) $dx=$________ $d(3x-2)$；　　(2) $xdx=$________ $d(1-x^2)$；

(3) $x^5dx=$________ $d(2x^6-5)$；　　(4) $e^{-3x}dx=$________ $d(e^{-3x}+3)$；

(5) $\sin2xdx=$________ $d(\cos2x)$；　　(6) $\frac{1}{x}dx=$________ $d(1-5\ln|x|)$；

(7) $\frac{x}{\sqrt{1-x^2}}dx=$________ $d(\sqrt{1-x^2})$；　　(8) $\frac{1}{1+9x^2}dx=$________ $d(\arctan3x)$；

(9) $\frac{1}{\sqrt{1-x^2}}dx=$________ $d(2\arccos x-3)$；

(10) $\csc^2xdx=$________ $d(1-4\cot x)$.

解　(1) 因为 $d(3x-2)=3dx$，所以 $dx=\underline{\frac{1}{3}}d(3x-2)$.

(2) 因为 $d(1-x^2)=-2xdx$，所以 $xdx=\underline{-\frac{1}{2}}d(1-x^2)$.

(3) 因为 $d(2x^6-5)=12x^5dx$，所以 $x^5dx=\underline{\frac{1}{12}}d(2x^6-5)$.

(4) 因为 $d(e^{-3x}+3)=-3e^{-3x}dx$，所以 $e^{-3x}dx=\underline{-\frac{1}{3}}d(e^{-3x}+3)$.

(5) 因为 $d(\cos2x)=-2\sin2xdx$，所以 $\sin2xdx=\underline{-\frac{1}{2}}d(\cos2x)$.

(6) 因为 $d(1-5\ln|x|)=-5\frac{1}{x}dx$，所以 $\frac{1}{x}dx=\underline{-\frac{1}{5}}d(1-5\ln|x|)$.

(7) 因为 $d(\sqrt{1-x^2})=-\frac{x}{\sqrt{1-x^2}}dx$，所以 $\frac{x}{\sqrt{1-x^2}}dx=\underline{-1}d(\sqrt{1-x^2})$.

(8) 因为 $d(\arctan3x)=\frac{3}{1+9x^2}dx$，所以 $\frac{1}{1+9x^2}dx=\underline{\frac{1}{3}}d(\arctan3x)$.

(9) 因为 $d(2\arccos x-3)=-\frac{2}{\sqrt{1-x^2}}dx$，所以

$$\frac{1}{\sqrt{1-x^2}}dx=\underline{-\frac{1}{2}}d(2\arccos x-3).$$

(10) 因为 $d(1-4\cot x)=4\csc^2 x dx$，所以 $\csc^2 x dx=\frac{1}{4}d(1-4\cot x)$.

2. 用换元积分法计算下列不定积分：

(1) $\int \sqrt[5]{1-3x}dx$；　　(2) $\int \frac{x^2}{\sqrt{2-x^3}}dx$；

(3) $\int \frac{3x^2}{1+x^6}dx$；　　(4) $\int \frac{1}{x^2-2x+5}dx$；

(5) $\int \frac{1}{\sqrt{2x+1}-\sqrt{2x-1}}dx$；　　(6) $\int \frac{1}{x\sqrt{1-\ln^2 x}}dx$；

(7) $\int \frac{1}{e^x-e^{-x}}dx$；　　(8) $\int \frac{\sin x+\cos x}{\sqrt[3]{\sin x-\cos x}}dx$；

(9) $\int \frac{\cos\frac{1}{x}}{x^2}dx$；　　(10) $\int \cot^3 x dx$；

(11) $\int \frac{1-\cos x}{1-\cos 2x}dx$；　　(12) $\int \frac{\cos x}{1+\cos^2 x}dx$；

(13) $\int \frac{x}{x+\sqrt{x^2-1}}dx$；　　(14) $\int \frac{\sqrt{x}}{1+\sqrt[4]{x^3}}dx$；

(15) $\int \sqrt{1+e^x}dx$；　　(16) $\int \frac{dx}{3+\sqrt{9-x^2}}$；

(17) $\int \frac{1+x^2}{x\sqrt{1+x^2}}dx$；　　(18) $\int \frac{x^2}{\sqrt{a^2-x^2}}dx \quad (a>0)$；

(19) $\int \frac{dx}{\sqrt{x-1}\cdot\sqrt{x}}$；　　(20) $\int \frac{\sqrt{x^2-4}}{x}dx$.

解　(1) 方法1

$$\int \sqrt[5]{1-3x}dx=-\frac{1}{3}\int \sqrt[5]{1-3x}d(1-3x)=-\frac{1}{3}\cdot\frac{5}{6}(1-3x)^{\frac{6}{5}}+C$$
$$=-\frac{5}{18}(\sqrt[5]{1-3x})^6+C.$$

方法2　令 $t=\sqrt[5]{1-3x}$，则 $x=\frac{1-t^5}{3}$，$dx=\frac{-5t^4}{3}dt$，因此

$$原式=\int t\cdot\frac{-5t^4}{3}dt=-\frac{5}{3}\int t^5 dt=-\frac{5}{3}\cdot\frac{t^6}{6}+C=-\frac{5}{18}(\sqrt[5]{1-3x})^6+C.$$

(2) $\int \frac{x^2}{\sqrt{2-x^3}}dx=-\frac{1}{3}\int \frac{1}{\sqrt{2-x^3}}d(2-x^3)=-\frac{2}{3}(2-x^3)^{\frac{1}{2}}+C.$

(3) $\int \frac{3x^2}{1+x^6}dx=\int \frac{1}{1+x^6}d(x^3)=\arctan x^3+C.$

(4) $\int \frac{1}{x^2-2x+5}dx=\int \frac{1}{(x-1)^2+4}d(x-1)=\frac{1}{2}\arctan\frac{x-1}{2}+C.$

(5) $\int \frac{1}{\sqrt{2x+1}-\sqrt{2x-1}}dx = \frac{1}{2}\int(\sqrt{2x+1}+\sqrt{2x-1})dx$

$= \frac{1}{4}\int\sqrt{2x+1}d(2x+1)+\frac{1}{4}\int\sqrt{2x-1}d(2x-1)$

$= \frac{1}{4}\cdot\frac{2}{3}(2x+1)^{\frac{3}{2}}+\frac{1}{4}\cdot\frac{2}{3}(2x-1)^{\frac{3}{2}}+C$

$= \frac{1}{6}(2x+1)^{\frac{3}{2}}+\frac{1}{6}(2x-1)^{\frac{3}{2}}+C.$

(6) $\int\frac{1}{x\sqrt{1-\ln^2 x}}dx = \int\frac{1}{\sqrt{1-\ln^2 x}}d(\ln x) = \arcsin(\ln x)+C.$

(7) $\int\frac{1}{e^x-e^{-x}}dx = \int\frac{e^x}{e^{2x}-1}dx = \int\frac{1}{e^{2x}-1}de^x = \frac{1}{2}\ln\left|\frac{e^x-1}{e^x+1}\right|+C.$

(8) $\int\frac{\sin x+\cos x}{\sqrt[3]{\sin x-\cos x}}dx = \int\frac{1}{\sqrt[3]{\sin x-\cos x}}d(\sin x-\cos x) = \frac{3}{2}(\sin x-\cos x)^{\frac{2}{3}}+C.$

(9) $\int\frac{\cos\frac{1}{x}}{x^2}dx = -\int\cos\frac{1}{x}d\left(\frac{1}{x}\right) = -\sin\frac{1}{x}+C.$

(10) $\int\cot^3 x dx = \int(\csc^2 x-1)\cot x dx = -\int\cot x d\cot x-\int\cot x dx$

$= -\frac{\cot^2 x}{2}-\ln|\sin x|+C.$

(11) $\int\frac{1-\cos x}{1-\cos 2x}dx = \int\frac{1-\cos x}{2\sin^2 x}dx = \frac{1}{2}\int\csc^2 x dx-\frac{1}{2}\int\frac{1}{\sin^2 x}d\sin x$

$= -\frac{1}{2}\cot x+\frac{1}{2\sin x}+C.$

(12) $\int\frac{\cos x}{1+\cos^2 x}dx = \int\frac{\cos x}{2-\sin^2 x}dx = \int\frac{1}{2-\sin^2 x}d\sin x$

$= \frac{\sqrt{2}}{4}\ln\left|\frac{\sin x+\sqrt{2}}{\sin x-\sqrt{2}}\right|+C.$

(13) $\int\frac{x}{x+\sqrt{x^2-1}}dx = \int x(x-\sqrt{x^2-1})dx$

$= \int x^2 dx-\int x\sqrt{x^2-1}dx$

$= \frac{x^3}{3}-\frac{1}{2}\int\sqrt{x^2-1}d(x^2-1)$

$= \frac{x^3}{3}-\frac{1}{3}(x^2-1)^{\frac{3}{2}}+C.$

(14) 令 $t=\sqrt[4]{x}$，则 $x=t^4$，$dx=4t^3 dt$，则

$$\int\frac{\sqrt{x}}{1+\sqrt[4]{x^3}}dx = \int\frac{t^2}{1+t^3}4t^3 dt = 4\int\frac{t^5}{1+t^3}dt = \frac{4}{3}\int\frac{t^3}{1+t^3}dt^3$$

$$= \frac{4}{3}\int\frac{1+t^3-1}{1+t^3}dt^3 = \frac{4}{3}\int\left(1-\frac{1}{1+t^3}\right)dt^3$$

$$= \frac{4}{3}t^3 - \frac{4}{3}\int \frac{1}{1+t^3}\mathrm{d}(1+t^3)$$

$$= \frac{4}{3}t^3 - \frac{4}{3}\ln(1+t^3)+C$$

$$= \frac{4}{3}x^{\frac{3}{4}} - \frac{4}{3}\ln(1+x^{\frac{3}{4}})+C.$$

(15) 令 $t=\sqrt{1+\mathrm{e}^x}$，则 $x=\ln(t^2-1)$，$\mathrm{d}x=\frac{2t}{t^2-1}\mathrm{d}t$，则

$$\int \sqrt{1+\mathrm{e}^x}\mathrm{d}x = \int t\frac{2t}{t^2-1}\mathrm{d}x = 2\int \frac{(t^2-1)+1}{t^2-1}\mathrm{d}t = 2\int\left(1+\frac{1}{t^2-1}\right)\mathrm{d}t$$

$$= 2t + 2\cdot\frac{1}{2}\ln\left|\frac{t-1}{t+1}\right|+C$$

$$= 2\sqrt{1+\mathrm{e}^x}+\ln\frac{\sqrt{1+\mathrm{e}^x}-1}{\sqrt{1+\mathrm{e}^x}+1}+C.$$

(16) $\int \frac{\mathrm{d}x}{3+\sqrt{9-x^2}} = \int \frac{3-\sqrt{9-x^2}}{x^2}\mathrm{d}x = \int\frac{3}{x^2}\mathrm{d}x - \int\frac{\sqrt{9-x^2}}{x^2}\mathrm{d}x$

$$=-\frac{3}{x}-\int\frac{\sqrt{9-x^2}}{x^2}\mathrm{d}x.$$

对于积分 $\int\frac{\sqrt{9-x^2}}{x^2}\mathrm{d}x$，令 $x=3\sin t$，$t\in\left(-\frac{\pi}{2},0\right)\cup\left(0,\frac{\pi}{2}\right)$，则 $\mathrm{d}x=3\cos t\mathrm{d}t$，从而

$$\int\frac{\sqrt{9-x^2}}{x^2}\mathrm{d}x = \int\frac{3\cos t}{9\sin^2 t}\cdot 3\cos t\mathrm{d}t = \int\cot^2 t\mathrm{d}t = \int(\csc^2 t-1)\mathrm{d}t = -\cot t - t + C$$

$$=-\frac{\sqrt{9-x^2}}{x}-\arcsin\frac{x}{3}+C$$（回代过程见图 5.1），

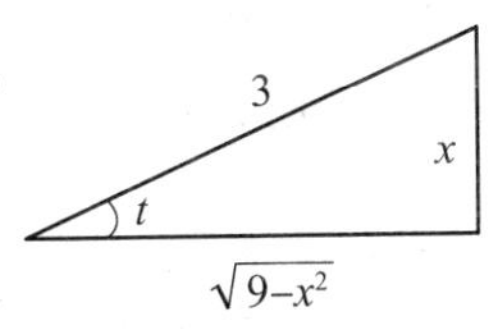

图 5.1

所以

$$原式 =-\frac{3}{x}-\left(-\frac{\sqrt{9-x^2}}{x}-\arcsin\frac{x}{3}\right)+C = \arcsin\frac{x}{3}+\frac{\sqrt{9-x^2}-3}{x}+C.$$

(17) 令 $x=\tan t$，$t\in\left(-\frac{\pi}{2},0\right)\cup\left(0,\frac{\pi}{2}\right)$，则 $\mathrm{d}x=\sec^2 t\mathrm{d}t$，从而

$$\int\frac{\sqrt{1+x^2}}{x}\mathrm{d}x = \int\frac{\sec^3 t}{\tan t}\mathrm{d}t = \int\frac{1}{\cos^2 t\sin t}\mathrm{d}t$$

$$=\int\frac{\sin^2t+\cos^2t}{\cos^2t\sin t}\mathrm{d}t=\int\frac{\sin t}{\cos^2t}\mathrm{d}t+\int\frac{1}{\sin t}\mathrm{d}t$$

$$=-\int\frac{1}{\cos^2t}\mathrm{d}\cos t+\ln|\csc t-\cot t|=\frac{1}{\cos t}+\ln|\csc t-\cot t|+C$$

$$=\sqrt{1+x^2}+\ln\left|\frac{\sqrt{1+x^2}-1}{x}\right|+C$$ （回代过程见图 5.2）.

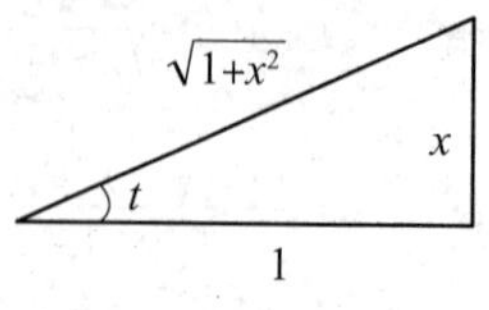

图 5.2

（18）令 $x=a\sin t$，$t\in\left(-\frac{\pi}{2},\ \frac{\pi}{2}\right)$，则 $\mathrm{d}x=a\cos t\mathrm{d}t$，从而

$$原式=\int a^2\sin^2t\mathrm{d}t=a^2\int\frac{1-\cos 2t}{2}\mathrm{d}t=a^2\frac{t}{2}-\frac{a^2}{4}\int\cos 2t\mathrm{d}(2t)$$

$$=a^2\frac{t}{2}-\frac{a^2}{4}\sin 2t+C=a^2\frac{t}{2}-\frac{a^2}{4}\cdot 2\sin t\cos t+C$$

$$=\frac{a^2}{2}\arcsin\frac{x}{a}-\frac{a^2}{4}\cdot 2\cdot\frac{x}{a}\cdot\frac{\sqrt{a^2-x^2}}{a}+C$$

$$=\frac{a^2}{2}\arcsin\frac{x}{a}-\frac{x\sqrt{a^2-x^2}}{2}+C.$$

（回代过程见图 5.3）.

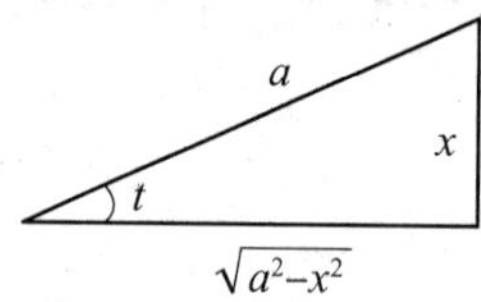

图 5.3

（19）$$\int\frac{\mathrm{d}x}{\sqrt{x-1}\cdot\sqrt{x}}=\int\frac{\mathrm{d}x}{\sqrt{x^2-x}}=\int\frac{\mathrm{d}x}{\sqrt{\left(x-\frac{1}{2}\right)^2-\frac{1}{4}}}$$

$$=\int\frac{1}{\sqrt{\left(x-\frac{1}{2}\right)^2-\frac{1}{4}}}\mathrm{d}\left(x-\frac{1}{2}\right)=\ln\left|x-\frac{1}{2}+\sqrt{x^2-x}\right|+C.$$

$\left(利用公式\int\frac{\mathrm{d}u}{\sqrt{u^2-a^2}}=\ln\left|u+\sqrt{u^2-a^2}\right|+C.\right)$

（20）当 $x>2$ 时，令 $x=2\sec t$，$t\in\left(0,\ \frac{\pi}{2}\right)$，则 $\mathrm{d}x=2\sec t\tan t\mathrm{d}t$，从而

$$原式=\int 2\tan^2t\mathrm{d}t=\int 2(\sec^2t-1)\mathrm{d}t=2\tan t-2t+C$$

$$= \sqrt{x^2-4} - 2\arccos\frac{2}{x} + C$$ （回代过程见图5.4）.

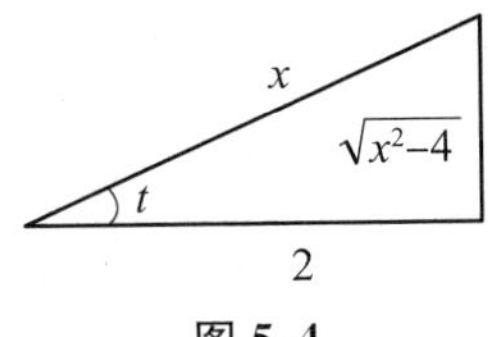

图5.4

当 $x<-2$ 时，令 $x=-2\sec t$，$t\in\left(0, \frac{\pi}{2}\right)$，则 $dx=-2\sec t\tan t dt$，从而

$$原式=\int 2\tan^2 t dt = \int 2(\sec^2 t-1)dt = 2\tan t - 2t + C$$

$$= \sqrt{x^2-4} - 2\arccos\frac{2}{(-x)} + C$$ （回代过程见图5.5）.

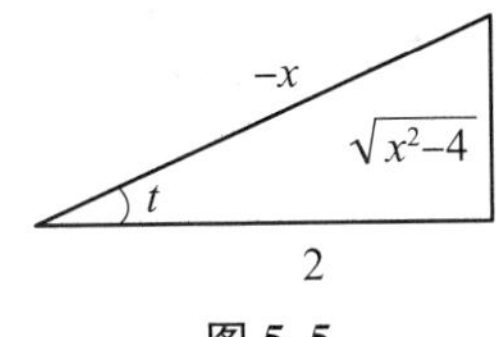

图5.5

综上所述

$$原式=\sqrt{x^2-4}-2\arccos\frac{2}{|x|}+C.$$

§5.3　分部积分法

1. 用分部积分法求下列积分：

(1) $\int \ln x dx$；

(2) $\int (x+4)e^{2x}dx$；

(3) $\int \frac{1}{x^2}(x\cos x-\sin x)dx$；

(4) $\int xe^{-2x}dx$；

(5) $\int x\sin\frac{x}{2}dx$；

(6) $\int x^2e^x dx$；

(7) $\int e^{-x}\cos 2x dx$；

(8) $\int \frac{\sin x}{e^x}dx$；

(9) $\int e^{3x}\cos 2x dx$；

(10) $\int x\cot^2 x dx$；

(11) $\int \arcsin x dx$；

(12) $\int e^{\sqrt{x}}dx$；

(13) $\int \arctan\sqrt{2x}dx$；

(14) $\int \ln(1+x^2)dx$；

(15) $\int x^2\ln^3 x\mathrm{d}x$； (16) $\int \sqrt{x}\ln^2 x\mathrm{d}x$；

(17) $\int \frac{x\sin x}{\cos^3 x}\mathrm{d}x$； (18) $\int \frac{1}{x}\ln(\ln x)\mathrm{d}x$.

解 (1) $\int \ln x\mathrm{d}x = x\ln x - \int x\mathrm{d}\ln x = x\ln x - \int x\cdot\frac{1}{x}\mathrm{d}x = x\ln x - x + C$.

(2) $$\int(x+4)\mathrm{e}^{2x}\mathrm{d}x = \int x\mathrm{e}^{2x}\mathrm{d}x + 4\int \mathrm{e}^{2x}\mathrm{d}x = \frac{1}{2}\int x\mathrm{d}\mathrm{e}^{2x} + 2\int \mathrm{e}^{2x}\mathrm{d}2x$$
$$= \frac{1}{2}\left(x\mathrm{e}^{2x} - \frac{1}{2}\int \mathrm{e}^{2x}\mathrm{d}2x\right) + 2\mathrm{e}^{2x} = \frac{1}{2}x\mathrm{e}^{2x} + \frac{7}{4}\mathrm{e}^{2x} + C.$$

(3) $$\int \frac{1}{x^2}(x\cos x - \sin x)\mathrm{d}x = \int \frac{1}{x}\cos x\mathrm{d}x - \int \frac{\sin x}{x^2}\mathrm{d}x = \int \frac{1}{x}\cos x\mathrm{d}x + \int \sin x\mathrm{d}\left(\frac{1}{x}\right)$$
$$= \int \frac{1}{x}\cos x\mathrm{d}x + \frac{\sin x}{x} - \int \frac{\cos x}{x}\mathrm{d}x = \frac{\sin x}{x} + C.$$

(4) $$\int x\mathrm{e}^{-2x}\mathrm{d}x = -\frac{1}{2}\int x\mathrm{d}\mathrm{e}^{-2x} = -\frac{1}{2}\left(x\mathrm{e}^{-2x} + \frac{1}{2}\int \mathrm{e}^{-2x}\mathrm{d}(-2x)\right)$$
$$= -\frac{1}{2}x\mathrm{e}^{-2x} - \frac{1}{4}\mathrm{e}^{-2x} + C.$$

(5) $$\int x\sin\frac{x}{2}\mathrm{d}x = -2\int x\mathrm{d}\cos\frac{x}{2} = -2\left(x\cos\frac{x}{2} - 2\int \cos\frac{x}{2}\mathrm{d}\frac{x}{2}\right)$$
$$= -2x\cos\frac{x}{2} + 4\sin\frac{x}{2} + C.$$

(6) $$\int x^2\mathrm{e}^x\mathrm{d}x = x^2\mathrm{e}^x - 2\int x\mathrm{e}^x\mathrm{d}x = x^2\mathrm{e}^x - 2\int x\mathrm{d}\mathrm{e}^x$$
$$= x^2\mathrm{e}^x - 2\left(x\mathrm{e}^x - \int \mathrm{e}^x\mathrm{d}x\right) = (x^2 - 2x + 2)\mathrm{e}^x + C.$$

(7) $$\int \mathrm{e}^{-x}\cos 2x\mathrm{d}x = -\int \cos 2x\mathrm{d}\mathrm{e}^{-x} = -\left(\mathrm{e}^{-x}\cos 2x + 2\int \sin 2x\mathrm{e}^{-x}\mathrm{d}x\right)$$
$$= -\mathrm{e}^{-x}\cos 2x + 2\int \sin 2x\mathrm{d}\mathrm{e}^{-x}$$
$$= -\mathrm{e}^{-x}\cos 2x + 2\left(\mathrm{e}^{-x}\sin 2x - 2\int \mathrm{e}^{-x}\cos 2x\mathrm{d}x\right),$$

即

$$\int \mathrm{e}^{-x}\cos 2x\mathrm{d}x = -\mathrm{e}^{-x}\cos 2x + 2\mathrm{e}^{-x}\sin 2x - 4\int \mathrm{e}^{-x}\cos 2x\mathrm{d}x,$$

移项得

$$5\int \mathrm{e}^{-x}\cos 2x\mathrm{d}x = -\mathrm{e}^{-x}\cos 2x + 2\mathrm{e}^{-x}\sin 2x + C_1,$$

所以

$$\int \mathrm{e}^{-x}\cos 2x\mathrm{d}x = \frac{\mathrm{e}^{-x}}{5}(2\sin 2x - \cos 2x) + C.$$

(8) $\int \frac{\sin x}{e^x}dx = -\int \sin x de^{-x} = -(e^{-x}\sin x - \int \cos x e^{-x} dx)$

$$= -e^{-x}\sin x - \int \cos x de^{-x} = -e^{-x}\sin x - \left(\cos x e^{-x} + \int e^{-x}\sin x dx\right),$$

移项得

$$2\int e^{-x}\sin x dx = -e^{-x}(\sin x + \cos x) + C_1,$$

所以

$$\int \frac{\sin x}{e^x}dx = \frac{-e^{-x}}{2}(\sin x + \cos x) + C.$$

(9) $\int e^{3x}\cos 2x dx = \frac{1}{3}\int \cos 2x de^{3x} = \frac{1}{3}\left(e^{3x}\cos 2x + 2\int \sin 2x e^{3x} dx\right)$

$$= \frac{1}{3}e^{3x}\cos 2x + \frac{2}{3}\cdot\frac{1}{3}\int \sin 2x de^{3x}$$

$$= \frac{1}{3}e^{3x}\cos 2x + \frac{2}{9}\left(\sin 2x e^{3x} - 2\int \cos 2x e^{3x} dx\right),$$

移项得

$$\frac{13}{9}\int e^{3x}\cos 2x dx = \frac{1}{3}e^{3x}\cos 2x + \frac{2}{9}e^{3x}\sin 2x + C_1,$$

所以

$$\int e^{3x}\cos 2x dx = e^{3x}\left(\frac{3}{13}\cos 2x + \frac{2}{13}\sin 2x\right) + C.$$

(10) $\int x\cot^2 x dx = \int x(\csc^2 x - 1)dx = -\int x d\cot x - \int x dx$

$$= -(x\cot x - \int \cot x dx) - \frac{x^2}{2}$$

$$= -x\cot x + \ln|\sin x| - \frac{x^2}{2} + C.$$

(11) $\int \arcsin x dx = x\arcsin x - \int \frac{x}{\sqrt{1-x^2}}dx = x\arcsin x + \frac{1}{2}\int \frac{1}{\sqrt{1-x^2}}d(1-x^2)$

$$= x\arcsin x + \sqrt{1-x^2} + C.$$

(12) 令 $t=\sqrt{x}$，则 $x=t^2$，$dx=2tdt$，从而

$$\int e^{\sqrt{x}}dx = 2\int e^t t dt = 2\int t de^t = 2(te^t - \int e^t dt) = 2(te^t - e^t) + C$$

$$= 2\sqrt{x}e^{\sqrt{x}} - 2e^{\sqrt{x}} + C.$$

(13) 令 $t=\sqrt{2x}$，则 $x=\frac{t^2}{2}$，$dx=tdt$，从而

$$\int \arctan\sqrt{2x}\,\mathrm{d}x = \int \arctan t \cdot t\mathrm{d}t = \frac{1}{2}\int \arctan t\mathrm{d}(t^2) = \frac{1}{2}\left(t^2\arctan t - \int \frac{t^2}{1+t^2}\mathrm{d}t\right)$$

$$= \frac{1}{2}\left(t^2\arctan t - \int \frac{(1+t^2)-1}{1+t^2}\mathrm{d}t\right) = \frac{1}{2}(t^2\arctan t - t + \arctan t) + C$$

$$= \frac{1}{2}(2x\arctan\sqrt{2x} - \sqrt{2x} + \arctan\sqrt{2x}) + C.$$

(14) $\int \ln(1+x^2)\mathrm{d}x = x\ln(1+x^2) - \int \frac{2x^2}{1+x^2}\mathrm{d}x = x\ln(1+x^2) - 2\int \frac{(1+x^2)-1}{1+x^2}\mathrm{d}x$

$$= x\ln(1+x^2) - 2x + 2\arctan x + C.$$

(15) $\int x^2\ln^3 x\mathrm{d}x = \frac{1}{3}\int \ln^3 x\mathrm{d}x^3 = \frac{1}{3}\left(x^3\ln^3 x - 3\int x^2\ln^2 x\mathrm{d}x\right)$

$$= \frac{1}{3}x^3\ln^3 x - \frac{1}{3}\int \ln^2 x\mathrm{d}(x^3)$$

$$= \frac{1}{3}x^3\ln^3 x - \frac{1}{3}x^3\ln^2 x + \frac{2}{3}\cdot\frac{1}{3}\int \ln x\mathrm{d}(x^3)$$

$$= \frac{1}{3}x^3\ln^3 x - \frac{1}{3}x^3\ln^2 x + \frac{2}{3}\cdot\frac{1}{3}\left(x^3\ln x - \int x^2\mathrm{d}x\right)$$

$$= \frac{1}{3}x^3\ln^3 x - \frac{1}{3}x^3\ln^2 x + \frac{2}{9}x^3\ln x - \frac{2}{27}x^3 + C.$$

(16) $\int \sqrt{x}\ln^2 x\mathrm{d}x = \frac{2}{3}\int \ln^2 x\mathrm{d}x^{\frac{3}{2}} = \frac{2}{3}\left(\ln^2 x\cdot x^{\frac{3}{2}} - 2\int x^{\frac{1}{2}}\ln x\mathrm{d}x\right)$

$$= \frac{2}{3}\ln^2 x\cdot x^{\frac{3}{2}} - \frac{8}{9}\int \ln x\mathrm{d}x^{\frac{3}{2}} = \frac{2}{3}\ln^2 x\cdot x^{\frac{3}{2}} - \frac{8}{9}\left(x^{\frac{3}{2}}\ln x - \int x^{\frac{1}{2}}\mathrm{d}x\right)$$

$$= \frac{2}{3}\ln^2 x\cdot x^{\frac{3}{2}} - \frac{8}{9}x^{\frac{3}{2}}\ln x + \frac{16}{27}x^{\frac{3}{2}} + C.$$

(17) $\int \frac{x\sin x}{\cos^3 x}\mathrm{d}x = \frac{1}{2}\int x\mathrm{d}\cos^{-2}x = \frac{1}{2}\int x\mathrm{d}\sec^2 x = \frac{1}{2}\left(x\sec^2 x - \int \sec^2 x\mathrm{d}x\right)$

$$= \frac{1}{2}x\sec^2 x - \frac{1}{2}\tan x + C.$$

(18) $\int \frac{1}{x}\ln(\ln x)\mathrm{d}x = \int \ln(\ln x)\mathrm{d}(\ln x) = \ln x\ln(\ln x) - \int \ln x\cdot\frac{1}{\ln x}\cdot\frac{1}{x}\mathrm{d}x$

$$= \ln x\ln(\ln x) - \ln x + C.$$

2. 设$\frac{\mathrm{e}^x}{x}$是$f(x)$的一个原函数，求$\int xf'(x)\mathrm{d}x$.

解 因为$\frac{\mathrm{e}^x}{x}$是$f(x)$的一个原函数，即

$$\left(\frac{\mathrm{e}^x}{x}\right)' = f(x),$$

所以

$$\int xf'(x)\mathrm{d}x = \int x\mathrm{d}f(x) = xf(x) - \int f(x)\mathrm{d}x = x\left(\frac{\mathrm{e}^x}{x}\right)' - \frac{\mathrm{e}^x}{x}$$

$$= x \cdot \frac{xe^x - e^x}{x^2} - \frac{e^x}{x} = e^x - \frac{2e^x}{x} + C.$$

3. 推导下列递推公式，其中 n 为正整数.

(1) $I_n = \int \tan^n x \, dx$;

(2) $I_n = \int x^n e^x \, dx$;

(3) $I_n = \int \frac{1}{x^n \sqrt{1+x^2}} dx$.

解 (1) 当 $n=1$ 时，

$$I_1 = \int \tan x dx = -\ln|\cos x| + C;$$

当 $n=2$ 时，

$$I_2 = \int \tan^2 x dx = \int (\sec^2 x - 1) dx = \tan x - x + C;$$

当 $n=3, 4, 5, \cdots$时，有

$$\begin{aligned} I_n &= \int \tan^{n-2} x \tan^2 x dx = \int \tan^{n-2} x (\sec^2 x - 1) dx \\ &= \int \tan^{n-2} x d\tan x - \int \tan^{n-2} x dx \\ &= \int \tan^{n-2} x d\tan x - I_{n-2} = \frac{1}{n-1} \tan^{n-1} x - I_{n-2}. \end{aligned}$$

(2) 当 $n=1$ 时，

$$I_1 = \int x e^x dx = \int x de^x = xe^x - e^x + C;$$

当 $n=2, 3, 4, \cdots$时，

$$I_n = \int x^n e^x dx = \int x^n de^x = x^n e^x - n \int e^x x^{n-1} dx = x^n e^x - nI_{n-1}.$$

(3) 当 $n=1$ 时，

$$I_1 = \int \frac{1}{x\sqrt{1+x^2}} dx.$$

令 $x=\tan t$，$t \in \left(-\frac{\pi}{2}, 0\right) \cup \left(0, \frac{\pi}{2}\right)$，则 $dx=\sec^2 t dt$，$\sqrt{1+x^2}=\sec t$，从而

$$I_1 = \int \frac{1}{\tan t \sec t} \sec^2 t dt = \int \frac{1}{\sin t} dt = \ln|\csc t - \cot t| + C.$$

而

$$\csc t=\frac{1}{\sin t}=\frac{1}{\tan t}\cdot\sec t=\frac{\sqrt{1+x^2}}{x},\quad \cot t=\frac{1}{\tan t}=\frac{1}{x},$$

因此

$$I_1=\ln\left|\frac{\sqrt{1+x^2}-1}{x}\right|+C;$$

当 $n=2$，3，4，…时，

$$\begin{aligned}I_n&=\int\frac{1}{x^n\sqrt{1+x^2}}\mathrm{d}x\\&=\int\frac{1+x^2-x^2}{x^n\sqrt{1+x^2}}\mathrm{d}x=\int\frac{\sqrt{1+x^2}}{x^n}\mathrm{d}x-\int\frac{1}{x^{n-2}\sqrt{1+x^2}}\mathrm{d}x\\&=\frac{1}{1-n}\int\sqrt{1+x^2}\,\mathrm{d}(x^{1-n})-I_{n-2}\\&=\frac{1}{1-n}x^{1-n}\sqrt{1+x^2}-\frac{1}{1-n}\int\frac{1}{x^{n-2}\sqrt{1+x^2}}\mathrm{d}x-I_{n-2}\\&=\frac{1}{1-n}x^{1-n}\sqrt{1+x^2}-\frac{1}{1-n}I_{n-2}-I_{n-2},\end{aligned}$$

即

$$I_n=\frac{\sqrt{1+x^2}}{(1-n)x^{n-1}}-\frac{2-n}{1-n}I_{n-2},\ n=2,3,4,\cdots.$$

§5.4 有理函数的积分

1. 求解下列不定积分：

(1) $\int\frac{\mathrm{d}x}{(x-1)(x-2)(x-3)}$；　　(2) $\int\frac{2x+1}{x^2-x+3}\mathrm{d}x$；

(3) $\int\frac{1}{(x^2+1)(x^2+x+1)}\mathrm{d}x$；　　(4) $\int\frac{2x-1}{x^3-1}\mathrm{d}x$；

(5) $\int\frac{x^4}{(x-1)^3}\mathrm{d}x$；　　(6) $\int\frac{x^5+x^4-8}{x^3-x}\mathrm{d}x$；

(7) $\int\frac{3x^3+1}{x^2-1}\mathrm{d}x$；　　(8) $\int\frac{1}{x^2(1+x^2)^2}\mathrm{d}x$；

(9) $\int\frac{\mathrm{d}x}{x(x^6+2)}$；　　(10) $\int\frac{x}{x^4-16}\mathrm{d}x$；

(11) $\int\frac{x^5}{x^{12}+1}\mathrm{d}x$；　　(12) $\int\frac{x^{15}}{x^8+1}\mathrm{d}x$.

解 (1) 因为

$$\frac{1}{(x-1)(x-2)(x-3)}=\frac{\frac{1}{2}}{x-1}+\frac{-1}{x-2}+\frac{\frac{1}{2}}{x-3},$$

所以

$$\int\frac{\mathrm{d}x}{(x-1)(x-2)(x-3)}=\frac{1}{2}\int\frac{1}{x-1}\mathrm{d}x-\int\frac{1}{x-2}\mathrm{d}x+\frac{1}{2}\int\frac{1}{x-3}\mathrm{d}x$$
$$=\frac{1}{2}\int\frac{1}{x-1}\mathrm{d}(x-1)-\int\frac{1}{x-2}\mathrm{d}(x-2)+\frac{1}{2}\int\frac{1}{x-3}\mathrm{d}(x-3)$$
$$=\frac{1}{2}\ln|x-1|-\ln|x-2|+\frac{1}{2}\ln|x-3|+C.$$

(2) $$\int\frac{2x+1}{x^2-x+3}\mathrm{d}x=\int\frac{(2x-1)+2}{x^2-x+3}\mathrm{d}x$$
$$=\int\frac{1}{x^2-x+3}\mathrm{d}(x^2-x+3)+2\int\frac{1}{\left(x-\frac{1}{2}\right)^2+\frac{11}{4}}\mathrm{d}\left(x-\frac{1}{2}\right)$$
$$=\ln(x^2-x+3)+\frac{4}{\sqrt{11}}\arctan\frac{2x-1}{\sqrt{11}}+C.$$

(3) 因为

$$\frac{1}{(x^2+1)(x^2+x+1)}=\frac{-x}{x^2+1}+\frac{x+1}{x^2+x+1},$$

所以

$$\int\frac{\mathrm{d}x}{(x^2+1)(x^2+x+1)}=-\int\frac{x}{x^2+1}\mathrm{d}x+\int\frac{x+1}{x^2+x+1}\mathrm{d}x$$
$$=-\frac{1}{2}\int\frac{1}{(x^2+1)}\mathrm{d}(x^2+1)+\frac{1}{2}\int\frac{2x+1}{x^2+x+1}\mathrm{d}x$$
$$+\int\frac{\frac{1}{2}}{x^2+x+1}\mathrm{d}x$$
$$=-\frac{1}{2}\ln(x^2+1)$$
$$+\frac{1}{2}\int\frac{1}{x^2+x+1}\mathrm{d}(x^2+x+1)$$
$$+\frac{1}{2}\int\frac{1}{\left(x+\frac{1}{2}\right)^2+\frac{3}{4}}\mathrm{d}\left(x+\frac{1}{2}\right)$$
$$=-\frac{1}{2}\ln(x^2+1)+\frac{1}{2}\ln(x^2+x+1)$$
$$+\frac{\sqrt{3}}{3}\arctan\frac{2x+1}{\sqrt{3}}+C.$$

(4) 因为

$$\frac{2x-1}{x^3-1}=\frac{\frac{1}{3}}{x-1}+\frac{-\frac{1}{3}x+\frac{4}{3}}{x^2+x+1},$$

所以

$$\begin{aligned}\int\frac{2x-1}{x^3-1}\mathrm{d}x&=\frac{1}{3}\int\frac{1}{x-1}\mathrm{d}x+\int\frac{-\frac{1}{3}x+\frac{4}{3}}{x^2+x+1}\mathrm{d}x\\&=\frac{1}{3}\int\frac{1}{x-1}\mathrm{d}(x-1)-\frac{1}{6}\int\frac{2x+1-9}{x^2+x+1}\mathrm{d}x\\&=\frac{1}{3}\ln|x-1|-\frac{1}{6}\int\frac{1}{x^2+x+1}\mathrm{d}(x^2+x+1)\\&\quad+\frac{3}{2}\int\frac{1}{\left(x+\frac{1}{2}\right)^2+\left(\frac{\sqrt{3}}{2}\right)^2}\mathrm{d}\left(x+\frac{1}{2}\right)\\&=\frac{1}{3}\ln|x-1|-\frac{1}{6}\ln(x^2+x+1)+\frac{3}{2}\cdot\frac{2}{\sqrt{3}}\cdot\arctan\frac{2}{\sqrt{3}}\left(x+\frac{1}{2}\right)+C\\&=\frac{1}{3}\ln|x-1|-\frac{1}{6}\ln(x^2+x+1)+\sqrt{3}\arctan\frac{2x+1}{\sqrt{3}}+C.\end{aligned}$$

（5）因为

$$\frac{x^4}{(x-1)^3}=x+3+\frac{6}{x-1}+\frac{4}{(x-1)^2}+\frac{1}{(x-1)^3},$$

所以

$$\begin{aligned}\int\frac{x^4}{(x-1)^3}\mathrm{d}x&=\int\left[x+3+\frac{6}{x-1}+\frac{4}{(x-1)^2}+\frac{1}{(x-1)^3}\right]\mathrm{d}x\\&=\frac{x^2}{2}+3x+6\ln|x-1|-\frac{4}{x-1}-\frac{1}{2(x-1)^2}+C.\end{aligned}$$

（6）因为

$$\frac{x^5+x^4-8}{x^3-x}=x^2+x+1+\frac{8}{x}+\frac{-3}{x-1}+\frac{-4}{x+1},$$

所以

$$\begin{aligned}\int\frac{x^5+x^4-8}{x^3-x}\mathrm{d}x&=\int\left(x^2+x+1+\frac{8}{x}+\frac{-3}{x-1}+\frac{-4}{x+1}\right)\mathrm{d}x\\&=\frac{x^3}{3}+\frac{x^2}{2}+x+8\ln|x|-3\ln|x-1|-4\ln|x+1|+C.\end{aligned}$$

（7）因为

$$\frac{3x^3+1}{x^2-1}=3x+\frac{2}{x-1}+\frac{1}{x+1},$$

所以

$$\int\frac{3x^3+1}{x^2-1}\mathrm{d}x=\int\left(3x+\frac{2}{x-1}+\frac{1}{x+1}\right)\mathrm{d}x=\frac{3}{2}x^2+2\ln|x-1|+\ln|x+1|+C.$$

（8）因为

$$\frac{1}{x^2(1+x^2)^2}=\frac{1}{x^2}-\frac{1}{1+x^2}-\frac{1}{(1+x^2)^2},$$

所以

$$\begin{aligned}\int\frac{1}{x^2(1+x^2)^2}\mathrm{d}x&=\int\left[\frac{1}{x^2}-\frac{1}{1+x^2}-\frac{1}{(1+x^2)^2}\right]\mathrm{d}x\\&=-\frac{1}{x}-\arctan x-\frac{x}{2(1+x^2)}-\frac{1}{2}\arctan x+C\\&=-\frac{1}{x}-\frac{3}{2}\arctan x-\frac{x}{2(1+x^2)}+C.\end{aligned}$$

$\left(\text{其中，利用递推公式求得}\int\frac{1}{(1+x^2)^2}\mathrm{d}x=\frac{x}{2(1+x^2)}+\frac{1}{2}\arctan x+C.\right)$

（9）$$\begin{aligned}\int\frac{\mathrm{d}x}{x(x^6+2)}&=\frac{1}{2}\int\frac{(x^6+2)-x^6}{x(x^6+2)}\mathrm{d}x=\frac{1}{2}\int\left(\frac{1}{x}-\frac{x^5}{x^6+2}\right)\mathrm{d}x\\&=\frac{1}{2}\left[\int\frac{1}{x}\mathrm{d}x-\frac{1}{6}\int\frac{1}{x^6+2}\mathrm{d}(x^6+2)\right]\\&=\frac{1}{2}\ln|x|-\frac{1}{12}\ln(x^6+2)+C.\end{aligned}$$

（10）由于

$$\int\frac{x}{x^4-16}\mathrm{d}x=\frac{1}{2}\int\frac{1}{x^4-16}\mathrm{d}(x^2),$$

因此，令 $t=x^2$，则

$$\text{原式}=\frac{1}{2}\int\frac{1}{t^2-16}\mathrm{d}t=\frac{1}{2}\cdot\frac{1}{8}\ln\left|\frac{t-4}{t+4}\right|+C=\frac{1}{16}\ln\left|\frac{x^2-4}{x^2+4}\right|+C.$$

（11）由于

$$\int\frac{x^5}{x^{12}+1}\mathrm{d}x=\frac{1}{6}\int\frac{1}{x^{12}+1}\mathrm{d}(x^6),$$

因此，令 $t=x^6$，从而

$$\text{原式}=\frac{1}{6}\int\frac{1}{t^2+1}\mathrm{d}t=\frac{1}{6}\arctan x^6+C.$$

（12）由于

$$\int\frac{x^{15}}{x^8+1}\mathrm{d}x=\frac{1}{8}\int\frac{x^8}{x^8+1}\mathrm{d}(x^8),$$

因此，令 $t=x^8$，则

$$\text{原式}=\frac{1}{8}\int\frac{t}{t+1}\mathrm{d}t=\frac{1}{8}\int\left(1-\frac{1}{t+1}\right)\mathrm{d}t=\frac{1}{8}t-\frac{1}{8}\int\frac{1}{t+1}\mathrm{d}(t+1)$$

$$=\frac{1}{8}t-\frac{1}{8}\ln|t+1|+C=\frac{1}{8}x^8-\frac{1}{8}\ln(x^8+1)+C.$$

2. 求下列三角函数有理式的积分：

(1) $\int\frac{\mathrm{d}x}{2\sin x-\cos x+5}$；

(2) $\int\frac{\mathrm{d}x}{3+\sin^2 x}$；

(3) $\int\frac{\mathrm{d}x}{1+\sin x}$；

(4) $\int\frac{\tan x}{1+\cos x}\mathrm{d}x$；

(5) $\int\frac{1}{\sin^3 x\cos x}\mathrm{d}x$；

(6) $\int\frac{\mathrm{d}x}{a^2\sin^2 x+b^2\cos^2 x}$， $a\neq 0, b\neq 0$.

解 (1) 令 $t=\tan\frac{x}{2}$，$x\in(-\pi, \pi)$，则

$$\sin x=\frac{2t}{1+t^2},\quad \cos x=\frac{1-t^2}{1+t^2},\quad \mathrm{d}x=\frac{2}{1+t^2}\mathrm{d}t,$$

于是

$$\begin{aligned}\text{原式}&=\int\frac{1}{2\cdot\frac{2t}{1+t^2}-\frac{1-t^2}{1+t^2}+5}\cdot\frac{2}{1+t^2}\mathrm{d}t\\&=\int\frac{1}{3t^2+2t+2}\mathrm{d}t=\frac{1}{3}\int\frac{1}{\left(t+\frac{1}{3}\right)^2+\frac{5}{9}}\mathrm{d}\left(t+\frac{1}{3}\right)\\&=\frac{1}{3}\cdot\frac{3}{\sqrt{5}}\arctan\frac{3}{\sqrt{5}}\left(t+\frac{1}{3}\right)+C\\&=\frac{\sqrt{5}}{5}\arctan\frac{3\sqrt{5}}{5}\left(t+\frac{1}{3}\right)+C.\end{aligned}$$

由于 $t=\tan\frac{x}{2}$，代入得

$$\int\frac{\mathrm{d}x}{2\sin x-\cos x+5}=\frac{\sqrt{5}}{5}\arctan\frac{\sqrt{5}}{5}(3\tan\frac{x}{2}+1)+C.$$

(2) $$\begin{aligned}\int\frac{\mathrm{d}x}{3+\sin^2 x}&=\int\frac{\sin^2 x+\cos^2 x}{3+\sin^2 x}\mathrm{d}x=\int\frac{\tan^2 x+1}{3\sec^2 x+\tan^2 x}\mathrm{d}x\\&=\int\frac{\sec^2 x}{3\sec^2 x+\tan^2 x}\mathrm{d}x=\int\frac{1}{3+4\tan^2 x}\mathrm{d}\tan x\\&=\frac{1}{2}\int\frac{1}{3+(2\tan x)^2}\mathrm{d}(2\tan x)=\frac{1}{2}\cdot\frac{1}{\sqrt{3}}\arctan\frac{2\tan x}{\sqrt{3}}+C\\&=\frac{\sqrt{3}}{6}\arctan\frac{2\tan x}{\sqrt{3}}+C.\end{aligned}$$

(3) $$\int\frac{\mathrm{d}x}{1+\sin x}=\int\frac{1-\sin x}{\cos^2 x}\mathrm{d}x=\int\sec^2 x\mathrm{d}x+\int\frac{1}{\cos^2 x}\mathrm{d}\cos x$$

$$=\tan x-\frac{1}{\cos x}+C=\tan x-\sec x+C.$$

（4）因为$\int\frac{\tan x}{1+\cos x}dx=\int\frac{\sin x}{\cos x(1+\cos x)}dx=-\int\frac{1}{\cos x(1+\cos x)}d(\cos x)$，故令$t=\cos x$，则

$$\begin{aligned}原式&=-\int\frac{1}{t(1+t)}dt=-\int\frac{1+t-t}{t(1+t)}dt=-\int\left(\frac{1}{t}-\frac{1}{1+t}\right)dt\\&=\int\frac{1}{1+t}d(t+1)-\int\frac{1}{t}dt=\ln\left|\frac{t+1}{t}\right|+C\\&=\ln\left|\frac{\cos x+1}{\cos x}\right|+C=\ln|\sec x+1|+C.\end{aligned}$$

$$\begin{aligned}(5)\int\frac{1}{\sin^3x\cos x}dx&=\int\frac{\sin^2x+\cos^2x}{\sin^3x\cos x}dx=\int\frac{1}{\sin x\cos x}dx+\int\frac{\cos x}{\sin^3x}dx\\&=\int\frac{1}{\sin 2x}d(2x)+\int\frac{1}{\sin^3x}d\sin x=\int\csc 2x\,d(2x)-\frac{1}{2}\sin^{-2}x+C\\&=\ln|\csc 2x-\cot 2x|-\frac{1}{2}\sin^{-2}x+C\\&=\ln|\tan x|-\frac{1}{2}\sin^{-2}x+C.\end{aligned}$$

（6）由于

$$\int\frac{dx}{a^2\sin^2x+b^2\cos^2x}=\int\frac{\sec^2x}{a^2\tan^2x+b^2}dx=\int\frac{d(\tan x)}{a^2\tan^2x+b^2},$$

故令$t=\tan x$，则

$$\int\frac{dx}{a^2\sin^2x+b^2\cos^2x}=\int\frac{dt}{a^2t^2+b^2}=\frac{1}{ab}\arctan\frac{at}{b}+C=\frac{1}{ab}\arctan\left(\frac{a}{b}\tan x\right)+C.$$

总复习题5

1. 填空题

（1）设e^{-x}是$f(x)$的一个原函数，则$\int f(x)dx=$________；$\int e^xf'(x)dx=$________；$\int xf(x)dx=$________.

（2）已知$f(x)$的一个原函数为$\ln^2x$，则$\int xf'(x)dx=$________.

（3）$\int\frac{\ln x-1}{x^2}dx=$________.

（4）设$\int\arcsin\sqrt{x}\cdot f(x)dx=\frac{2}{3}x^{\frac{3}{2}}+C$，则$\int\frac{1}{f(x)}dx=$________.

(5) 设 $F(x)$ 是 $e^{-\cos x^2}$ 的一个原函数，则$\frac{dF(\sqrt{x})}{dx}=$________.

(6) 若 $f'(x)$ 是 x 的二次函数，且 $f(x)$ 在 $x=-1$，$x=5$ 处有极值，且 $f(0)=2$，$f(-2)=0$，则 $f(x)=$________.

*(7) 设 $f(x)=\begin{cases} e^x, & x<0 \\ x+1, & x\geqslant 0 \end{cases}$，则 $\int f(x)dx=$________.

解 (1) 由已知 e^{-x}是 $f(x)$ 的一个原函数，即

$$f(x)=(e^{-x})'=-e^{-x},$$

所以

$$\int f(x)dx=\int(-e^{-x})dx=e^{-x}+C;$$

$$\int e^x f'(x)dx=\int e^x df(x)=e^x f(x)-\int f(x)e^x dx$$

$$=e^x(-e^{-x})-\int e^x(-e^{-x})dx=x-1+C;$$

$$\int xf(x)dx=\int xde^{-x}=xe^{-x}-\int e^{-x}dx=xe^{-x}+e^{-x}+C.$$

(2) 由已知，$f(x)$ 的一个原函数为$\ln^2 x$，即

$$f(x)=(\ln^2 x)'=\frac{2}{x}\ln x,$$

所以

$$\int xf'(x)dx=\int xdf(x)=xf(x)-\int f(x)dx=2\ln x-2\int\frac{\ln x}{x}dx$$

$$=2\ln x-2\int\ln x d\ln x=2\ln x-(\ln x)^2+C.$$

(3) $$\int\frac{\ln x-1}{x^2}dx=-\int\ln x d\left(\frac{1}{x}\right)-\int\frac{1}{x^2}dx=-\left(\frac{\ln x}{x}-\int\frac{1}{x^2}dx\right)-\int\frac{1}{x^2}dx$$

$$=-\frac{\ln x}{x}+C.$$

(4) 由已知 $\int\arcsin\sqrt{x}\cdot f(x)dx=\frac{2}{3}x^{\frac{3}{2}}+C$，等式两边同时对 x 求导数，得到

$$\arcsin\sqrt{x}f(x)=x^{\frac{1}{2}},$$

所以

$$f(x)=\frac{x^{\frac{1}{2}}}{\arcsin\sqrt{x}}.$$

进而

$$\int\frac{1}{f(x)}dx=\int\frac{\arcsin\sqrt{x}}{\sqrt{x}}dx=2\int\arcsin\sqrt{x}d\sqrt{x}$$

$$= 2\left(\sqrt{x}\arcsin\sqrt{x} - \frac{1}{2}\int\frac{1}{\sqrt{1-x}}\mathrm{d}x\right)$$
$$= 2\sqrt{x}\arcsin\sqrt{x} + \int\frac{1}{\sqrt{1-x}}\mathrm{d}(1-x)$$
$$= 2\sqrt{x}\arcsin\sqrt{x} + 2\sqrt{1-x} + C.$$

(5) 由已知，$F(x)$ 是 $\mathrm{e}^{-\cos x^2}$ 的一个原函数，即 $F'(x)=\mathrm{e}^{-\cos x^2}$，所以

$$\frac{\mathrm{d}F(\sqrt{x})}{\mathrm{d}x}=F'(\sqrt{x})\frac{1}{2\sqrt{x}}=\frac{1}{2\sqrt{x}}\mathrm{e}^{-\cos x}.$$

(6) 由已知，$f'(x)$ 是 x 的二次函数，且 $f(x)$ 在 $x=-1$，$x=5$ 处有极值，设

$$f'(x)=A(x+1)(x-5),$$

所以

$$\int f'(x)\mathrm{d}x = \int A(x+1)(x-5)\mathrm{d}x = A\left(\frac{x^3}{3}-2x^2-5x\right)+C,$$

又 $f(0)=2$，$f(-2)=0$，代入上式，得到

$$C=2,\quad A\left(\frac{-8}{3}-8+10\right)+C=0,$$

解得 $A=3$，$C=2$，从而

$$f(x)=3\left(\frac{x^3}{3}-2x^2-5x\right)+2=x^3-6x^2-15x+2.$$

(7) 当 $x<0$ 时，

$$f(x)=\int\mathrm{e}^x\mathrm{d}x=\mathrm{e}^x+C_1;$$

当 $x>0$ 时，

$$f(x)=\int(x+1)\mathrm{d}x=\frac{x^2}{2}+x+C_2;$$

又因为 $f(x)$ 在 $(-\infty, +\infty)$ 上连续，故在 $(-\infty, +\infty)$ 上存在原函数. 由原函数的连续性，得

$$\lim_{x\to0^-}(\mathrm{e}^x+C_1)=\lim_{x\to0^+}\left(\frac{x^2}{2}+x+C_2\right),$$

即 $1+C_1=C_2$，所以

$$f(x)=\begin{cases}\mathrm{e}^x+C_1, & x<0\\ \dfrac{x^2}{2}+x+C_1+1, & x\geqslant0\end{cases}.$$

2. 选择题

(1) 若 $F'(x)=f(x)$，则下列式子不正确的是（　　）.

(A) $\int e^x f(e^x)dx = F(e^x)+C$；　(B) $\int \frac{f(\tan x)}{\cos^2 x}dx = F(\tan x)+C$；

(C) $\int -f(3-x)dx = F(3-x)+C$；　(D) $\int \frac{f\left(\frac{1}{x}\right)}{x^2}dx = F\left(\frac{1}{x}\right)+C$.

(2) 下列等式成立的是（　　）.

(A) $\int f'(x)dx = f(x)$；　(B) $\int df(x) = f(x)$；

(C) $\frac{d}{dx}\int f(x)dx = f(x)$；　(D) $d\int f(x)dx = f(x)$.

(3) 已知 $f'(\cos x)=\sin x$，则 $f(\cos x)=$（　　）.

(A) $-\cos x+C$；　(B) $\cos x+C$；

(C) $\frac{1}{2}(\sin x\cos x-x)+C$；　(D) $\frac{1}{2}(x-\sin x\cos x)+C$.

(4) 设 $f(x)$ 为连续函数，且 $F'(x)=f(x)$，a，b 为常数，则下列各式不正确的是（　　）.

(A) $\int f(ax+b)dx = \frac{1}{a}F(ax+b)+C \quad (a\neq 0)$；

(B) $\int f(x^n)x^{n-1}dx = F(x^n)+C$；

(C) $\int f(\ln ax)\frac{1}{x}dx = F(\ln ax)+C \quad (a>0)$；

(D) $\int f(e^x)e^x dx = F(e^x)+C$.

(5) 若 $\int xf(x)dx = \arcsin x + C$，则 $\int \frac{1}{f(x)}dx =$（　　）.

(A) $-\frac{1}{3}\sqrt{(1-x^2)^3}+C$；　(B) $-\frac{3}{4}\sqrt{(1-x^2)^3}+C$；

(C) $\frac{2}{3}\sqrt[3]{(1-x^2)^2}+C$；　(D) $\frac{3}{4}\sqrt[3]{(1-x^2)^2}+C$.

(6) $\int e^{\sin x}\sin x\cos x dx =$（　　）.

(A) $e^{\sin x}+C$；　(B) $e^{\sin x}\sin x+C$；

(C) $e^{\sin x}\cos x+C$；　(D) $e^{\sin x}(\sin x-1)+C$.

解　(1) 由于

$$\int e^x f(e^x)dx = \int f(e^x)de^x = F(e^x)+C,$$

因此选项（A）正确；由于

$$\int \frac{f(\tan x)}{\cos^2 x}dx = \int f(\tan x)d\tan x = F(\tan x)+C,$$

因此选项（B）正确；又因为

$$\int -f(3-x)\mathrm{d}x=\int f(3-x)\mathrm{d}(3-x)=F(3-x)+C,$$

因此选项（C）正确；选项（D）不正确，正确过程应该为

$$\int \frac{f\left(\frac{1}{x}\right)}{x^2}\mathrm{d}x=-\int f\left(\frac{1}{x}\right)\mathrm{d}\left(\frac{1}{x}\right)=-F\left(\frac{1}{x}\right)+C.$$

故选（D）.

（2）对于选项（A），正确过程应该为

$$\int f'(x)\mathrm{d}x=f(x)+C;$$

对于选项（B），正确过程应该为

$$\int \mathrm{d}f(x)=f(x)+C;$$

对于选项（D），正确过程应该为

$$\mathrm{d}\int f(x)\mathrm{d}x=f(x)\mathrm{d}x.$$

故选（C）.

（3）因为

$$f'(\cos x)=\sin x,$$

所以

$$\begin{aligned}f(\cos x)&=\int f'(\cos x)\mathrm{d}\cos x=\int \sin x\mathrm{d}\cos x=-\int \sin^2 x\mathrm{d}x\\&=-\int \frac{1-\cos 2x}{2}\mathrm{d}x=\int \frac{\cos 2x}{4}\mathrm{d}(2x)-\int \frac{1}{2}\mathrm{d}x\\&=\frac{1}{4}\sin 2x-\frac{1}{2}x+C=\frac{1}{2}\sin x\cos x-\frac{1}{2}x+C,\end{aligned}$$

故选（C）.

（4）选项（A）正确，

$$\int f(ax+b)\mathrm{d}x=\frac{1}{a}\int f(ax+b)\mathrm{d}(ax+b)=\frac{1}{a}F(ax+b)+C\quad(a\neq 0);$$

选项（B）不正确，正确过程应该为

$$\int f(x^n)x^{n-1}\mathrm{d}x=\frac{1}{n}\int f(x^n)\mathrm{d}x^n=\frac{1}{n}F(x^n)+C;$$

选项（C）正确，

$$\int f(\ln ax)\frac{1}{x}\mathrm{d}x=\int f(\ln ax)\mathrm{d}\ln ax=F(\ln ax)+C\quad(a>0);$$

选项（D）正确，

$$\int f(\mathrm{e}^x)\mathrm{e}^x\mathrm{d}x=\int f(\mathrm{e}^x)\mathrm{d}\mathrm{e}^x=F(\mathrm{e}^x)+C.$$

故选（B）.

（5）等式 $\int xf(x)\mathrm{d}x=\arcsin x+C$ 两边同时对 x 求导数，得到

$$xf(x)=\frac{1}{\sqrt{1-x^2}},$$

即 $f(x)=\frac{1}{x\sqrt{1-x^2}}$，所以

$$\int\frac{1}{f(x)}\mathrm{d}x=\int x\sqrt{1-x^2}\mathrm{d}x=-\frac{1}{2}\int\sqrt{1-x^2}\mathrm{d}(1-x^2)=-\frac{1}{3}(1-x^2)^{\frac{3}{2}}+C,$$

故选（A）.

（6）由于

$$\int\mathrm{e}^{\sin x}\sin x\cos x\mathrm{d}x=\int\mathrm{e}^{\sin x}\sin x\mathrm{d}\sin x,$$

记 $t=\sin x$，则

$$\begin{aligned}\text{原式}&=\int\mathrm{e}^t t\mathrm{d}t=\int t\mathrm{d}\mathrm{e}^t=t\mathrm{e}^t-\int\mathrm{e}^t\mathrm{d}t\\&=t\mathrm{e}^t-\mathrm{e}^t+C=\sin x\mathrm{e}^{\sin x}-\mathrm{e}^{\sin x}+C,\end{aligned}$$

故选（D）.

3. 求下列不定积分：

（1）$\int\frac{x}{(1-x)^3}\mathrm{d}x$；

（2）$\int\sin^3x\cos^2x\mathrm{d}x$；

（3）$\int\tan^4x\mathrm{d}x$；

（4）$\int\frac{1}{x^2\sqrt{x^2-1}}\mathrm{d}x$；

（5）$\int\frac{\sqrt[3]{x}}{x(\sqrt{x}+\sqrt[3]{x})}\mathrm{d}x$；

（6）$\int\frac{\mathrm{d}x}{(4-x^2)^{\frac{5}{2}}}$；

（7）$\int\frac{1}{x^4\sqrt{1+x^2}}\mathrm{d}x$；

（8）$\int x\cos^2x\mathrm{d}x$；

（9）$\int\mathrm{e}^x\sin^2x\mathrm{d}x$；

（10）$\int\sin(\ln x)\mathrm{d}x$；

（11）$\int\frac{\sin x\cos x}{1+\sin^4x}\mathrm{d}x$；

（12）$\int\frac{\mathrm{d}x}{1+\tan x}$；

（13）$\int x\cos x\sin x\mathrm{d}x$；

（14）$\int\frac{x\mathrm{d}x}{x^4+2x^2+5}$；

(15) $\int \frac{e^{2x}+e^{x}}{e^{2x}-e^{x}+1}dx$； (16) $\int \frac{x^{11}}{x^{8}+3x^{4}+2}dx$.

解 (1) $\int \frac{x}{(1-x)^{3}}dx=-\int \frac{1-x-1}{(1-x)^{3}}dx=-\int \frac{1}{(1-x)^{2}}dx+\int \frac{1}{(1-x)^{3}}dx$

$$=\int \frac{1}{(1-x)^{2}}d(1-x)-\int \frac{1}{(1-x)^{3}}d(1-x)=\frac{1}{2(1-x)^{2}}-\frac{1}{1-x}+C.$$

(2) $\int \sin^{3}x\cos^{2}xdx=-\int \sin^{2}x\cos^{2}xd\cos x=-\int (1-\cos^{2}x)\cos^{2}xd\cos x$

$$=\int (\cos^{4}x-\cos^{2}x)d\cos x=\frac{\cos^{5}x}{5}-\frac{\cos^{3}x}{3}+C.$$

(3) $\int \tan^{4}xdx=\int (\sec^{2}x-1)^{2}dx=\int (\sec^{4}x-2\sec^{2}x+1)dx$

$$=\int \sec^{2}xd\tan x-2\tan x+x=\int (\tan^{2}x+1)d\tan x-2\tan x+x$$

$$=\frac{\tan^{3}x}{3}-\tan x+x+C.$$

(4) 当 $x>1$ 时，令 $x=\sec t$，$t\in\left(0, \frac{\pi}{2}\right)$，则 $dx=\sec t\tan tdt$，从而

$$原式=\int \frac{1}{\sec^{2}t\cdot\tan t}\sec t\tan tdt=\int \cos tdt=\sin t+C=\frac{\sqrt{x^{2}-1}}{x}+C$$

(回代过程见图 5.6).

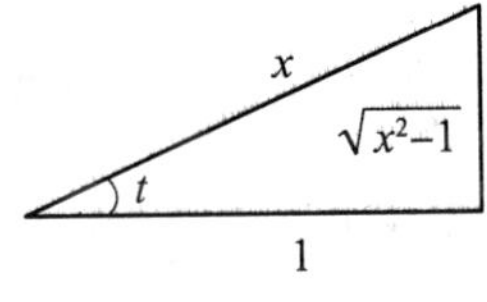

图 5.6

当 $x<-1$ 时，令 $x=-\sec t$，$t\in\left(0, \frac{\pi}{2}\right)$，则 $dx=-\sec t\tan tdt$，从而

$$原式=-\int \frac{1}{\sec^{2}t\cdot\tan t}\sec t\tan tdt=-\int \cos tdt=-\sin t+C=\frac{\sqrt{x^{2}-1}}{x}+C$$

(回代过程见图 5.7).

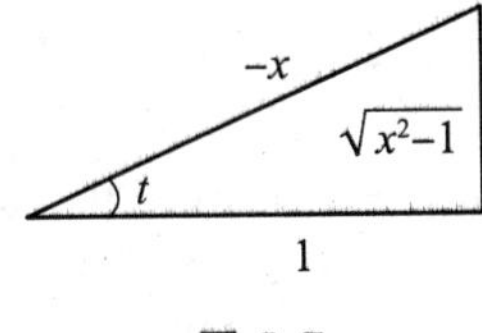

图 5.7

综上所述，原式$=\frac{\sqrt{x^{2}-1}}{x}+C$.

(5) 令 $t=\sqrt[6]{x}$，则 $x=t^6$，$\mathrm{d}x=6t^5\mathrm{d}t$，从而

$$原式=6\int\frac{1}{t+t^2}\mathrm{d}t=6\int\left(\frac{1}{t}-\frac{1}{t+1}\right)\mathrm{d}t=6\ln|t|-6\ln|t+1|+C=6\ln\frac{\sqrt[6]{x}}{\sqrt[6]{x}+1}+C.$$

(6) 令 $x=2\sin t$，$t\in\left(-\frac{\pi}{2},\frac{\pi}{2}\right)$，则 $\mathrm{d}x=2\cos t\mathrm{d}t$，则

$$\begin{aligned}原式&=\frac{1}{2^4}\int\frac{1}{\cos^4 t}\mathrm{d}t=\frac{1}{2^4}\int\sec^2 t\mathrm{d}\tan t=\frac{1}{2^4}\int(\tan^2 t+1)\mathrm{d}\tan t\\&=\frac{1}{2^4}\left(\frac{\tan^3 t}{3}+\tan t\right)+C\\&=\frac{1}{48}\left(\frac{x}{\sqrt{4-x^2}}\right)^3+\frac{1}{16}\frac{x}{\sqrt{4-x^2}}+C(回代过程见图 5.8).\end{aligned}$$

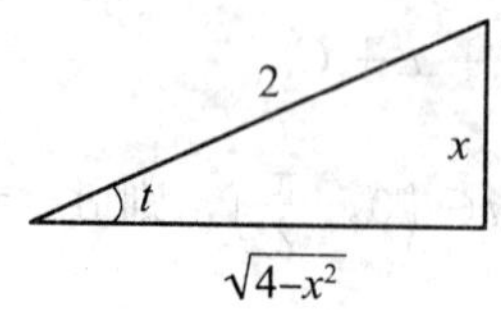

图 5.8

(7) 令 $x=\tan t$，$t\in\left(-\frac{\pi}{2},0\right)\cup\left(0,\frac{\pi}{2}\right)$，则 $\mathrm{d}x=\sec^2 t\mathrm{d}t$，则

$$\begin{aligned}原式&=\int\frac{\cos^3 t}{\sin^4 t}\mathrm{d}t=\int\frac{1-\sin^2 t}{\sin^4 t}\mathrm{d}\sin t=-\frac{1}{3}(\sin t)^{-3}+\frac{1}{\sin t}+C\\&=-\frac{1}{3}\left(\frac{x}{\sqrt{1+x^2}}\right)^{-3}+\frac{\sqrt{1+x^2}}{x}+C(回代过程见图 5.9).\end{aligned}$$

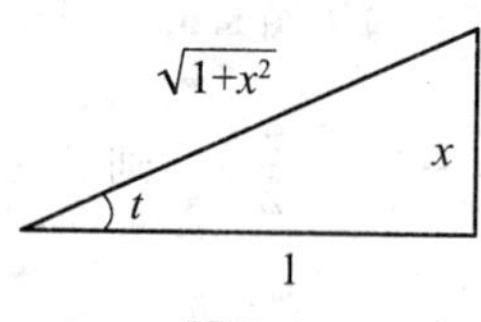

图 5.9

(8) $$\begin{aligned}\int x\cos^2 x\mathrm{d}x&=\int x\cdot\frac{1+\cos 2x}{2}\mathrm{d}x=\frac{1}{2}\left(\int x\mathrm{d}x+\int x\cos 2x\mathrm{d}x\right)\\&=\frac{x^2}{4}+\frac{1}{4}\int x\mathrm{d}\sin 2x\\&=\frac{x^2}{4}+\frac{1}{4}\left[x\sin 2x-\frac{1}{2}\int\sin 2x\mathrm{d}(2x)\right]\\&=\frac{x^2}{4}+\frac{1}{4}x\sin 2x+\frac{1}{8}\cos 2x+C.\end{aligned}$$

(9) 由题意，有

$$\int\mathrm{e}^x\sin^2 x\mathrm{d}x=\int\mathrm{e}^x\frac{1-\cos 2x}{2}\mathrm{d}x=\frac{\mathrm{e}^x}{2}-\frac{1}{2}\int\cos 2x\cdot\mathrm{e}^x\mathrm{d}x.$$

记 $I=\int\cos2x\cdot e^{x}dx$，则

$$I=\int\cos2x de^{x}=\cos2x\cdot e^{x}+2\int\sin2x de^{x}$$
$$=\cos2x\cdot e^{x}+2(\sin2x\cdot e^{x}-2\int e^{x}\cos2x dx)$$
$$=\cos2x\cdot e^{x}+2\sin2x\cdot e^{x}-4I,$$

所以

$$5I=\cos2x\cdot e^{x}+2\sin2x\cdot e^{x}+C_1,$$

即

$$I=\frac{1}{5}(e^{x}\cos2x+2e^{x}\sin2x)+C',$$

代入原式，得

$$\text{原式}=\frac{1}{2}e^{x}-\frac{1}{10}e^{x}(\cos2x+2\sin2x)+C.$$

(10) $$\int\sin(\ln x)dx=x\sin(\ln x)-\int x\cos(\ln x)\frac{1}{x}dx$$
$$=x\sin(\ln x)-\int\cos(\ln x)dx$$
$$=x\sin(\ln x)-x\cos(\ln x)-\int x\sin(\ln x)\frac{1}{x}dx,$$

移项得

$$2\int\sin(\ln x)dx=x\sin(\ln x)-x\cos(\ln x)+C_1,$$

所以

$$\int\sin(\ln x)dx=\frac{x}{2}[\sin(\ln x)-\cos(\ln x)]+C.$$

注 本例也可以结合第二类换元法进行求解. 令 $t=\ln x$，则 $x=e^{t}$，从而 $\int\sin(\ln x)dx=\int e^{t}\sin t dt$.

(11) $$\int\frac{\sin x\cos x}{1+\sin^4 x}dx=\frac{1}{2}\int\frac{1}{1+\sin^4 x}d\sin^2 x=\frac{1}{2}\arctan(\sin^2 x)+C.$$

(12) $$\int\frac{dx}{1+\tan x}=\int\frac{\cos x}{\cos x+\sin x}dx=\frac{1}{2}\int\frac{(-\sin x+\cos x)+(\sin x+\cos x)}{\cos x+\sin x}dx$$
$$=\frac{1}{2}\left[\int 1dx+\int\frac{1}{\cos x+\sin x}d(\sin x+\cos x)\right]$$
$$=\frac{x}{2}+\frac{1}{2}\ln|\sin x+\cos x|+C.$$

(13) $\int x\cos x\sin x\mathrm{d}x=\frac{1}{2}\int x\mathrm{d}\sin^2 x=\frac{1}{2}\left(x\sin^2 x-\int\sin^2 x\mathrm{d}x\right)$

$$=\frac{1}{2}\left(x\sin^2 x-\int\frac{1-\cos 2x}{2}\mathrm{d}x\right)$$

$$=\frac{1}{2}x\sin^2 x-\frac{x}{4}+\int\frac{\cos 2x}{8}\mathrm{d}(2x)$$

$$=\frac{1}{2}x\sin^2 x-\frac{x}{4}+\frac{\sin 2x}{8}+C.$$

(14) $\int\frac{x\mathrm{d}x}{x^4+2x^2+5}=\frac{1}{2}\int\frac{\mathrm{d}x^2}{x^4+2x^2+5}=\frac{1}{2}\int\frac{1}{(x^2+1)^2+4}\mathrm{d}(x^2+1)$

$$=\frac{1}{4}\arctan\left(\frac{x^2+1}{2}\right)+C.$$

(15) 由于

$$\int\frac{\mathrm{e}^{2x}+\mathrm{e}^x}{\mathrm{e}^{2x}-\mathrm{e}^x+1}\mathrm{d}x=\int\frac{\mathrm{e}^x+1}{\mathrm{e}^{2x}-\mathrm{e}^x+1}\mathrm{d}\mathrm{e}^x,$$

记 $t=\mathrm{e}^x$，则

$$\text{原式}=\int\frac{t+1}{t^2-t+1}\mathrm{d}t=\frac{1}{2}\int\frac{1}{t^2-t+1}\mathrm{d}(t^2-t+1)+\frac{3}{2}\int\frac{1}{t^2-t+1}\mathrm{d}t$$

$$=\frac{1}{2}\ln|t^2-t+1|+\frac{3}{2}\int\frac{1}{\left(t-\frac{1}{2}\right)^2+\frac{3}{4}}\mathrm{d}\left(t-\frac{1}{2}\right)$$

$$=\frac{1}{2}\ln|t^2-t+1|+\sqrt{3}\arctan\frac{2}{\sqrt{3}}\left(t-\frac{1}{2}\right)+C$$

$$=\frac{1}{2}\ln|\mathrm{e}^{2x}-\mathrm{e}^x+1|+\sqrt{3}\arctan\frac{2}{\sqrt{3}}\left(\mathrm{e}^x-\frac{1}{2}\right)+C.$$

(16) 由于

$$\int\frac{x^{11}}{x^8+3x^4+2}\mathrm{d}x=\frac{1}{4}\int\frac{x^8}{x^8+3x^4+2}\mathrm{d}(x^4),$$

记 $t=x^4$，则

$$\text{原式}=\frac{1}{4}\int\frac{t^2}{t^2+3t+2}\mathrm{d}t=\frac{1}{4}\int\left(1-\frac{\frac{3}{2}(2t+3)-\frac{5}{2}}{t^2+3t+2}\right)\mathrm{d}t$$

$$=\frac{1}{4}\left[t-\frac{3}{2}\int\frac{1}{t^2+3t+2}\mathrm{d}(t^2+3t+2)+\frac{5}{2}\int\frac{1}{t^2+3t+2}\mathrm{d}t\right]$$

$$=\frac{1}{4}\left[t-\frac{3}{2}\ln|t^2+3t+2|+\frac{5}{2}\int\frac{1}{\left(t+\frac{3}{2}\right)^2-\frac{1}{4}}\mathrm{d}\left(t+\frac{3}{2}\right)\right]$$

$$=\frac{1}{4}t-\frac{3}{8}\ln|t^2+3t+2|+\frac{5}{8}\cdot\frac{1}{2\cdot\frac{1}{2}}\ln\left|\frac{t+\frac{3}{2}-\frac{1}{2}}{t+\frac{3}{2}+\frac{1}{2}}\right|+C$$

$$= \frac{1}{4}x^4 - \frac{3}{8}\ln|x^8+3x^4+2| + \frac{5}{8}\ln\left|\frac{x^4+1}{x^4+2}\right| + C$$

$$= \frac{1}{4}x^4 + \frac{1}{4}\ln(x^4+1) - \ln(x^4+2) + C.$$

4. 求下列不定积分：

(1) $\int \frac{dx}{\sin 2x + 2\sin x}$；　　(2) $\int e^x(x+1)\ln x dx$；

(3) $\int \frac{xe^x}{\sqrt{e^x-2}}dx$；　　(4) $\int \frac{(x+1)\arcsin x}{\sqrt{1-x^2}}dx$；

(5) $\int \frac{x+\ln(1-x)}{x^2}dx$；　　(6) $\int \frac{\arctan e^x}{e^x}dx$；

(7) $\int \frac{1}{(2-x)\sqrt{1-x}}dx$；　　(8) $\int \frac{x^2}{1+x^2}\arctan x dx$.

解　(1) $\int \frac{dx}{\sin 2x + 2\sin x} = \int \frac{1-\cos x}{2\sin x(1-\cos^2 x)}dx = \int \frac{1-\cos x}{2\sin^3 x}dx$

$$= \int \frac{1}{2\sin^3 x}dx - \int \frac{1}{2\sin^3 x}d\sin x = \frac{1}{2}\int \frac{1}{\sin^3 x}dx + \frac{1}{4}\frac{1}{\sin^2 x},$$

其中

$$\int \frac{1}{\sin^3 x}dx = -\int \csc x d\cot x = -\csc x\cot x - \int \cot^2 x\csc x dx$$

$$= -\csc x\cot x - \int(\csc^2 x - 1)\csc x dx,$$

移项得

$$2\int \csc^3 x dx = -\csc x\cot x + \int \csc x dx = -\csc x\cot x + \ln|\csc x - \cot x| + C_1,$$

所以

$$\int \csc^3 x dx = -\frac{1}{2}\csc x\cot x + \frac{1}{2}\ln|\csc x - \cot x| + \frac{1}{2}C_1,$$

将其代入原式得

$$原式 = -\frac{1}{4}\csc x\cot x + \frac{1}{4}\ln|\csc x - \cot x| + \frac{1}{4}\csc^2 x + C.$$

(2) 由题意，有

$$\int e^x(x+1)\ln x dx = \int e^x x\ln x dx + \int e^x \ln x dx,$$

而

$$\int e^x x\ln x dx = \int x\ln x de^x = x\ln x e^x - \int e^x d(x\ln x)$$

$$= x\ln x e^x - \int e^x(\ln x + 1)dx = x\ln x e^x - \int e^x \ln x dx - e^x,$$

将其代入原式得

$$原式 = x\ln x e^x - \int e^x\ln x dx - e^x + \int e^x \ln x dx = x\ln x e^x - e^x + C.$$

(3) 令 $t=\sqrt{e^x-2}$，则 $x=\ln(2+t^2)$，$dx=\frac{2t}{2+t^2}dt$，从而

$$\begin{aligned}原式 &= 2\int \ln(2+t^2)dt = 2\left[t\ln(2+t^2) - 2\int \frac{t^2+2-2}{t^2+2}dt\right] \\ &= 2\left[t\ln(2+t^2) - 2\left(\int 1dt - 2\int \frac{1}{t^2+2}dt\right)\right] \\ &= 2t\ln(2+t^2) - 4t + 8\frac{1}{\sqrt{2}}\arctan\frac{t}{\sqrt{2}} + C \\ &= 2x\sqrt{e^x-2} - 4\sqrt{e^x-2} + 4\sqrt{2}\arctan\sqrt{\frac{e^x-2}{2}} + C.\end{aligned}$$

(4) $$\begin{aligned}\int \frac{(x+1)\arcsin x}{\sqrt{1-x^2}}dx &= -\int \arcsin x d\sqrt{1-x^2} + \int \arcsin x d\arcsin x \\ &= -\arcsin x\sqrt{1-x^2} + \int 1dx + \int \arcsin x d\arcsin x \\ &= -\sqrt{1-x^2}\arcsin x + x + \frac{(\arcsin x)^2}{2} + C.\end{aligned}$$

(5) $$\begin{aligned}\int \frac{x+\ln(1-x)}{x^2}dx &= \int\left[\frac{1}{x} + \frac{\ln(1-x)}{x^2}\right]dx = \ln|x| - \int \ln(1-x)d\left(\frac{1}{x}\right) \\ &= \ln|x| - \frac{\ln(1-x)}{x} - \int \frac{1}{x(1-x)}dx \\ &= \ln|x| - \frac{\ln(1-x)}{x} - \int \frac{1-x+x}{x(1-x)}dx \\ &= \ln|x| - \frac{\ln(1-x)}{x} - \int\left(\frac{1}{x} + \frac{1}{1-x}\right)dx \\ &= \ln|x| - \frac{\ln(1-x)}{x} - \ln|x| + \ln(1-x) + C \\ &= -\frac{\ln(1-x)}{x} + \ln(1-x) + C.\end{aligned}$$

(6) $$\begin{aligned}\int \frac{\arctan e^x}{e^x}dx &= -\int \arctan e^x de^{-x} = -e^{-x}\arctan e^x + \int \frac{1}{1+e^{2x}}dx \\ &= -e^{-x}\arctan e^x + \int \frac{1+e^{2x}-e^{2x}}{1+e^{2x}}dx \\ &= -e^{-x}\arctan e^x + \int\left(1 - \frac{e^{2x}}{1+e^{2x}}\right)dx \\ &= -e^{-x}\arctan e^x + x - \frac{1}{2}\int \frac{1}{1+e^{2x}}d(1+e^{2x})\end{aligned}$$

$$=-e^{-x}\arctan e^{x}+x-\frac{1}{2}\ln(1+e^{2x})+C.$$

(7) 令 $t=\sqrt{1-x}$，则 $x=1-t^2$，$dx=-2tdt$，则

原式 $=-2\int\frac{1}{1+t^2}dt=-2\arctan t+C=-2\arctan\sqrt{1-x}+C.$

(8)
$$\begin{aligned}\int\frac{x^2}{1+x^2}\arctan x dx&=\int\frac{1+x^2-1}{1+x^2}\arctan x dx\\&=\int\arctan x dx-\int\frac{1}{1+x^2}\arctan x dx\\&=x\arctan x-\int\frac{x}{1+x^2}dx-\int\arctan x d\arctan x\\&=x\arctan x-\frac{1}{2}\int\frac{1}{1+x^2}d(1+x^2)-\int\arctan x d\arctan x\\&=x\arctan x-\frac{1}{2}\ln(1+x^2)-\frac{1}{2}(\arctan x)^2+C.\end{aligned}$$

5. 解答题.

(1) 设 $f(\sin^2 x)=\frac{x}{\sin x}$，其中 $0<x<1$，求 $\int\frac{\sqrt{x}}{\sqrt{1-x}}f(x)dx.$

(2) 设 $f(x)=\frac{\sin x}{x}$，求 $\int xf''(x)dx.$

解 (1) 设 $t=\sin^2 x$，则

$$\sin x=\sqrt{t},\ x=\arcsin\sqrt{t},\ f(t)=\frac{\arcsin\sqrt{t}}{\sqrt{t}},$$

所以

$$\begin{aligned}\int\frac{\sqrt{x}}{\sqrt{1-x}}f(x)dx&=\int\frac{\sqrt{x}}{\sqrt{1-x}}\frac{\arcsin\sqrt{x}}{\sqrt{x}}dx=\int\frac{\arcsin\sqrt{x}}{\sqrt{1-x}}dx\\&=-2\int\arcsin\sqrt{x}d\sqrt{1-x}\\&=-2\arcsin\sqrt{x}\cdot\sqrt{1-x}+\int\frac{1}{\sqrt{x}}dx\\&=-2\sqrt{1-x}\arcsin\sqrt{x}+2\sqrt{x}+C.\end{aligned}$$

(2) 因为 $f(x)=\frac{\sin x}{x}$，所以

$$f'(x)=\frac{x\cos x-\sin x}{x^2},$$

从而

$$\int xf''(x)dx=\int xdf'(x)=xf'(x)-\int f'(x)dx$$

$$= x \cdot \frac{x\cos x - \sin x}{x^2} - \frac{\sin x}{x} + C = \cos x - \frac{2\sin x}{x} + C.$$

6. 设 $I_n = \int \frac{1}{\sin^n x} dx$，其中 $n \geqslant 2$，证明 $I_n = -\frac{1}{n-1}\frac{\cos x}{\sin^{n-1} x} + \frac{n-2}{n-1} I_{n-2}$.

证 $I_n = \int \frac{1}{\sin^n x} dx = -\int \frac{1}{\sin^{n-2} x} d\cot x = -\frac{\cot x}{\sin^{n-2} x} - (n-2)\int \frac{\cos^2 x}{\sin^n x} dx$

$$= -\frac{\cot x}{\sin^{n-2} x} - (n-2)\int \frac{1-\sin^2 x}{\sin^n x} dx$$

$$= -\frac{\cos x}{\sin^{n-1} x} - (n-2) I_n + (n-2) I_{n-2},$$

移项得

$$(n-1) I_n = -\frac{\cos x}{\sin^{n-1} x} + (n-2) I_{n-2},$$

所以

$$I_n = -\frac{1}{n-1}\frac{\cos x}{\sin^{n-1} x} + \frac{n-2}{n-1} I_{n-2}.$$

第二部分　试题选编

期末考试试题一

一、填空题

1. $\lim\limits_{x\to\infty}\dfrac{x^2+x}{x^3+x+1}(2+\cos x)=$________.

2. $\lim\limits_{n\to\infty}\left(\dfrac{1}{n^2+1}+\dfrac{2}{n^2+2}+\cdots+\dfrac{n}{n^2+n}\right)=$________.

3. $f(x)$ 为可导函数且满足$\lim\limits_{x\to 0}\dfrac{f(1)-f(1-x)}{2x}=1$，则 $f'(1)=$________.

4. $(x^x)'=$________.

5. 设 $y=\ln\sin(x^2)$，则 $\mathrm{d}y=$________ $\mathrm{d}\sin(x^2)$.

6. 设$\int f(x)\mathrm{d}x=\arcsin 2x+C$，则 $f(x)=$________.

二、单项选择题

1. 设α和β是同一变化过程中的无穷小量和无穷大量，则 $\alpha+\beta$ 为该变化过程中的(　　).

(A) 无穷大量；　(B) 无穷小量；　(C) 有界变量；　(D) 无法确定.

2. 设 $f(x)=\begin{cases}\dfrac{1}{x}\sin x, & x<0\\ a-1, & x=0\\ x\sin\dfrac{1}{x}+b, & x>0\end{cases}$ 在 $x=0$ 处连续，则常数 a 和 b 分别为（　　）.

(A) $a=1$，$b=0$；　(B) $a=2$，$b=1$；　(C) $a=2$，$b=0$；　(D) $a=1$，$b=1$.

3. 设 $f(0)=0$，则 $f(x)$ 在 $x=0$ 处可导的一个充要条件是（　　）.

(A) $\lim\limits_{h\to+\infty}hf\left(\dfrac{1}{h}\right)$存在；　(B) $\lim\limits_{h\to 0}\dfrac{f(2h)-f(h)}{h}$存在；

(C) $\lim\limits_{h\to 0}\dfrac{1}{h}f(\mathrm{e}^h-1)$ 存在；　(D) $\lim\limits_{h\to 0}\dfrac{1}{h^2}f(\cos h-1)$ 存在.

4. 曲线 $y=x+\dfrac{x}{x^2-1}$（　　）.

(A) 有两条垂直渐近线和一条斜渐近线；　(B) 没有渐近线；

(C) 仅有两条垂直渐近线；　(D) 只有水平渐近线.

5. 设函数 $F_1(x)$，$F_2(x)$ 是区间 I 内连续函数 $f(x)$ 的两个不同的原函数，且 $f(x)\neq 0$，C 为某常数，则在 I 内必有（　　）.

(A) $F_1(x)+F_2(x)=C$；　(B) $F_1(x)-F_2(x)=C$；

(C) $F_1(x)F_2(x)=C$；　(D) $F_1(x)=CF_2(x)$.

三、计算题（一）

1. 求极限 $\lim\limits_{x\to+\infty}(\sqrt{x^2+x+1}-\sqrt{x^2-x+1})$.

2. 求极限$\lim\limits_{x\to 0}\dfrac{x-\sin x}{x^2(e^x-1)}$.

3. 设 $y=x\arccos x-\sqrt{1-x^2}$，求 y'.

4. 设 $y=xf(e^x)$，其中 $f''(x)$ 存在，求 y''.

5. 计算不定积分$\int\dfrac{x^3}{\sqrt{1-x^2}}dx$.

四、计算题（二）

1. 求极限$\lim\limits_{x\to 0}(\sin 2x+\cos x)^{\frac{1}{x}}$.

2. 设 $y=y(x)$ 是由方程 $e^x-e^y=xy$ 确定的隐函数.

（1）求曲线 $y=y(x)$ 在点 $x=0$ 处的切线方程；

（2）求$y''|_{x=0}$.

3. 设函数 $f(x)=\begin{cases}\dfrac{\sin x}{x}-x, & x\neq 0\\ 1, & x=0\end{cases}$,

（1）求 $f'(x)$；

（2）判断 $f'(x)$ 在点 $x=0$ 处是否连续；

（3）判断 $f'(x)$ 在点 $x=0$ 处是否可导.

4. 已知函数 $f(x)$ 在 $x=0$ 的某邻域内有连续导数，且$\lim\limits_{x\to 0}\left[\dfrac{\sin x}{x^2}+\dfrac{f(x)}{x}\right]=1$，求 $f'(0)$.

五、应用题

1. 作函数 $y=\dfrac{x}{1+x^2}$的图形（其中必须讨论函数的单调性、极值、凹凸性、拐点和渐近线）.

2. 设某商品的需求量 Q（单位：吨）与价格 P（单位：万元/吨）的关系是 $Q=30-2P$，总成本 C（单位：万元）与产量 Q（单位：吨）的关系是 $C(Q)=10+\dfrac{1}{4}Q^2$.

（1）求利润最大时的产量；

（2）求 $P=3$ 时的需求价格弹性，并说明该需求价格弹性的经济意义.

六、证明题

1. 证明：当 $0<x<\dfrac{\pi}{2}$时，$x+\dfrac{x^3}{3}<\tan x$.

2. 已知函数 $f(x)$ 在 $[0,1]$ 上连续，在 $(0,1)$ 内可导，且 $f(0)=0$，$f(1)=2$，$f(x)$ 为 x 的非线性函数（即 $f(x)$ 不是 x 的一次函数）. 证明：至少存在一点 $\xi\in(0,1)$，使得 $f'(\xi)<2$.

3. 证明：方程 $2^x-x^2=1$ 有且仅有三个实根.

期末考试试题二

一、填空题

1. 若对$\forall \varepsilon>0$，$\exists \delta>0$，当$0<|x-0|<\delta$时，有$\left|\dfrac{f(x)}{x}-1\right|<\varepsilon$，则$\lim\limits_{x\to 0}f(x)=$________.

2. 设$u_n=\dfrac{n}{\sqrt{n^3+n}}\sin\sqrt{n}$，则$\lim\limits_{n\to\infty}u_n=$________.

3. 设函数$f(x)=\begin{cases}(\cos x)^{\frac{1}{x}}, & x\neq 0\\ \mathrm{e}, & x=0\end{cases}$，则$x=0$为$f(x)$的________间断点.

4. 若$f(x)$可导，则$\lim\limits_{h\to 0}\dfrac{h}{f(0)-f(-2h)}=3$，则$f'(0)=$________.

5. $\mathrm{d}\mathrm{e}^{\sin x^2}=$________ $\mathrm{d}(x^2)$.

6. 若$\int f(x)\mathrm{d}x=\arctan x+C$，则$\int xf(x^2)\mathrm{d}x=$________.

二、单项选择题

1. 当$x\to 0$时，与x^2不是等价无穷小量的是（　　）.

(A) $x+x^2$；　(B) $\sqrt{1+2x^2}-1$；　(C) $2(1-\cos x)$；　(D) $\ln(1+x^2)$.

2. 设函数$f(x)=\begin{cases}\sqrt{|x|}\sin\dfrac{1}{x^2}, & x\neq 0\\ 0, & x=0\end{cases}$，则$f(x)$在$x=0$处（　　）.

(A) 极限不存在；　(B) 极限存在但不连续；

(C) 连续但不可导；　(D) 可导.

3. 设函数$f(x)=(x-1)(x-3)(x-6)$，则方程$f'(x)=0$有（　　）个实根.

(A) 1；　(B) 2；　(C) 3；　(D) 4.

4. 已知$y=x\ln x$，则$y^{(10)}=$（　　）.

(A) $-\dfrac{1}{x^2}$；　(B) $\dfrac{1}{x^2}$；　(C) $-\dfrac{8!}{x^9}$；　(D) $\dfrac{8!}{x^9}$.

5. 若函数$f(x)$二阶可导，且$f'(0)=0$，$\lim\limits_{x\to 0}\dfrac{f''(x)}{|x|}=1$，则（　　）.

(A) $x=0$为极大值点；　(B) $x=0$为极小值点；

(C) $x=0$不为极值点；　(D) 以上都不对.

三、计算题（一）

1. 设$a>0$且$a\neq 1$，计算$\lim\limits_{x\to+\infty}(\sqrt{a^x+4}-\sqrt{a^x+1})$.

2. 计算$\lim\limits_{x\to\infty}\left(\sin\dfrac{2}{x}+\cos\dfrac{1}{x}\right)^x$.

3. 设$y=x^{x^2}+\mathrm{e}^{x^2}$，求$\dfrac{\mathrm{d}y}{\mathrm{d}x}$.

4. 设 y 为 x 的函数，由方程 $\ln\sqrt{x^2+y^2}=\arctan\dfrac{y}{x}$ 确定，求 dy.

5. 设 $f(x)$ 二阶可导，$y=\tan[f(x)]$，求 y''.

6. 求 $\displaystyle\int\frac{e^{2x}}{2+e^x}dx$.

7. 求 $\displaystyle\int\frac{1}{x^2\sqrt{9-x^2}}dx$.

四、计算题（二）

1. 设 $f(x)=\begin{cases}x^2\sin\dfrac{1}{x}, & x>0\\ 0, & x=0\\ \dfrac{1-\cos x^2}{x}, & x<0\end{cases}$，求 $f'(x)$，并求曲线在点（0，0）处的切线.

2. 求函数 $y=(x-1)\sqrt[3]{x^2}$ 的单调区间、极值、凹凸区间、拐点与渐近线.

3. 设某厂家打算生产一批商品投放市场，已知该商品的需求函数为 $P=10e^{-\frac{x}{2}}$，且最大需求量为 6，其中 x 表示需求量，P 表示价格，求：

（1）收益最大时的产量、最大收益和相应的价格；

（2）$x=4$ 时的收益弹性，并解释其经济意义.

五、证明题

1. 若函数 $f(x)$ 在 $[0,1]$ 上连续，在 $(0,1)$ 内可导，且 $f(0)f(1)<0$，求证：至少存在一点 $\xi\in(0,1)$，使得 $f(\xi)+\xi f'(\xi)=0$.

2. 证明 $\sqrt{2\,012}^{\sqrt{2\,013}}>\sqrt{2\,013}^{\sqrt{2\,012}}$.

期末考试试题三

一、填空题

1. 函数 $y=\sqrt{x^2-1}+\ln(x+2)$ 的连续区间是________.

2. 若函数 $f(x)=\begin{cases}x^2+a, & x\leqslant 0\\ x\sin\dfrac{2}{x}, & x>0\end{cases}$ 在 $(-\infty, +\infty)$ 上连续，则 $a=$________.

3. 若 $\lim\limits_{x\to\infty}\left(\dfrac{x^3-x^2+2x+1}{x^2+1}+ax+b\right)=0$，则 $a=$________，$b=$________.

4. 已知 $f(x)$ 是可导函数且满足 $\lim\limits_{h\to 0}\dfrac{h}{f(1-2h)-f(1)}=\dfrac{1}{3}$，则 $f'(1)=$________.

5. 当 $x\to 0$ 时，无穷小量 $x^2+\sin(2x+x^2)$ 是 x 的________阶无穷小量.

6. 若 $f(x)=x^{\tan x}$，则 $f'(x)=$________.

7. 设 $f'(x)=\sin\sqrt{x}$ $(x>0)$，又 $y=f(x^2)$，则 $\mathrm{d}y=$________.

8. 设 $f(x)$ 的一个原函数为 $\mathrm{e}^{-x}+\sin 2x$，则 $f'(x)=$________.

9. $f(x)=\sqrt{x}$ 按 $(x-1)$ 的幂展开的带皮亚诺型余项的三阶泰勒公式为________.

10. 函数 $y=\dfrac{x}{\sqrt{x^2-1}}$ 的水平渐近线为________.

二、计算题（一）

1. 求极限 $\lim\limits_{x\to 0}\dfrac{\arctan x-x}{\ln(1+2x^3)}$.

2. 求极限 $\lim\limits_{n\to\infty}(\sqrt{n+3\sqrt{n}}-\sqrt{n-\sqrt{n}})$.

3. 设函数 $y=\sqrt{x^2-a^2}-\arccos\dfrac{a}{x}$，其中常数 $a>0$，求 y'.

4. 设 $f(x)=\begin{cases}\dfrac{\mathrm{e}^x-1}{x}, & x<0\\ 1, & x=0\\ \dfrac{1-\cos x}{x^2}, & x>0\end{cases}$，求 $\lim\limits_{x\to+\infty}f(x)$，$\lim\limits_{x\to-\infty}f(x)$，$f'(0)$.

5. 求不定积分 $\displaystyle\int\frac{1}{\sqrt{x-x^2}}\mathrm{d}x$.

三、计算题（二）

1. 设 $f(x)=\begin{cases}\sin x+2a\mathrm{e}^x, & x<0\\ \tan 3x+2b(x-1)^3, & x\geqslant 0\end{cases}$，已知 $f(x)$ 在点 $x=0$ 处可导，请确定 a，b 的值.

2. 求由方程 $x^3+2y^3-6xy=0$ 确定的隐函数 $y=y(x)$ 的极值.

3. 求极限$\lim\limits_{x\to 0}\left(\frac{\tan x}{x}\right)^{\frac{1}{x^2}}$.

4. 设 $f(x)=\lim\limits_{n\to\infty}\frac{(n+2)x}{n\sin x+1}$，

(1) 写出 $f(x)$ 的表达式；

(2) 指出 $f(x)$ 的间断点及其所属类型.

四、应用题

1. 试作出函数 $y=e^{-\frac{1}{x}}$ 的图形.（其中必须具体写明函数的单调性、极值、凹凸性、拐点和渐近线的讨论步骤，再填到下面的横线上.）

($e^{-2}=0.135\,3$，$e^{-1}=0.367\,9$，$e^{-\frac{1}{2}}=0.606\,5$，$e^{\frac{1}{2}}=1.648\,7$，$e^{2}=7.389$，$e^{\frac{1}{4}}=1.284\,0$.)

函数的单调区间：______________________________.

函数的极值：______________________________.

函数的凹凸区间：______________________________.

函数的拐点：______________________________.

函数的渐近线：______________________________.

2. 已知某商品对价格的需求函数 $x=125-5p$，成本函数 $C(x)=100+x+x^2$，若生产的商品都能全部售出，试求：

(1) 利润最大时的产量；

(2) $p=20$ 时的需求价格弹性，并说明其经济意义.

五、证明题

1. 设函数 $f(x)$ 在 $[0,1]$ 上连续，在 $(0,1)$ 内可导，且 $f(0)=0$，$f(1)=1$，证明：存在 $0<\xi<\eta<1$，使得对 $\forall a$，$b>0$，$af'(\xi)+bf'(\eta)=a+b$ 成立.

2. 设函数 $f(x)$ 在 $[0,1]$ 上连续，在 $(0,1)$ 内可导，且 $f(0)=f(1)=0$，证明：在 $(0,1)$ 内至少存在一点 ξ，使得 $f'(\xi)=f\left(\frac{1}{n}\right)$，其中 n 为正整数.

期末考试试题四

一、填空题

1. 设函数 $f(x)$ 的定义域为 (1, 2)，则 $f(\ln x)$ 的定义域为________.

2. 已知 $\lim\limits_{n\to\infty}\dfrac{an^2+bn+5}{3n-2}=2$，则 $a=$________，$b=$________.

3. 设 $\lim\limits_{x\to 0}(1+2x)^{\frac{1}{x}}=\lim\limits_{x\to 0}\dfrac{\sin(\sin kx)}{x}$，则 $k=$________.

4. 设函数 $f(x)$ 可导，已知 $f(x)=e^{x^2}$，则 $\lim\limits_{h\to 0}\dfrac{f(1-2h)-f(1)}{h}=$________.

5. 已知 $\ln x$ 是连续函数 $f(x)$ 的一个原函数，则 $\int xf(1-x^2)\mathrm{d}x=$________.

6. 函数 $f(x)=\ln x$ 按 $(x-2)$ 的幂展开的带皮亚诺型余项的三阶泰勒公式为________.

二、单项选择题

1. 对 $\forall\varepsilon>0$，若数列 $\{x_n\}$ 在 a 的 ε 邻域 $(a-\varepsilon, a+\varepsilon)$ 内有无穷多个点，则（　　）.

(A) 数列 $\{x_n\}$ 必有极限，但不一定等于 a；

(B) 数列 $\{x_n\}$ 的极限存在，且一定等于 a；

(C) 数列 $\{x_n\}$ 的极限不一定存在；

(D) 数列 $\{x_n\}$ 的极限一定不存在.

2. 设当 $x\to 0$ 时，（　　）与 x 是等价无穷小量.

(A) $\sin 2x$；　　(B) $\sqrt{1+x}-1$；

(C) $x-\sin x$；　　(D) $\sqrt{1+x}-\sqrt{1-x}$.

3. 设 $f(x)=\begin{cases}x^2\sin\dfrac{1}{x}, & x\neq 0\\ 0, & x=0\end{cases}$，则 $f(x)$ 在 $x=0$ 处（　　）.

(A) 极限不存在；

(B) 极限存在但不连续；

(C) 连续但不可导；

(D) 可导.

4. 设 $f(x)$ 的导数在点 $x=2$ 处连续，有 $\lim\limits_{x\to 2}\dfrac{f'(x)}{x-2}=-1$，则（　　）.

(A) $x=2$ 是 $f(x)$ 的极小值点；

(B) $x=2$ 是 $f(x)$ 的极大值点；

(C) $(2, f(2))$ 是曲线 $y=f(x)$ 的拐点；

(D) $x=2$ 不是 $f(x)$ 的极值点，$(2, f(2))$ 也不是曲线 $y=f(x)$ 的拐点.

5. 设函数 $f(x)$ 在定义域内可导，$y=f(x)$ 的图像如下图所示.

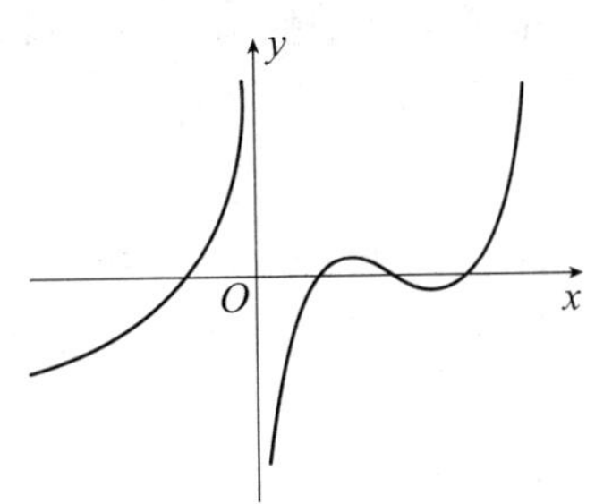

则其导函数的图像为（ ）.

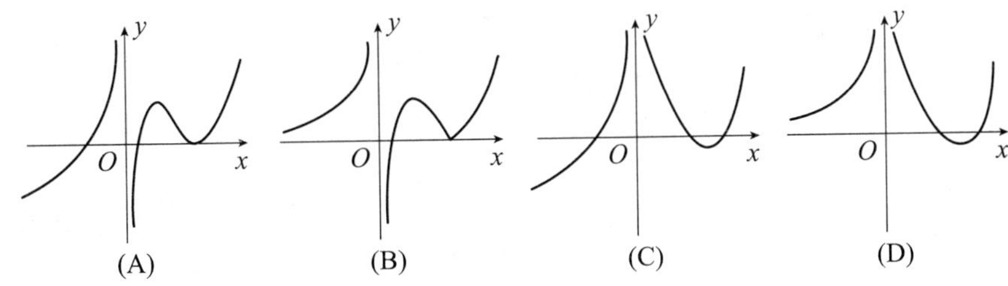

6. 当 $a=$（ ）时，函数 $f(x)=2x^3-9x^2+12x-a$ 恰有两个不同的零点.

（A）2；（B）4；（C）6；（D）8.

三、计算题（一）

1. 求极限 $\lim\limits_{x\to0}\left(\dfrac{1}{x^2}-\dfrac{1}{x\tan x}\right)$.

2. 已知 $y=f(x)$ 由方程 $\sin(xy)+e^y=2x$ 确定，求其在点 $\left(\dfrac{1}{2},0\right)$ 处的切线方程.

3. 求函数 $y=\ln x+x^{\sin\frac{1}{x}}$ 的微分 dy.

4. 求不定积分 $\displaystyle\int\frac{\sin\sqrt{x}}{\sqrt{x}}dx$.

四、计算题（二）

1. 求极限 $\lim\limits_{x\to+\infty}(x+\sqrt{1+x^2})^{\frac{1}{x}}$.

2. 设 $f(x)$ 具有二阶导数，求 $y=f(\ln x)+\ln f(x)$ 的二阶导数.

3. 设函数 $f(x)=\lim\limits_{n\to\infty}\dfrac{1-e^{nx}}{1+e^{nx}}$，讨论 $f(x)$ 的间断点的类型.

4. 设函数 $f(x)=ax^3-6ax^2+b$ 在区间 $[-1,2]$ 上的最大值为 3，最小值为 -29，又知 $a>0$，试求 a，b 的值.

五、应用题

1. 讨论函数 $y=\dfrac{x+1}{x^2}$ 的性态.（解题过程中必须具体写明函数的单调性、极值、凹凸性、拐点和渐近线的讨论步骤.）

2. 某企业销售某种商品，需求函数为 $P=20-4x$，其中 P 为价格，x 为需求量. 企业的平均成本为 $\overline{C}(x)=2$，政府向企业每单位商品征收税款 t，试求：

（1）t 值为多少时，在企业获得最大利润的情况下，政府总税额最大；

（2）$P=4$ 时的需求价格弹性，并说明其经济意义.

六、证明题

已知 $f(x)$ 在 $[1,3]$ 上连续，在 $(1,3)$ 内可导，且 $f(1)f(3)>0$，$f(1)f(2)<0$，证明：至少存在一点 $\xi\in(1,3)$，使得 $f'(\xi)-f(\xi)=0$ 成立.

期末考试试题五

一、填空题

1. 若 $f(x)=\dfrac{px^2-2}{x^2+1}+3qx+5$，则当 $x\to\infty$，$p=$________，$q=$________时，$f(x)$ 为无穷小量.

2. 设 $x_n\leqslant a\leqslant y_n(n=1,2,\cdots)$，且 $\lim\limits_{n\to\infty}(y_n-x_n)=0$，则 $\lim\limits_{n\to\infty}x_n=$________.

3. 已知 $f\left(\dfrac{1}{x}\right)=\dfrac{x}{x-1}$，则函数 $f(x)$ 的连续区间是________.

4. 设函数 $f(x)$ 在 $x=3$ 处连续，且 $\lim\limits_{x\to3}\dfrac{f(x)-2x}{x^2-9}=\dfrac{1}{3}$，则 $\lim\limits_{x\to3}f(x)=$________，$f'(3)=$________.

5. 设 $f'(x)=\sin x$，则 $f''(2^x)=$________，$[f'(2^x)]'=$________.

6. $f(x)=\dfrac{1}{x+2}$按 $(x-1)$ 的幂展开的带皮亚诺型余项的三阶泰勒公式为________.

7. 已知函数 $y=y(x)$ 在任意点 x 处的增量 $\Delta y=\dfrac{y\Delta x}{1+x^2}+\alpha$，其中 α 是 Δx 的高阶无穷小（当 $\Delta x\to0$ 时），$y(0)=\pi$，则 $\left.\dfrac{\mathrm{d}y}{\mathrm{d}x}\right|_{(0,\pi)}=$________.

8. 不定积分 $\displaystyle\int\frac{\mathrm{d}x}{x(1+\ln x)}=$________.

二、单项选择题

1. 下列结论正确的是（　　）.

(A) 设数列 $\{x_n\}$ 和 $\{y_n\}$ 都发散，则数列 $\{x_ny_n\}$ 一定发散；

(B) 设数列 $\{x_n\}$ 收敛，而数列 $\{y_n\}$ 发散，则数列 $\{x_n+y_n\}$ 一定发散；

(C) 设 $\lim\limits_{n\to\infty}x_n=0$，$\{y_n\}$ 为任意数列，则 $\lim\limits_{n\to\infty}x_ny_n=0$；

(D) 设 $\lim\limits_{n\to\infty}x_ny_n=0$，则 $\lim\limits_{n\to\infty}x_n=0$ 或 $\lim\limits_{n\to\infty}y_n=0$.

2. $f(x)=(x+1)\arctan\dfrac{1}{x^2-1}$，则 $x=1$ 为函数 $f(x)$ 的（　　）.

(A) 可去间断点；　(B) 跳跃间断点；　(C) 无穷间断点；　(D) 连续点.

3. 曲线 $y=\dfrac{(x^2+x)\sin\dfrac{1}{x}}{x^2-1}$ 共有（　　）条渐近线.

(A) 1；　(B) 2；　(C) 3；　(D) 4.

4. 设 $\lim\limits_{x\to0}\dfrac{f(x)}{x}=1$，且 $f''(x)>0$，则（　　）.

(A) 当 $x<0$ 时 $f(x)<0$，当 $x\geqslant0$ 时 $f(x)\geqslant0$；

(B) 当 $x<0$ 时 $f(x)>0$，当 $x\geqslant0$ 时 $f(x)\leqslant0$；

(C) $f(x)\leqslant x$；

(D) $f(x)\geqslant x$.

5. 设函数 $f(x)$ 的二阶导数存在，且 $f(x)$ 的导函数 $y'=f'(x)$ 的图形如下图所示，则下列结论正确的是（　　）.

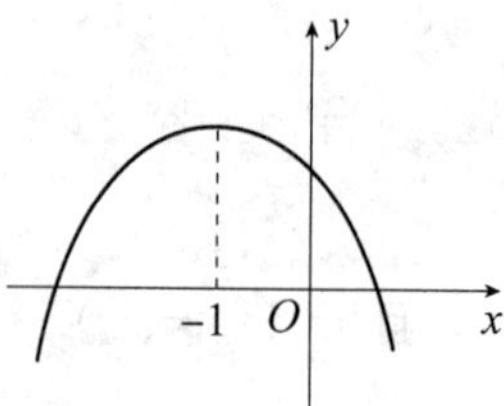

(A) 点 $(-1,f(-1))$ 为曲线 $y=f(x)$ 的拐点；

(B) 点 $(0,f(0))$ 为曲线 $y=f(x)$ 的拐点；

(C) 在 $(-\infty,-1)$ 内曲线 $y=f(x)$ 是凸的；

(D) 在 $(-1,+\infty)$ 内曲线 $y=f(x)$ 是凹的.

6. 若 $f(x)$ 的导函数为 $\sin x$，则 $f(x)$ 的一个原函数是（　　）.

(A) $1+\sin x$；　(B) $1-\sin x$；　(C) $1+\cos x$；　(D) $1-\cos x$.

三、计算题

1. 求 $\lim\limits_{x\to+\infty}\sin(\sqrt{(x-3)(x-5)}-x)$.

2. 求 $\lim\limits_{x\to 0}\dfrac{\ln(1+x^2)}{\sec x-\cos x}$.

3. 求 $\lim\limits_{x\to 0}\left(\dfrac{3-e^x}{2+x}\right)^{\frac{1}{\sin x}}$.

4. 设 $y=\dfrac{x}{2}\sqrt{x^2+1}+\dfrac{1}{2}\ln(x+\sqrt{x^2+1})$，求 dy.

5. 求不定积分 $\displaystyle\int\frac{x^2}{(\sqrt{x^2+1})^3}dx$.

6. 设 $y=y(x)$ 是由方程 $e^{xy}+\tan(xy)=y$ 确定的隐函数，试求：

(1) $y'(0)$；

(2) 曲线 $y=y(x)$ 上对应点 $x=0$ 处的切线方程.

四、设某商品的需求量 Q 是价格 p 的函数 $Q=f(p)=12\,000-80p$，生产该商品 Q 单位的成本为 $C=25\,000+50Q$（元），若每单位商品需要纳税 2 元，则如何给商品定价可使商家获利最大?

五、设 $f(x)$ 有连续的二阶导数，且 $f(a)=0$，讨论函数 $g(x)=\begin{cases}\dfrac{f(x)}{\sin(x-a)}, & x\neq a\\ f'(a), & x=a\end{cases}$ 在 $x=a$ 处的连续性与可导性.

六、求函数 $f(x)=\dfrac{2x-1}{(x-1)^2}$ 的单调区间、极值、拐点和渐近线，注意写出具体求解步骤，并描绘 $y=f(x)$ 的草图.

单调区间：________________

极值：________________

拐点：________________

渐近线：________________

七、设函数 $f(x)$ 在 $[0,+\infty)$ 上可导，且 $f(0)=0$，$\lim\limits_{x\to+\infty}f(x)=2$，证明：

（1）存在常数 $a>0$，使得 $f(a)=1$；

（2）对于（1）中的 a，存在 $\xi\in(0,a)$，使得 $f'(\xi)=\frac{1}{a}$.

期末考试试题六

一、填空题

1. 函数 $f(x)=\sqrt{3-x}+\arctan\frac{1}{x}$的连续区间为________.

2. 当 $x\to-1$ 时，x^3+ax^2-x+b 与 $x+1$ 是等价无穷小量，则 $a=$________，$b=$________.

3. 函数 $f(x)=\frac{\ln(1+2x)}{x(x^2-1)}$的可去间断点为________，在该点补充定义函数值为________后函数连续.

4. 设$\lim\limits_{x\to\infty}\left(\frac{x+c}{x-c}\right)^x=\lim\limits_{x\to\infty}x\sin\frac{2}{x}$，则 $c=$________.

5. 设 $f'\left(\frac{1}{x}\right)=\sin\frac{1}{x}$，则 $\mathrm{d}f'\left(\frac{1}{x}\right)=$________ $\mathrm{d}\left(\frac{1}{x}\right)$，$\mathrm{d}\left(f\left(\frac{1}{x}\right)\right)'=$________ $\mathrm{d}x$.

6. $f(x)=\sqrt{x}$ 按（$x-4$）的幂展开的带拉格朗日型余项的三阶泰勒公式为________.

7. 不定积分$\int\frac{1}{\sqrt{x}\tan\sqrt{x}}\mathrm{d}x=$ ________.

二、单项选择题

1. 函数 $f(x)=x\cos x$（　　）.

(A) 当 $x\to\infty$时为无穷大量；　　(B) 在（$-\infty$，$+\infty$）内有界；

(C) 在（$-\infty$，$+\infty$）内无界；　　(D) 当 $x\to\infty$时有极限.

2. 设数列 $\{x_n\}$ 与 $\{y_n\}$ 满足$\lim\limits_{n\to\infty}x_ny_n=0$，则下列命题正确的是（　　）.

(A) 若 $\{x_n\}$ 发散，则 $\{y_n\}$ 必发散；

(B) 若 $\{x_n\}$ 无界，则 $\{y_n\}$ 无界；

(C) 若 $\{x_n\}$ 有界，则 $\{y_n\}$ 为无穷小量；

(D) 若$\left\{\frac{1}{x_n}\right\}$为无穷小量，则 $\{y_n\}$ 必为无穷小量.

3. 已知函数 $f(x)$ 在点 $x=0$ 处可导，且 $f(0)=0$，则$\lim\limits_{x\to0}\frac{x^2f(x)-2f(x^3)}{x^3}=$（　　）.

(A) $-2f'(0)$；　(B) $-f'(0)$；　(C) $f'(0)$；　(D) 0.

4. 若 $f(x_0)$ 是连续函数 $f(x)$ 在 $[a,b]$ 上的最小值，则（　　）.

(A) $f(x_0)$ 一定是 $f(x)$ 的极小值；　　(B) $f'(x_0)=0$；

(C) $f(x_0)$ 一定是区间端点的函数值；　　(D) x_0 或是极值点，或是区间端点.

三、计算题

1. 求 $\lim\limits_{x\to+\infty}\left(\sqrt{x+3\sqrt{x}+1}-\sqrt{x-2\sqrt{x}+1}\right)$.

2. 求$\lim\limits_{x\to0}(3-2\cos x)^{-\csc^2x}$.

3. 设 $y=xf(\ln x)+\sin f(x)$，其中 f 二阶可导，求 y''.

4. 设 $y=\frac{\arcsin x}{\sqrt{1-x^2}}+\frac{1}{2}\ln\frac{1-x}{1+x}$，求$\frac{dy}{dx}$.

5. $\int\frac{1}{x(x^3+1)}dx$.

6. 设函数 $y=y(x)$ 是由方程$(2y)^{x-1}=\left(\frac{x}{2}\right)^{y-1}$确定的隐函数，求：

（1）dy；

（2）曲线 $y=y(x)$ 在点（1，1）处的法线方程.

7. 设曲线 $y=f(x)$ 与 $y=\sin\pi x$ 在点（1，0）处有公切线，求$\lim\limits_{x\to\infty}xf\left(\frac{x}{x+2}\right)$.

四、设有一工厂生产某种产品的固定成本为 4 000 元，每件产品成本为 13 元. 根据经验，售出的产品数 x 与产品单价 p 的关系为 $p=49-0.2\sqrt{x}$. 问要获利最大，产品应该如何定价？

五、设函数 $\varphi(x)$ 在点 $x=0$ 处二阶可导，且 $\varphi(0)=0$，

（1）试确定 a 的值，使函数

$$f(x)=\begin{cases}\frac{\varphi(x)}{x}, & x\neq 0\\ a, & x=0\end{cases}$$

在点 $x=0$ 处可导；

（2）求 $f'(0)$.

六、作出函数 $y=x^2+\frac{1}{x}$的图形.（指出单调区间、极值点、凹凸区间、拐点、渐近线.）

单调区间________________________________

极值点________________________________

凹凸区间________________________________

拐点________________________________

渐近线________________________________

七、设函数 $f(x)$ 在闭区间 $[a, b]$ 上连续，在开区间 (a, b) 内可导，且 $f(a)=b$，$f(b)=a$. 求证：

（1）在 (a, b) 内至少存在一点 c，使得 $f(c)=c$；

（2）在 (a, b) 内至少存在互异的两点 ξ，η，使得 $f'(\xi)f'(\eta)=1$.

期末考试试题七

一、填空题

1. 当 $x\to2$ 时 $y=5x+2\to12$，问 $\delta=$________，使当 $|x-2|<\delta$ 时，$|y-12|<\frac{1}{1\,000}$.

2. 函数 $f(x)=\frac{x^3+3x^2-x-3}{x^2+x-6}$ 的可去间断点为________.

3. $\mathrm{d}\ln(1+x^2)=$________ $\mathrm{d}\sqrt{1+x^2}$.

4. 设 $y=(x+1)^n+\mathrm{e}^{2x}$，则 $y^{(n+1)}(0)=$________.

5. 若 $\sqrt{1+x}=P_2(x)+o(x^2)$，其中 $P_2(x)$ 是一个二次多项式，$o(x^2)$ 代表当 $x\to0$ 时比 x^2 高阶的无穷小量，则 $P_2(x)=$________.

6. 设 $f(x)$ 有一个原函数 $\ln x$，则 $\int \ln x\cdot f(x)\mathrm{d}x=$ ________.

7. 设某商品需求量 x（单位：件）与价格 p（单位：元）的函数关系为 $x=1\,200-80p$，则当价格 $p=10$ 时，需求对价格的弹性为________.

二、单项选择题

1. 当 $x\to0$ 时，无穷小量 $x^3+\sin(2x+x^2)$ 是 x 的（　　）阶无穷小量.

(A) 1；　　(B) 2；　　(C) 3；　　(D) 4.

2. 设 $x_n=\begin{cases}\frac{n^2+\sqrt{n}}{n}, & n\text{ 为奇数}\\ \frac{1}{n}, & n\text{ 为偶数}\end{cases}$，则当 $n\to\infty$ 时，数列 $\{x_n\}$ 是（　　）.

(A) 无穷大量；　　(B) 无穷小量；　　(C) 有界变量；　　(D) 无界变量.

3. 下列说法正确的是（　　）.

(A) 若 $f(x)$ 在点 $x=x_0$ 处连续，则 $f(x)$ 在点 $x=x_0$ 处可导；

(B) 若 $f(x)$ 在点 $x=x_0$ 处不可导，则 $f(x)$ 在点 $x=x_0$ 处不连续；

(C) 若 $f(x)$ 在点 $x=x_0$ 处不连续，则 $f(x)$ 在点 $x=x_0$ 处不可导；

(D) 若 $f(x)$ 在点 $x=x_0$ 处不可微，则 $f(x)$ 在点 $x=x_0$ 处极限不存在.

4. 设函数 $f(x)$ 满足 $\lim\limits_{x\to x_0}\frac{f(x)-f(x_0)}{(x-x_0)^2}=A\neq0$，则（　　）.

(A) $f(x_0)$ 是极小值；

(B) $f(x_0)$ 是极大值；

(C) $f(x)$ 在点 $x=x_0$ 处取得极值；

(D) $f(x)$ 在点 $x=x_0$ 处可导且 $f'(x_0)\neq0$.

5. 若 $3a^2-5b<0$，则方程 $x^5+2ax^3+3bx+4c=0$（　　）.

(A) 无实根；　　(B) 有唯一实根；

(C) 有三个不同实根；　　(D) 有五个不同实根.

三、计算题

1. 求 $\lim\limits_{x\to+\infty}(3x-\sqrt{9x^2-12x+1})$.

2. 求 $\lim\limits_{x\to+\infty}\left(\sin\frac{1}{x}+\cos\frac{1}{x}\right)^x$.

3. 设 $f(x)$ 可导，且 $y=\arcsin\sqrt{f(e^x)}$，求 dy.

4. 设 $y=(\tan x)^{\sin x}+3^x$，求 y'.

5. 设方程 $\sin(xy)+\ln(y-x)=x$ 确定 y 为 x 的函数，求：

(1) $y'(0)$；

(2) 函数在该点处的切线方程.

6. 设函数 $f(x)$ 在点 $x=0$ 处连续，且 $\lim\limits_{x\to0}\frac{f(x)}{x}=3$，求 $\lim\limits_{x\to0}\frac{f(x-\sin x^2)}{\sqrt{1+x\arctan x}}$.

7. 求不定积分 $\int\frac{e^x}{\sqrt{1+e^x}}dx$.

四、一辆大型客车可以容纳 60 人. 租用该车旅游时，若乘客人数为 x（人），每位乘客支付的票价为 $P(x)$（元），满足关系式 $P(x)=8\left(\frac{x}{40}-3\right)^2$. 若要使租用该客车的旅行社在这次旅行中获得的收入 $R(x)$ 最大，此时客车容纳的乘客数量是多少？每位旅客支付的相应票价是多少？（如果该旅行社可以选择乘客数量，则该旅行社可以设法将乘客人数保持在一个数量，在获得最大收益的同时，还可以使乘车环境更舒适.）

五、设函数 $f(x)=\begin{cases}x\arctan\frac{1}{x^2}, & x\neq0\\0, & x=0\end{cases}$，

(1) 试求 $f'(x)$；

(2) 讨论导函数 $f'(x)$ 在点 $x=0$ 处的连续性.

六、作出函数 $f(x)=\frac{x}{x^2+1}$ 的图像（指出单调区间、极值点、凹凸区间、拐点、渐近线).

单调区间____________________

极值点____________________

凹凸区间____________________

拐点____________________

渐近线____________________

七、证明题

已知函数 $f(x)$ 在 $[0,1]$ 上连续，在 $(0,1)$ 内可导，且 $f(0)=0$，$f(1)=1$，$f(x)$ 是 x 的非线性函数. 试证：在 $(0,1)$ 内至少存在一点 ξ，使得 $f'(\xi)>1$.

期末考试试题八

一、填空题

1. 设 $f(x-2)=\left(1-\frac{1}{x}\right)^{x}$，则 $\lim\limits_{x\to\infty}f(x)=$________.

2. 要使函数 $f(x)=\frac{1-\sqrt{1-x}}{1-\sqrt[3]{1-x}}$ 在 $x=0$ 处连续，则应补充定义 $f(0)=$________.

3. 设函数 $f(x)$ 在点 $x=2$ 处连续，且 $\lim\limits_{x\to 2}\frac{3f(x)}{x-2}=1$，则 $f'(2)=$________.

4. $\mathrm{d}\ln(\arctan\sqrt{x})=$________ $\mathrm{d}\sqrt{x}$.

5. $f(x)=3^{x}$ 的麦克劳林公式中 x^{n} 项的系数是________.

二、单项选择题

1. $\lim\limits_{n\to\infty}\frac{2n+(-1)^{n}}{n}=2$ 对于给定的 $\varepsilon=\frac{1}{1\,000}$，定义中的 N 必须满足（　　）.

（A）$N<1\,000$；　（B）$N\leqslant 1\,000$；　（C）$N=1\,000$；　（D）$N\geqslant 1\,000$.

2. $x=-1$ 是函数 $f(x)=\lim\limits_{n\to\infty}\frac{1-x}{1+x^{2n}}$ 的（　　）.

（A）连续点；　（B）跳跃间断点；　（C）可去间断点；　（D）无穷间断点.

3. 设函数 $f(x)$ 在区间 $(-\delta,\delta)$ 内有定义，若当 $x\in(-\delta,\delta)$ 时，恒有 $|f(x)|\leqslant x^{2}$，则 $x=0$ 必是 $f(x)$ 的（　　）.

（A）间断点；　（B）连续但不可导的点；

（C）可导的点，且 $f'(0)=0$；　（D）可导的点，且 $f'(0)\neq 0$.

4. 设函数 $f(x)$ 在 $(-\infty,+\infty)$ 内连续，其导函数 $f'(x)$ 的图形如下图所示，则 $f(x)$ 有（　　）.

（A）一个极小值点和两个极大值点；　（B）两个极小值点和一个极大值点；

（C）两个极小值点和两个极大值点；　（D）三个极小值点和一个极大值点.

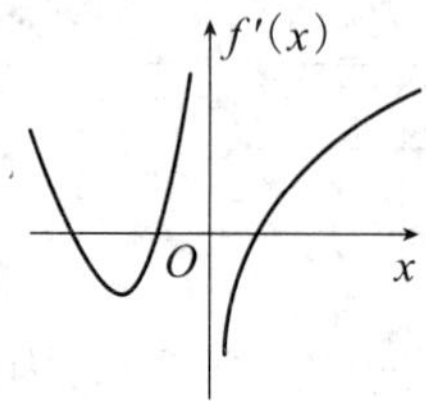

5. 下面四个函数中，（　　）是 $f(x)=\frac{1}{1-x^{2}}$ 的原函数.

（A）$\arcsin x$；　（B）$\arctan x$；　（C）$\frac{1}{2}\ln\left|\frac{1+x}{1-x}\right|$；　（D）$\frac{1}{2}\ln\left|\frac{1-x}{1+x}\right|$.

6. 设函数 $f(x)$ 在点 x_0 处可微，且 $f'(x_0)\neq 0$，则当 $|\Delta x|$ 很小时，$f(x_0+\Delta x)\approx$（　　）.

(A) $f'(x_0)$;

(B) $f'(x_0)\Delta x$;

(C) Δy;

(D) $f(x_0)+f'(x_0)\Delta x$.

三、计算题

1. 求$\lim\limits_{x\to 0}\left(\frac{1}{x}-\frac{1}{\ln(1+x)}\right)$.

2. 求$\lim\limits_{x\to +\infty}(x+\sqrt{1+x^2})^{\frac{1}{\ln x}}$.

3. 已知函数 $\tan\left(x+y+\frac{\pi}{4}\right)=e^y$，求 $dy|_{(0,0)}$.

4. 设函数 $y=x^x+\frac{f(e^x)}{\sin x}$，其中 $f(u)$ 可微，求 y'.

5. 设 $f(x)=\begin{cases}x^2+ax+b, & x\leqslant 0\\ x^2\sin\frac{1}{x}+x, & x>0\end{cases}$ 在 $x=0$ 处可导，试确定 a，b 的值.

6. 求不定积分$\int\sqrt[4]{2x+3}\,dx$.

四、设生产某种商品的固定成本为 60 000 元，可变成本为 20 元/件，价格函数为 $p=60-\frac{Q}{1\,000}$（p 是单价，单位：元；Q 是销量，单位：件）. 已知产销平衡，求：

(1) 该商品的边际利润；

(2) 利润最大时的定价 p；

(3) 当 $p=50$ 时的需求价格弹性，并解释其经济意义.

五、试求函数 $f(x)=\ln x-\frac{x}{e}+3$ 在 $(0, +\infty)$ 上的零点个数.

六、作出函数 $f(x)=\frac{x^3}{(1-x)^2}$ 的图形.（指出单调区间、极值点、凹凸区间、拐点、渐近线，注意写出求解过程.）

单调区间______________________________

极值点______________________________

凹凸区间______________________________

拐点______________________________

渐近线______________________________

七、证明题

设 $f(x)$ 在 $[0, 1]$ 上连续，在 $[0, 1]$ 内可导，$f(0)=0$，证明：如果 $f(x)$ 在 $[0, 1]$ 上不恒等于零，则必有 $\xi\in(0, 1)$ 使 $f(\xi)f'(\xi)>0$.

第三部分　试题选编全解

期末考试试题一全解

一、填空题

1. 0；**提示**　由于$\lim\limits_{x\to\infty}\dfrac{x^2+x}{x^3+x+1}=0$，而$2+\cos x$是有界变量，所以

$$\lim_{x\to\infty}\frac{x^2+x}{x^3+x+1}(2+\cos x)=0.$$

2. $\dfrac{1}{2}$；**提示**　由于

$$\frac{1}{n^2+1}+\frac{2}{n^2+2}+\cdots+\frac{n}{n^2+n}\leqslant\frac{1}{n^2+1}+\frac{2}{n^2+1}+\cdots+\frac{n}{n^2+1}$$
$$=\frac{1+2+\cdots+n}{n^2+1}=\frac{n(n+1)}{2(n^2+1)}\to\frac{1}{2},\ n\to\infty,$$
$$\frac{1}{n^2+1}+\frac{2}{n^2+2}+\cdots+\frac{n}{n^2+n}\geqslant\frac{1}{n^2+n}+\frac{2}{n^2+n}+\cdots+\frac{n}{n^2+n}$$
$$=\frac{1+2+\cdots+n}{n^2+n}=\frac{n(n+1)}{2(n^2+n)}\to\frac{1}{2},\ n\to\infty,$$

由迫敛性定理，得

$$\lim_{n\to\infty}\left(\frac{1}{n^2+1}+\frac{2}{n^2+2}+\cdots+\frac{n}{n^2+n}\right)=\frac{1}{2}.$$

3. 2；**提示**　由于

$$\lim_{x\to0}\frac{f(1)-f(1-x)}{2x}=\frac{1}{2}\lim_{x\to0}\frac{f(1-x)-f(1)}{-x}=\frac{1}{2}f'(1)=1,$$

所以$f'(1)=2$.

4. $x^x(\ln x+1)$；**提示**　$(x^x)'=(e^{x\ln x})'=e^{x\ln x}(\ln x+1)=x^x(\ln x+1)$.

5. $\csc(x^2)$；**提示**　由一阶微分形式的不变性，可得

$$dy=\frac{1}{\sin(x^2)}d\sin(x^2)=\csc(x^2)d\sin(x^2).$$

6. $\dfrac{2}{\sqrt{1-4x^2}}$；**提示**　$f(x)=(\arcsin 2x)'=\dfrac{2}{\sqrt{1-4x^2}}$.

二、选择题

1. (A)；**提示**　由已知，对于任意小的正数ε和任意大的正数M，当自变量变化到一定程度后，恒有

$$|\alpha|<\varepsilon,|\beta|>M,$$

从而

$$|\alpha+\beta|\geqslant|\beta|-|\alpha|>M-\varepsilon,$$

于是 $\alpha+\beta$ 为无穷大量，也为无界变量，故选（A）.

2.（B）；**提示** 由 $f(x)$ 在 $x=0$ 处连续，得

$$\lim_{x\to0^-}f(x)=\lim_{x\to0^+}f(x)=f(0).$$

又

$$\lim_{x\to0^-}f(x)=\lim_{x\to0^-}\frac{1}{x}\sin x=1,$$
$$\lim_{x\to0^+}f(x)=\lim_{x\to0^+}\left(x\sin\frac{1}{x}+b\right)=b,$$
$$f(0)=a-1,$$

从而 $1=b=a-1$，即 $a=2$，$b=1$. 故选（B）.

3.（C）；**提示** 对于选项（A），由于当 $h\to+\infty$ 时，$\frac{1}{h}\to0^+$，从而

$$\lim_{h\to+\infty}hf\left(\frac{1}{h}\right)=\lim_{h\to+\infty}\frac{f\left(\frac{1}{h}\right)-f(0)}{\frac{1}{h}-0}=f'_+(0),$$

故选项（A）仅能保证 $f'_+(0)$ 存在.

对于选项（B），极限

$$\lim_{h\to0}\frac{f(2h)-f(h)}{h}=\lim_{h\to0}\left[\frac{f(2h)-f(0)}{h}-\frac{f(h)-f(0)}{h}\right]$$

存在，不能保证 $\lim\limits_{h\to0}\frac{f(2h)-f(0)}{h}$ 与 $\lim\limits_{h\to0}\frac{f(h)-f(0)}{h}$ 均存在，即不能保证 $f(x)$ 在 $x=0$ 处可导. 例如，若取

$$f(x)=\begin{cases}x+1, & x\neq0\\0, & x=0\end{cases},$$

虽然

$$\lim_{h\to0}\frac{f(2h)-f(h)}{h}=\lim_{h\to0}\frac{2h+1-(h+1)}{h}=1,$$

但是

$$f'(0)=\lim_{h\to0}\frac{f(h)-f(0)}{h}=\lim_{h\to0}\frac{h+1-0}{h}=\infty,$$

$f(x)$ 在 $x=0$ 处不可导.

对于选项（C），由于当 $h\to0$ 时，$\mathrm{e}^h-1\to0$，从而

$$\lim_{h\to0}\frac{1}{h}f(\mathrm{e}^h-1)=\lim_{h\to0}\frac{f(\mathrm{e}^h-1)-f(0)}{\mathrm{e}^h-1}\frac{\mathrm{e}^h-1}{h}=\lim_{h\to0}\frac{f(\mathrm{e}^h-1)-f(0)}{\mathrm{e}^h-1}=f'(0),$$

故选项（C）为 $f(x)$ 在 $x=0$ 处可导的一个充要条件.

对于选项（D），由于当 $h\to 0$ 时，$\cos h-1\to 0^-$，故

$$\begin{aligned}\lim_{h\to 0}\frac{1}{h^2}f(\cos h-1)&=\lim_{h\to 0}\frac{f(\cos h-1)-f(0)}{\cos h-1-0}\cdot\frac{\cos h-1}{h^2}\\&=-\frac{1}{2}\lim_{h\to 0}\frac{f(\cos h-1)-f(0)}{\cos h-1-0}=-\frac{1}{2}f'_-(0),\end{aligned}$$

故选项（D）仅能保证 $f'_-(0)$ 存在.

4.（A）；**提示** 函数的定义域为 $(-\infty,-1)\cup(-1,1)\cup(1,+\infty)$. 因为

$$\lim_{x\to\infty}\left(x+\frac{x}{x^2-1}\right)=\infty,$$

所以 $y=x+\dfrac{x}{x^2-1}$ 不存在水平渐近线. 因为

$$\lim_{x\to -1}\left(x+\frac{x}{x^2-1}\right)=\infty,\ \lim_{x\to 1}\left(x+\frac{x}{x^2-1}\right)=\infty,$$

所以 $y=x+\dfrac{x}{x^2-1}$ 有两条垂直渐近线 $x=-1$ 和 $x=1$. 又因为

$$\lim_{x\to\infty}\frac{y}{x}=\lim_{x\to\infty}\left(1+\frac{1}{x^2-1}\right)=1,$$

$$\lim_{x\to\infty}(y-x)=\lim_{x\to\infty}\frac{x}{x^2-1}=0,$$

所以曲线 $y=x+\dfrac{x}{x^2-1}$ 有一条斜渐近线 $y=x$. 故选（A）.

5.（B）；**提示** 由原函数的性质，在区间 I 上，$f(x)$ 的任意两个原函数最多相差一个常数，从而 $F_1(x)-F_2(x)=C$，故选（B）.

三、计算题（一）

1. $$\begin{aligned}\lim_{x\to+\infty}\left(\sqrt{x^2+x+1}-\sqrt{x^2-x+1}\right)&=\lim_{x\to+\infty}\frac{2x}{\sqrt{x^2+x+1}+\sqrt{x^2-x+1}}\\&=\lim_{x\to+\infty}\frac{2}{\sqrt{1+\frac{1}{x}+\frac{1}{x^2}}+\sqrt{1-\frac{1}{x}+\frac{1}{x^2}}}=1.\end{aligned}$$

2. $$\lim_{x\to 0}\frac{x-\sin x}{x^2(e^x-1)}=\lim_{x\to 0}\frac{x-\sin x}{x^3}=\lim_{x\to 0}\frac{1-\cos x}{3x^2}=\lim_{x\to 0}\frac{\sin x}{6x}=\frac{1}{6}.$$

3. $$y'=\arccos x-\frac{x}{\sqrt{1-x^2}}-\frac{-2x}{2\sqrt{1-x^2}}=\arccos x.$$

4. $$\begin{aligned}y'&=f(e^x)+xe^xf'(e^x),\\y''&=e^xf'(e^x)+e^xf'(e^x)+xe^xf'(e^x)+xe^{2x}f''(e^x)\\&=(2+x)e^xf'(e^x)+xe^{2x}f''(e^x).\end{aligned}$$

5. 令 $x=\sin t$，$t\in\left(-\dfrac{\pi}{2},\dfrac{\pi}{2}\right)$，则 $dx=\cos t\,dt$，所以

$$\int \frac{x^3}{\sqrt{1-x^2}}\mathrm{d}x = \int \frac{\sin^3 t}{\cos t}\cos t\mathrm{d}t = \int (\cos^2 t - 1)\mathrm{d}\cos t$$

$$= \frac{\cos^3 t}{3} - \cos t + C = \frac{1}{3}(\sqrt{1-x^2})^3 - \sqrt{1-x^2} + C.$$

四、计算题（二）

1. 方法 1

$$\lim_{x\to 0}(\sin 2x + \cos x)^{\frac{1}{x}} = \lim_{x\to 0} e^{\frac{1}{x}\ln(\sin 2x + \cos x)} = e^{\lim\limits_{x\to 0}\frac{\ln(\sin 2x+\cos x)}{x}} \overset{\left(\frac{0}{0}\right)}{=} e^{\lim\limits_{x\to 0}\frac{2\cos 2x - \sin x}{\sin 2x + \cos x}} = e^2.$$

方法 2

$$\lim_{x\to 0}(\sin 2x + \cos x)^{\frac{1}{x}} = \lim_{x\to 0}\left\{[1 + (\sin 2x + \cos x - 1)]^{\frac{1}{\sin 2x + \cos x - 1}}\right\}^{\frac{\sin 2x + \cos x - 1}{x}}$$

$$= e^{\lim\limits_{x\to 0}\frac{\sin 2x + \cos x - 1}{x}} = e^{\lim\limits_{x\to 0}\frac{2\cos 2x - \sin x}{1}} = e^2.$$

2. （1）方程两边同时对 x 求导，并将 y 视为 x 的函数，得

$$e^x - e^y y' = y + xy',$$

解得

$$y' = \frac{e^x - y}{e^y + x}.$$

将 $x=0$ 代入原方程，得 $y=0$，从而$y'|_{(0,0)}=1$，所以曲线 $y=y(x)$ 在点 $x=0$ 处的切线方程为 $y=x$.

（2）等式 $e^x - e^y y' = y + xy'$两边同时对 x 求导，得

$$e^x - e^y(y')^2 - e^y y'' = y' + y' + xy'',$$

代入 $x=0$，$y=0$，$y'|_{(0,0)}=1$，解得

$$y''|_{x=0} = -2.$$

3. （1）当 $x\neq 0$ 时，

$$f'(x) = \frac{x\cos x - \sin x}{x^2} - 1,$$

在 $x=0$ 处，

$$f'(0) = \lim_{x\to 0}\frac{f(x)-f(0)}{x-0} = \lim_{x\to 0}\frac{\sin x - x^2 - x}{x^2} = \lim_{x\to 0}\frac{\cos x - 2x - 1}{2x}$$

$$= \lim_{x\to 0}\frac{-\sin x - 2}{2} = -1,$$

所以

$$f'(x)=\begin{cases}\dfrac{x\cos x-\sin x}{x^2}-1, & x\neq 0\\ -1, & x=0\end{cases}.$$

（2）由于

$$\lim_{x\to 0}f'(x)=\lim_{x\to 0}\frac{x\cos x-\sin x-x^2}{x^2}=\lim_{x\to 0}\frac{\cos x-x\sin x-\cos x-2x}{2x}$$

$$=\lim_{x\to 0}\frac{-x\sin x-2x}{2x}=-1=f'(0),$$

所以 $f'(x)$ 在点 $x=0$ 处连续.

（3）由于

$$\lim_{x\to 0}\frac{f'(x)-f'(0)}{x-0}=\lim_{x\to 0}\frac{x\cos x-\sin x}{x^3}=\lim_{x\to 0}\frac{\cos x-x\sin x-\cos x}{3x^2}=-\frac{1}{3},$$

所以 $f'(x)$ 在点 $x=0$ 处可导，并且 $f''(0)=-\frac{1}{3}$.

4. 由已知，得

$$\lim_{x\to 0}\frac{\frac{\sin x}{x}+f(x)}{x}=1,$$

从而

$$\lim_{x\to 0}\left[\frac{\sin x}{x}+f(x)\right]=\lim_{x\to 0}\frac{\frac{\sin x}{x}+f(x)}{x}\cdot x=1\times 0=0,$$

即有

$$\lim_{x\to 0}f(x)=-1.$$

由 $f(x)$ 在 $x=0$ 处连续，得

$$f(0)=\lim_{x\to 0}f(x)=-1,$$

从而

$$f'(0)=\lim_{x\to 0}\frac{f(x)-f(0)}{x-0}=\lim_{x\to 0}\frac{f(x)+1}{x}.$$

又

$$\lim_{x\to 0}\left[\frac{\sin x}{x^2}+\frac{f(x)}{x}\right]=\lim_{x\to 0}\left[\frac{\sin x-x}{x^2}+\frac{f(x)+1}{x}\right]=\lim_{x\to 0}\frac{\sin x-x}{x^2}+f'(0)$$

$$=\lim_{x\to 0}\frac{\cos x-1}{2x}+f'(0)=\lim_{x\to 0}\frac{-\sin x}{2}+f'(0)=f'(0)=1.$$

所以 $f'(0)=1$.

五、应用题

1. 函数的定义域为 $(-\infty, +\infty)$，且为奇函数，从而函数图形关于原点对称，先讨论 $[0, +\infty)$ 上的图形. 函数的一阶、二阶导数为

$$y'=\frac{1-x^2}{(1+x^2)^2},\quad y''=\frac{2x(x^2-3)}{(1+x^2)^3}.$$

令 $y'=0$，得在 $[0, +\infty)$ 上的驻点为 $x=1$. 令 $y''=0$，得 $x=\sqrt{3}$，$x=0$. 列表如下：

x	0	$(0, 1)$	1	$(1, \sqrt{3})$	$\sqrt{3}$	$(\sqrt{3}, +\infty)$
y'		+	0	−		−
y''	0	−		−	0	+
y	0 拐点	↗	$\frac{1}{2}$ 极大值	↘	$\frac{\sqrt{3}}{4}$ 拐点	↘

由 $\lim\limits_{x\to+\infty}\frac{2x}{1+x^2}=0$，可知曲线有水平渐近线 $y=0$. 曲线无垂直渐近线和斜渐近线. 作函数在 $[0, +\infty)$ 上的图形，再利用图形关于原点对称，画出函数在 $(-\infty, 0]$ 上的图形，从而得到函数的图形，如下图所示.

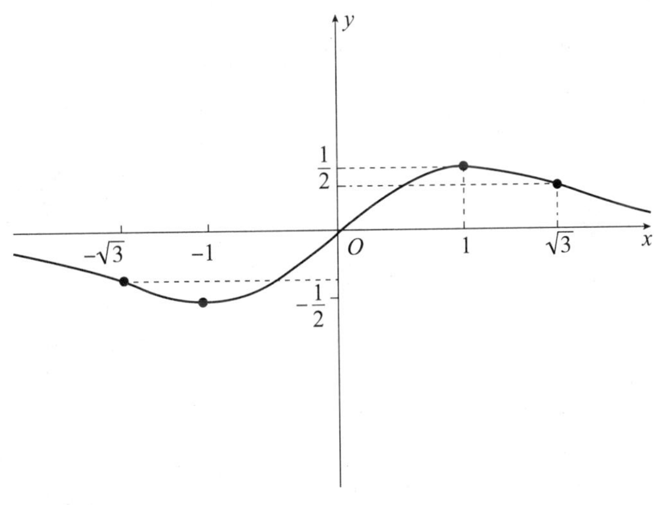

2. (1) 商品的总收入函数为

$$R(Q)=PQ=\frac{30-Q}{2}\cdot Q=15Q-\frac{1}{2}Q^2,$$

总利润函数为

$$L(Q)=R(Q)-C(Q)=15Q-\frac{3}{4}Q^2-10.$$

令

$$L'(Q)=15-\frac{3}{2}Q=0,$$

解得 $Q=10$. 又 $L''(Q)=-\frac{3}{2}<0$，所以 $Q=10$ 为 $L(Q)$ 的唯一极值点，从而为最大值点，即产量为 10 吨时利润最大.

（2）需求价格弹性为

$$\frac{EQ}{EP}=Q'(P)\frac{P}{Q}=\frac{P}{P-15},$$

所以 $P=3$ 时的需求价格弹性为

$$\left.\frac{EQ}{EP}\right|_{P=3}=-0.25,$$

该需求价格弹性的经济意义为：当价格为 3 万元/吨时，若价格上涨（或下跌）1%，则需求量将大约减少（或增加）0.25%.

六、证明题

1. 方法 1　设 $f(x)=x+\frac{x^3}{3}-\tan x$，则 $f(x)$ 在 $\left[0,\frac{\pi}{2}\right)$ 上连续，在 $\left(0,\frac{\pi}{2}\right)$ 内可导，且

$$f'(x)=1+x^2-\sec^2 x=x^2-\tan^2 x<0,$$

从而 $f(x)$ 在 $\left[0,\frac{\pi}{2}\right)$ 上单调减少，因此当 $x>0$ 时，

$$f(x)<f(0)=0,$$

即

$$x+\frac{x^3}{3}<\tan x.$$

方法 2　设 $f(x)=x+\frac{x^3}{3}-\tan x$，则 $f(x)$ 在 $\left[0,\frac{\pi}{2}\right)$ 上连续，在 $\left(0,\frac{\pi}{2}\right)$ 内可导，且

$$f'(x)=1+x^2-\sec^2 x=x^2-\tan^2 x.$$

设 $g(x)=x-\tan x$，则 $g(x)$ 在 $\left[0,\frac{\pi}{2}\right)$ 上可导，且

$$g'(x)=1-\sec^2 x=-\tan^2 x<0,$$

从而 $g(x)$ 在 $\left[0,\frac{\pi}{2}\right)$ 上单调减少，因此当 $0<x<\frac{\pi}{2}$ 时，

$$g(x)<g(0)=0,$$

即

$$x<\tan x,$$

从而

$$f'(x)<0,$$

从而 $f(x)$ 在 $\left[0, \frac{\pi}{2}\right)$ 上单调减少，因此当 $x>0$ 时，

$$f(x)<f(0)=0,$$

即

$$x+\frac{x^3}{3}<\tan x.$$

2. 方法1　由已知，$f(x)$ 不恒等于 $2x$，从而至少存在一点 $x_0\in(0, 1)$ 使得 $f(x_0)\neq 2x_0$.

若 $f(x_0)<2x_0$，则 $f(x)$ 在 $[0, x_0]$ 上应用拉格朗日中值定理可得，至少存在一点 $\xi\in(0, x_0)$，使得

$$f'(\xi)=\frac{f(x_0)-f(0)}{x_0-0}=\frac{f(x_0)}{x_0}<\frac{2x_0}{x_0}=2.$$

若 $f(x_0)>2x_0$，则 $f(x)$ 在 $[x_0, 1]$ 上应用拉格朗日中值定理可得，至少存在一点 $\xi\in(x_0, 1)$，使得

$$f'(\xi)=\frac{f(1)-f(x_0)}{1-x_0}=\frac{2-f(x_0)}{1-x_0}<\frac{2-2x_0}{1-x_0}=2.$$

方法2　设 $F(x)=f(x)-2x$，则 $F(x)$ 在 $[0, 1]$ 上连续，从而 $F(x)$ 在 $[0, 1]$ 上取得最大值 M 和最小值 m.

若 $M=m$，则 $F(x)=C$，其中 C 为常数，从而 $f(x)=2x+C$，与 $f(x)$ 为 x 的非线性函数矛盾.

若 $M\neq m$，则由 $F(0)=F(1)=0$，可得 M 和 m 至少有一个在 $(0, 1)$ 内取到，不妨设 M 在 $\eta\in(0, 1)$ 处取到，即 $F(\eta)=M>0$. $F(x)$ 在 $[\eta, 1]$ 上满足拉格朗日中值定理的条件，从而至少存在一点 $\xi\in(\eta, 1)$，使得

$$F'(\xi)=\frac{F(1)-F(\eta)}{1-\eta}=\frac{0-M}{1-\eta}<0,$$

即 $f'(\xi)<2$.

3. 设 $f(x)=2^x-x^2-1$，则 $f(x)$ 在 $\mathbf{R}$ 上可导，且

$$f(0)=0, f(1)=0, f(2)=-1<0, f(5)=6>0.$$

$f(x)$ 在 $[2, 5]$ 上满足零点定理的条件，从而存在 $\xi\in(2, 5)$，使得

$$f(\xi)=0.$$

因此 $f(x)=0$ 至少有三个实根 $0, 1, \xi$.

假设方程 $f(x)$ 有4个不同的实根 x_1, x_2, x_3, x_4，且 $x_1<x_2<x_3<x_4$. 由 $f(x)$ 在 $[x_1, x_2]$，$[x_2, x_3]$，$[x_3, x_4]$ 上可导，并且

$$f(x_1)=f(x_2)=f(x_3)=f(x_4)=0,$$

满足罗尔定理的条件，从而至少存在点 $\xi_1\in(x_1, x_2)$，$\xi_2\in(x_2, x_3)$，$\xi_3\in(x_3, x_4)$，使得

$$f'(\xi_1)=f'(\xi_2)=f'(\xi_3)=0.$$

因此 $f'(x)$ 在 $[\xi_1, \xi_2]$，$[\xi_2, \xi_3]$ 上满足罗尔定理的条件，从而至少存在点 $\eta_1\in(\xi_1, \xi_2)$，$\eta_2\in(\xi_2, \xi_3)$，使得

$$f''(\eta_1)=f''(\eta_2)=0.$$

再由 $f''(x)$ 在 $[\eta_1, \eta_2]$ 上满足罗尔定理的条件，从而至少存在点 $\zeta\in(\eta_1, \eta_2)$，使得

$$f'''(\zeta)=0.$$

但显然 $f'''(x)=2^x(\ln 2)^3>0$，矛盾，故假设不成立，从而 $f(x)=0$ 最多有 3 个不同的实根.

总之，$f(x)=0$，即方程 $2^x-x^2=1$，有且仅有三个实根.

期末考试试题二全解

一、填空题

1. 0；**提示** 由已知，$\forall\varepsilon>0$，$\exists\delta>0$，当$0<|x-0|<\delta$时，有$\left|\frac{f(x)}{x}-1\right|<\varepsilon$，由极限的分析定义，可得$\lim\limits_{x\to0}\frac{f(x)}{x}=1$，而$\lim\limits_{x\to0}x=0$，所以$\lim\limits_{x\to0}f(x)=0$.

2. 0；**提示** 因为$\lim\limits_{n\to\infty}\frac{n}{\sqrt{n^3+n}}=0$，且$\sin\sqrt{n}$为有界变量，所以

$$\lim_{n\to\infty}\frac{n}{\sqrt{n^3+n}}\sin\sqrt{n}=0,$$

即$\lim\limits_{n\to\infty}u_n=0$.

3. 可去；**提示** 方法1

$$\lim_{x\to0}(\cos x)^{\frac{1}{x}}=\lim_{x\to0}e^{\frac{1}{x}\ln\cos x}=e^{\lim\limits_{x\to0}\frac{\ln\cos x}{x}}=e^{\lim\limits_{x\to0}\frac{\frac{1}{\cos x}(-\sin x)}{1}}=e^{\lim\limits_{x\to0}(-\tan x)}=e^0=1.$$

方法2 $$\lim_{x\to0}(\cos x)^{\frac{1}{x}}=\lim_{x\to0}(1+(\cos x-1))^{\frac{1}{\cos x-1}\cdot\frac{\cos x-1}{x}}=e^{\lim\limits_{x\to0}\frac{\cos x-1}{x}}$$

$$=e^{\lim\limits_{x\to0}\frac{-\frac{x^2}{2}}{x}}=e^{\lim\limits_{x\to0}-\frac{x}{2}}=e^0=1.$$

因$1\neq e$，所以$x=0$为$f(x)$的可去间断点.

4. $\frac{1}{6}$；**提示** 由于

$$\lim_{h\to0}\frac{h}{f(0)-f(-2h)}=\lim_{h\to0}\frac{1}{2\,\frac{f(0-2h)-f(0)}{-2h}}=\frac{1}{2\lim\limits_{h\to0}\frac{f(0-2h)-f(0)}{-2h}}=\frac{1}{2f'(0)},$$

可得$\frac{1}{2f'(0)}=3$，所以$f'(0)=\frac{1}{6}$.

5. $e^{\sin x^2}\cos x^2$；**提示** 方法1

$$de^{\sin x^2}=e^{\sin x^2}d(\sin x^2)=e^{\sin x^2}\cos x^2d(x^2).$$

方法2 由于

$$de^{\sin x^2}=(e^{\sin x^2})'dx=e^{\sin x^2}\cdot\cos x^2\cdot2xdx=2xe^{\sin x^2}\cos x^2dx,$$

而$d(x^2)=2xdx$，故比较等式两边可知，$e^{\sin x^2}\cos x^2$为所求.

6. $\frac{1}{2}\arctan x^2+C$；**提示** 方法1

$$\int xf(x^2)dx=\frac{1}{2}\int f(x^2)d(x^2)=\frac{1}{2}\arctan x^2+C.$$

方法 2 $\int f(x)\mathrm{d}x=\arctan x+C$，方程两边对 x 求导，得 $f(x)=\frac{1}{1+x^2}$，所以

$$\int xf(x^2)\mathrm{d}x=\int\frac{x}{1+x^4}\mathrm{d}x=\frac{1}{2}\int\frac{1}{1+(x^2)^2}\mathrm{d}(x^2)=\frac{1}{2}\arctan x^2+C.$$

二、选择题

1. (A)；**提示** 因为当 $x\to0$ 时，$x+x^2\sim x$，$\sqrt{1+2x^2}-1\sim\frac{1}{2}\cdot2x^2=x^2$，$2(1-\cos x)\sim x^2$，$\ln(1+x^2)\sim x^2$，故选 (A).

2. (C)；**提示** 由 $\lim\limits_{x\to0}\sqrt{|x|}=0$，$\sin\frac{1}{x^2}$ 是有界变量，得 $\lim\limits_{x\to0}f(x)=\lim\limits_{x\to0}\sqrt{|x|}\sin\frac{1}{x^2}=0$，而 $f(0)=0$，故 $\lim\limits_{x\to0}f(x)=f(0)$，即 $f(x)$ 在 $x=0$ 处连续；

$$\lim_{x\to0^+}\frac{f(x)-f(0)}{x-0}=\lim_{x\to0^+}\frac{\sqrt{|x|}\sin\frac{1}{x^2}}{x}=\lim_{x\to0^+}\frac{\sin\frac{1}{x^2}}{\sqrt{|x|}}，取\ x_k=\frac{1}{\sqrt{2k\pi+\frac{\pi}{2}}},$$

则当 $x_k\to0^+$ 时，$k\to+\infty$，

$$\lim_{x_k\to0^+}\frac{\sin\frac{1}{x_k^2}}{\sqrt{|x_k|}}=\lim_{k\to+\infty}\sqrt[4]{2k\pi+\frac{\pi}{2}}\sin\left(2k\pi+\frac{\pi}{2}\right)=\lim_{k\to+\infty}\sqrt[4]{2k\pi+\frac{\pi}{2}}=+\infty,$$

所以 $\lim\limits_{x\to0^+}\frac{f(x)-f(0)}{x-0}$ 不存在，从而 $f(x)$ 在 $x=0$ 处不可导，故选 (C).

3. (B)；**提示** $f(1)=f(3)=f(6)=0$，$f(x)$ 分别在 $[1, 3]$，$[3, 6]$ 上应用罗尔定理，至少存在 $\xi_1\in(1, 3)$，$\xi_2\in(3, 6)$，使得 $f'(\xi_1)=0$，$f'(\xi_2)=0$，故 $f'(x)=0$ 至少有两个实根；而 $f'(x)$ 为二次多项式，最多有两个实根，所以 $f'(x)=0$ 恰有两个实根，故选 (B).

4. (D)；**提示**

$$y'=\ln x+x\cdot\frac{1}{x}=\ln x+1,\quad y''=\frac{1}{x},\quad y'''=-\frac{1}{x^2},\ \cdots,$$

依此类推，$y^{(10)}=\frac{8!}{x^9}$. 故选 (D).

5. (B)；**提示** 因为 $\lim\limits_{x\to0}\frac{f''(x)}{|x|}=1$，由保号性，存在某 $\mathring{U}(0)$，使得当 $x\in\mathring{U}(0)$ 时，$\frac{f''(x)}{|x|}>0$，所以 $f''(x)>0$，从而 $f'(x)$ 在该邻域内单调递增；又因为 $f'(0)=0$，所以当 $x<0$ 时 $f'(x)<0$，当 $x>0$ 时 $f'(x)>0$. 从而，$x=0$ 为 $f(x)$ 的极小值点. 故选 (B).

注 本题也可以从几何意义上理解，在某 $\mathring{U}(0)$ 内，$f''(x)>0$，故曲线 $y=f(x)$ 在该邻域内为凹的，每一点的切线均在曲线下方；又 $f'(0)=0$，所以 $y=f(x)$ 在 $x=0$ 处有水平切线，即点 $(0, f(0))$ 位于曲线的局部底部，从而 $x=0$ 为 $f(x)$ 的极小值点.

三、计算题（一）

1. 若 $0<a<1$，则 $\lim\limits_{x\to+\infty}a^x=0$，所以

$$\lim_{x\to+\infty}(\sqrt{a^x+4}-\sqrt{a^x+1})=2-1=1.$$

若 $a>1$，则 $\lim\limits_{x\to+\infty}a^x=+\infty$.

方法 1

$$\lim_{x\to+\infty}(\sqrt{a^x+4}-\sqrt{a^x+1})=\lim_{x\to+\infty}\frac{3}{\sqrt{a^x+4}+\sqrt{a^x+1}}=0.$$

方法 2

$$\begin{aligned}\lim_{x\to+\infty}(\sqrt{a^x+4}-\sqrt{a^x+1})&=\lim_{x\to+\infty}\sqrt{a^x}\left(\left(\sqrt{1+\frac{4}{a^x}}-1\right)-\left(\sqrt{1+\frac{1}{a^x}}-1\right)\right)\\&=\lim_{x\to+\infty}\sqrt{a^x}\left(\sqrt{1+\frac{4}{a^x}}-1\right)-\lim_{x\to+\infty}\sqrt{a^x}\left(\sqrt{1+\frac{1}{a^x}}-1\right)\\&=\lim_{x\to+\infty}\sqrt{a^x}\cdot\frac{1}{2}\cdot\frac{4}{a^x}-\lim_{x\to+\infty}\sqrt{a^x}\cdot\frac{1}{2}\cdot\frac{1}{a^x}=0-0=0.\end{aligned}$$

2. 令 $t=\dfrac{1}{x}$，则

$$\lim_{x\to\infty}\left(\sin\frac{2}{x}+\cos\frac{1}{x}\right)^x=\lim_{t\to0}(\sin2t+\cos t)^{\frac{1}{t}}.$$

方法 1 $\lim\limits_{t\to0}(\sin2t+\cos t)^{\frac{1}{t}}=\lim\limits_{t\to0}e^{\frac{\ln(\sin2t+\cos t)}{t}}=e^{\lim\limits_{t\to0}\frac{\ln(\sin2t+\cos t)}{t}}$

$=e^{\lim\limits_{t\to0}\frac{2\cos2t-\sin t}{\sin2t+\cos t}}=e^2.$

方法 2 $\lim\limits_{t\to0}(\sin2t+\cos t)^{\frac{1}{t}}=\lim\limits_{t\to0}(2\sin t\cos t+\cos t)^{\frac{1}{t}}$

$=\lim\limits_{t\to0}(1+2\sin t)^{\frac{1}{t}}(\cos t)^{\frac{1}{t}}=\lim\limits_{t\to0}(1+2\sin t)^{\frac{1}{2\sin t}\frac{2\sin t}{t}}[1+(\cos t-1)]^{\frac{1}{\cos t-1}\frac{\cos t-1}{t}}$

$=e^{\lim\limits_{t\to0}\frac{2\sin t}{t}}\cdot e^{\lim\limits_{t\to0}\frac{\cos t-1}{t}}=e^2\cdot e^{\lim\limits_{t\to0}\frac{-\sin t}{1}}=e^2\cdot e^0=e^2.$

方法 3 $\lim\limits_{t\to0}(\sin2t+\cos t)^{\frac{1}{t}}=\lim\limits_{t\to0}[1+(\sin2t+\cos t-1)]^{\frac{1}{t}}$

$=\lim\limits_{t\to0}[1+(\sin2t+\cos t-1)]^{\frac{1}{\sin2t+\cos t-1}\frac{\sin2t+\cos t-1}{t}}=e^{\lim\limits_{t\to0}\frac{\sin2t+\cos t-1}{t}}$,

$=e^{\lim\limits_{t\to0}\left(\frac{\sin2t}{t}+\frac{\cos t-1}{t}\right)}=e^{2+0}=e^2.$

3. 方法 1 由于

$$y=x^{x^2}+e^{x^2}=e^{x^2\ln x}+e^{x^2},$$

故

$$\begin{aligned}y'&=(e^{x^2\ln x})'+(e^{x^2})'=e^{x^2\ln x}\left(2x\ln x+x^2\cdot\frac{1}{x}\right)+e^{x^2}\cdot2x,\\&=x^{x^2+1}(2\ln x+1)+2xe^{x^2}.\end{aligned}$$

方法 2 记 $y_1=x^{x^2}$，则 $y=y_1+e^{x^2}$，有 $y'=y'_1+(e^{x^2})'$. $y_1=x^{x^2}$ 两边取对数，得 $\ln y_1=x^2\ln x$，两边求导，得

$$\frac{y_1'}{y_1}=2x\ln x+x,$$

故

$$y_1'=y_1(2x\ln x+x)=x^{x^2+1}(2\ln x+1),$$

所以

$$y'=x^{x^2+1}(2\ln x+1)+2xe^{x^2}.$$

4. 原方程可化为

$$\frac{1}{2}\ln(x^2+y^2)=\arctan\frac{y}{x}.$$

方法 1　两边求微分，得

$$\frac{1}{2}\cdot\frac{1}{x^2+y^2}\mathrm{d}(x^2+y^2)=\frac{1}{1+\left(\frac{y}{x}\right)^2}\mathrm{d}\left(\frac{y}{x}\right),$$

即

$$\frac{1}{2}\cdot\frac{1}{x^2+y^2}[\mathrm{d}(x^2)+\mathrm{d}(y^2)]=\frac{x^2}{x^2+y^2}\frac{x\mathrm{d}y-y\mathrm{d}x}{x^2},$$

进而

$$\frac{1}{x^2+y^2}(x\mathrm{d}x+y\mathrm{d}y)=\frac{x}{x^2+y^2}\mathrm{d}y-\frac{y}{x^2+y^2}\mathrm{d}x,$$

从而

$$\mathrm{d}y=\frac{x+y}{x-y}\mathrm{d}x.$$

方法 2　两边对 x 求微分，得

$$\frac{1}{2}\cdot\frac{1}{x^2+y^2}(2x+2yy')=\frac{1}{1+\left(\frac{y}{x}\right)^2}\left(\frac{y'x-y}{x^2}\right),$$

即

$$\frac{x}{x^2+y^2}+\frac{y}{x^2+y^2}y'=\frac{x}{x^2+y^2}y'-\frac{y}{x^2+y^2},$$

得

$$y'=\frac{x+y}{x-y},$$

所以

$$dy=\frac{x+y}{x-y}dx.$$

5. $y'=\sec^2[f(x)]\cdot f'(x)$,

$y''=2\sec[f(x)]\sec[f(x)]\tan[f(x)]\cdot f'(x)\cdot f'(x)+\sec^2[f(x)]\cdot f''(x)$,

$=2\sec^2[f(x)]\tan[f(x)]\cdot f'^2(x)+\sec^2[f(x)]\cdot f''(x)$.

6. 方法 1

$$\int\frac{e^{2x}}{2+e^x}dx=\int\frac{e^x}{2+e^x}de^x=\int\left(1-\frac{2}{2+e^x}\right)de^x=e^x-2\ln(2+e^x)+C.$$

方法 2

$$\int\frac{e^{2x}}{2+e^x}dx=\int\frac{e^{2x}+2e^x-2e^x}{2+e^x}dx=\int\left(e^x-\frac{2e^x}{2+e^x}\right)dx$$
$$=e^x-2\int\frac{1}{e^x+2}de^x=e^x-2\ln(2+e^x)+C.$$

方法 3

$$\int\frac{e^{2x}}{2+e^x}dx=\int\frac{e^{2x}-4+4}{2+e^x}dx=\int\left(e^x-2+\frac{4}{2+e^x}\right)dx$$
$$=e^x-2x+4\int\frac{1}{2+e^x}dx=e^x-2x+4\int\frac{e^{-x}}{2e^{-x}+1}dx$$
$$=e^x-2x-4\int\frac{1}{2e^{-x}+1}de^{-x}=e^x-2x-2\ln(2e^{-x}+1)+C$$
$$=e^x-2x-2\ln\frac{2+e^x}{e^x}+C=e^x-2\ln(2+e^x)+C.$$

7. 方法 1　令 $x=3\sin t$，$t\in\left(-\frac{\pi}{2},\ 0\right)\cup\left(0,\ \frac{\pi}{2}\right)$，则 $dx=3\cos t dt$，于是

$$\int\frac{1}{x^2\sqrt{9-x^2}}dx=\int\frac{3\cos t}{9\sin^2 t\cdot 3\cos t}dt=\frac{1}{9}\int\csc^2 t dt$$
$$=-\frac{1}{9}\cot t+C=-\frac{1}{9}\frac{\sqrt{9-x^2}}{x}+C.$$

方法 2

$$\int\frac{1}{x^2\sqrt{9-x^2}}dx=\int\frac{-\frac{1}{|x|}}{\sqrt{\frac{9}{x^2}-1}}d\left(\frac{1}{x}\right),$$

令 $t=\frac{1}{x}$，则，原式$=\int\frac{-|t|}{\sqrt{9t^2-1}}dt$，当 $x\in(-3,\ 0)$ 时，$t\in\left(-\infty,\ -\frac{1}{3}\right)$，则

$$原式=\int\frac{t}{\sqrt{9t^2-1}}dt=\frac{1}{18}\int\frac{1}{\sqrt{9t^2-1}}d(9t^2-1)=\frac{1}{9}\sqrt{9t^2-1}+C$$

$$=-\frac{1}{9}\frac{\sqrt{9-x^2}}{x}+C,$$

当 $x\in(0,3)$ 时，$t\in\left(\frac{1}{3},+\infty\right)$，

$$原式=\int\frac{-t}{\sqrt{9t^2-1}}dt=-\frac{1}{18}\int\frac{1}{\sqrt{9t^2-1}}d(9t^2-1)=-\frac{1}{9}\sqrt{9t^2-1}+C$$
$$=-\frac{1}{9}\frac{\sqrt{9-x^2}}{x}+C.$$

四、计算题（二）

1. 由于

$$\lim_{x\to0^+}\frac{f(x)-f(0)}{x-0}=\lim_{x\to0^+}\frac{x^2\sin\frac{1}{x}-0}{x}=\lim_{x\to0^+}x\sin\frac{1}{x}=0,$$

即 $f'_+(0)=0$；又因为

$$\lim_{x\to0^-}\frac{f(x)-f(0)}{x-0}=\lim_{x\to0^-}\frac{\frac{1-\cos x^2}{x}-0}{x}=\lim_{x\to0^-}\frac{1-\cos x^2}{x^2}=\lim_{x\to0^-}\frac{\frac{x^4}{2}}{x^2}=0,$$

即 $f'_-(0)=0$，故 $f'(0)=0$.

当 $x>0$ 时，

$$f'(x)=\left(x^2\sin\frac{1}{x}\right)'=2x\sin\frac{1}{x}+x^2\cos\frac{1}{x}\left(-\frac{1}{x^2}\right)=2x\sin\frac{1}{x}-\cos\frac{1}{x};$$

当 $x<0$ 时，

$$f'(x)=\left(\frac{1-\cos x^2}{x}\right)'=\frac{2x\sin x^2\cdot x-(1-\cos x^2)}{x^2}$$
$$=2\sin x^2+\frac{\cos x^2-1}{x^2}.$$

所以

$$f'(x)=\begin{cases}2x\sin\frac{1}{x}-\cos\frac{1}{x}, & x>0\\ 0, & x=0.\\ 2\sin x^2+\frac{\cos x^2-1}{x^2}, & x<0\end{cases}$$

从而曲线 $y=f(x)$ 在点 $(0,0)$ 处的切线方程为 $y=0$.

2. 函数的一阶导数为

$$y'=x^{\frac{2}{3}}+(x-1)\cdot\frac{2}{3}x^{-\frac{1}{3}}=\frac{5x-2}{3\sqrt[3]{x}},$$

$x=0$ 为不可导点，$x=\frac{2}{5}$为驻点.

当 $x<0$ 或 $x>\frac{2}{5}$时，$y'>0$；当 $0<x<\frac{2}{5}$时，$y'<0$. 故函数的单调递增区间为 $(-\infty,\ 0]$ 与$\left[\frac{2}{5},\ +\infty\right)$，单调递减区间为$\left[0,\ \frac{2}{5}\right]$. 函数 y 在 $x=0$ 处取得极大值 0，在 $x=\frac{2}{5}$处取得极小值$-\frac{3}{5}\sqrt[3]{\frac{4}{25}}$.

$$y''=\left(\frac{5}{3}x^{\frac{2}{3}}-\frac{2}{3}x^{-\frac{1}{3}}\right)'=\frac{10}{9}x^{-\frac{1}{3}}+\frac{2}{9}x^{-\frac{4}{3}}=\frac{2(5x+1)}{9x^{\frac{4}{3}}},$$

$x=0$ 为二阶不可导点，当 $x=-\frac{1}{5}$时，二阶导数为零.

当 $x<-\frac{1}{5}$时 $y''<0$，当 $x>-\frac{1}{5}$时 $y''>0$，故凸区间为$\left(-\infty,\ -\frac{1}{5}\right]$，凹区间为$\left[-\frac{1}{5},\ +\infty\right)$，拐点为$\left(-\frac{1}{5},\ -\frac{6}{5}\sqrt[3]{\frac{1}{25}}\right)$.

因为$\lim\limits_{x\to\infty}\frac{(x-1)\sqrt[3]{x^2}}{x}=\infty$，所以函数无水平渐近线，无斜渐近线，易见函数也无垂直渐近线.

3. (1) 收益函数 $R(x)=P\cdot x=10xe^{-\frac{x}{2}}$，$x\in[0,\ 6]$，则 $R(x)$ 在 $x\in[0,\ 6]$ 上连续、可导，且

$$R'(x)=10\left(1-\frac{x}{2}\right)e^{-\frac{x}{2}},$$

令 $R'(x)=0$，得唯一驻点 $x=2$.

当 $x<2$ 时 $R'(x)>0$，当 $x>2$ 时 $R'(x)<0$，故 $x=2$ 为极大值点，从而为 $R(x)$ 在 $[0,\ 6]$ 上的最大值点，即产量为 2 时，取得最大收益 $R(2)=20e^{-1}$，此时，价格 $P=10e^{-1}$.

(2) 由于

$$\frac{ER}{Ex}=x\cdot\frac{R'(x)}{R(x)}=x\cdot\frac{10\left(1-\frac{x}{2}\right)e^{-\frac{x}{2}}}{10xe^{-\frac{x}{2}}}=1-\frac{x}{2},$$

故当 $x=4$ 时，收益弹性

$$\frac{ER}{Ex}=1-\frac{4}{2}=-1,$$

其经济意义为：当销售量为 4 时，价格上涨（或下跌）1%，收益将大约减少（或增加）1%.

五、证明题

1. $f(x)$ 在 $[0,\ 1]$ 上连续，且 $f(0)\cdot f(1)<0$，故由零点定理，至少存在一点 $x_0\in$

(0，1)，使得 $f(x_0)=0$. 设 $F(x)=xf(x)$，则

$$F(0)=0,\quad F(x_0)=x_0 f(x_0)=0,$$

易见 $F(x)$ 在 $[0, x_0]$ 上连续，在 $(0, x_0)$ 内可导，故由罗尔定理，至少存在 $\xi\in(0, x_0)$，使得 $F'(\xi)=f(\xi)+\xi f'(\xi)=0$.

2. 方法 1　考虑证明当 $y>x\geqslant\sqrt{2\,012}$ 时，$x^y>y^x$，即证 $y\ln x>x\ln y$，可化为

$$\frac{\ln x}{x}>\frac{\ln y}{y}.$$

设 $f(x)=\frac{\ln x}{x}$，则

$$f'(x)=\frac{1-\ln x}{x^2}.$$

当 $x>\mathrm{e}$ 时，$f'(x)<0$，所以 $f(x)$ 在 $(\mathrm{e}, +\infty)$ 上单调递减，从而当 $y>x>\mathrm{e}$ 时，有 $\frac{\ln x}{x}>\frac{\ln y}{y}$，即 $x^y>y^x$，所以

$$\sqrt{2\,012}^{\sqrt{2\,013}}>\sqrt{2\,013}^{\sqrt{2\,012}}.$$

方法 2　考虑证明当 $x>\sqrt{2\,012}$ 时，$(\sqrt{2\,012})^x>x^{\sqrt{2\,012}}$，即证

$$x\ln\sqrt{2\,012}>\sqrt{2\,012}\ln x.$$

设

$$f(x)=x\ln\sqrt{2\,012}-\sqrt{2\,012}\ln x,$$

则 $f(\sqrt{2\,012})=0$.

$$f'(x)=\ln\sqrt{2\,012}-\frac{\sqrt{2\,012}}{x},$$

当 $x>\sqrt{2\,012}$ 时，$f'(x)>0$，且 $f(x)$ 在点 $x=\sqrt{2\,012}$ 处连续，所以 $f(x)$ 在 $[\sqrt{2\,012}, +\infty)$ 上单调增加，有

$$f(\sqrt{2\,013})>f(\sqrt{2\,012})=0,$$

即

$$\sqrt{2\,013}\ln\sqrt{2\,012}-\sqrt{2\,012}\ln\sqrt{2\,013}>0,$$

从而有

$$\sqrt{2\,012}^{\sqrt{2\,013}}>\sqrt{2\,013}^{\sqrt{2\,012}}.$$

期末考试试题三全解

一、填空题

1. $(-2,-1]\cup[1,+\infty)$；**提示** 由$\begin{cases}x^2-1\geqslant 0\\x+2>0\end{cases}$，可解得函数的连续区间为$(-2,-1]\cup[1,+\infty)$.

2. 0；**提示** 由于

$$f(0-0)=\lim_{x\to 0^-}(x^2+a)=a,\ f(0+0)=\lim_{x\to 0^+}x\sin\frac{2}{x}=0,$$

而 $f(x)$ 在点 $x=0$ 处连续，因此有 $f(0-0)=f(0+0)$，从而 $a=0$.

3. $a=-1$，$b=1$；**提示** 由

$$\lim_{x\to\infty}\left(\frac{x^3-x^2+2x+1}{x^2+1}+ax+b\right)=\lim_{x\to\infty}\frac{(1+a)x^3+(b-1)x^2+(a+2)x+b+1}{x^2+1}=0,$$

可得 $1+a=0$，$b-1=0$，从而 $a=-1$，$b=1$.

4. $-\frac{3}{2}$；**提示** 由

$$\lim_{h\to 0}\frac{h}{f(1-2h)-f(1)}=\lim_{h\to 0}\frac{1}{\frac{f(1-2h)-f(1)}{h}}=\frac{1}{\lim\limits_{h\to 0}\frac{f(1-2h)-f(1)}{-2h}\cdot(-2)}$$

$$=\frac{1}{-2f'(1)},$$

可得$\frac{1}{-2f'(1)}=\frac{1}{3}$，从而 $f'(1)=-\frac{3}{2}$.

5. 同阶；**提示** 当 $x\to 0$ 时，$\sin(2x+x^2)\sim 2x$，可以证明

$$x^2+\sin(2x+x^2)\sim 2x,$$

故当 $x\to 0$ 时，$x^2+\sin(2x+x^2)$ 是 x 的同阶无穷小量.

6. $x^{\tan x}\left(\sec^2 x\ln x+\frac{\tan x}{x}\right)$；**提示** 由 $f(x)=x^{\tan x}=\mathrm{e}^{\tan x\ln x}$，得

$$f'(x)=\mathrm{e}^{\tan x\ln x}\left(\sec^2 x\ln x+\frac{\tan x}{x}\right)=x^{\tan x}\left(\sec^2 x\ln x+\frac{\tan x}{x}\right).$$

7. $2x\sin x\mathrm{d}x$；**提示** 根据微分的定义有

$$\mathrm{d}y=2xf'(x^2)\mathrm{d}x=2x\sin\sqrt{x^2}\,\mathrm{d}x,$$

又因为 $x>0$，所以 $\mathrm{d}y=2x\sin x\mathrm{d}x$.

8. $\mathrm{e}^{-x}-4\sin 2x$；**提示**

$$f(x)=(\mathrm{e}^{-x}+\sin 2x)'=-\mathrm{e}^{-x}+2\cos 2x,$$
$$f'(x)=(-\mathrm{e}^{-x}+2\cos 2x)'=\mathrm{e}^{-x}-4\sin 2x.$$

9. $f(x)=1+\frac{1}{2}(x-1)-\frac{1}{8}(x-1)^2+\frac{1}{16}(x-1)^3+o((x-1)^3)$，$x\to1$；**提示**
当 $x\to1$ 时，

$$\begin{aligned}\sqrt{x}&=[1+(x-1)]^{\frac{1}{2}}\\&=1+\frac{1}{2}(x-1)+\frac{\frac{1}{2}\left(\frac{1}{2}-1\right)}{2!}(x-1)^2+\frac{\frac{1}{2}\left(\frac{1}{2}-1\right)\left(\frac{1}{2}-2\right)}{3!}(x-1)^3+o((x-1)^3)\\&=1+\frac{1}{2}(x-1)-\frac{1}{8}(x-1)^2+\frac{1}{16}(x-1)^3+o((x-1)^3).\end{aligned}$$

10. $y=\pm1$；**提示**　由于

$$\lim_{x\to-\infty}\frac{x}{\sqrt{x^2-1}}=-1,\quad \lim_{x\to+\infty}\frac{x}{\sqrt{x^2-1}}=1,$$

所以 $y=\dfrac{x}{\sqrt{x^2-1}}$有两条水平渐近线 $y=\pm1$.

二、计算题（一）

1. $\lim\limits_{x\to0}\dfrac{\arctan x-x}{\ln(1+2x^3)}=\lim\limits_{x\to0}\dfrac{\arctan x-x}{2x^3}=\lim\limits_{x\to0}\dfrac{\frac{1}{1+x^2}-1}{6x^2}=\lim\limits_{x\to0}\dfrac{-x^2}{6x^2(1+x^2)}=-\dfrac{1}{6}.$

2. 方法 1　
$$\begin{aligned}\lim_{n\to\infty}(\sqrt{n+3\sqrt{n}}-\sqrt{n-\sqrt{n}})&=\lim_{n\to\infty}\frac{(n+3\sqrt{n})-(n-\sqrt{n})}{\sqrt{n+3\sqrt{n}}+\sqrt{n-\sqrt{n}}}\\&=\lim_{n\to\infty}\frac{4\sqrt{n}}{\sqrt{n+3\sqrt{n}}+\sqrt{n-\sqrt{n}}}=\lim_{n\to\infty}\frac{4}{\sqrt{1+\frac{3}{\sqrt{n}}}+\sqrt{1-\frac{1}{\sqrt{n}}}}\\&=\frac{4}{2}=2.\end{aligned}$$

方法 2

$$\begin{aligned}\lim_{n\to\infty}(\sqrt{n+3\sqrt{n}}-\sqrt{n-\sqrt{n}})&=\lim_{n\to\infty}\sqrt{n}\left[\left(\sqrt{1+\frac{3}{\sqrt{n}}}-1\right)-\left(\sqrt{1-\frac{1}{\sqrt{n}}}-1\right)\right]\\&=\lim_{n\to\infty}\sqrt{n}\left(\sqrt{1+\frac{3}{\sqrt{n}}}-1\right)-\lim_{n\to\infty}\sqrt{n}\left(\sqrt{1-\frac{1}{\sqrt{n}}}-1\right)\\&=\lim_{n\to\infty}\sqrt{n}\cdot\frac{1}{2}\cdot\frac{3}{\sqrt{n}}-\lim_{n\to\infty}\sqrt{n}\cdot\frac{1}{2}\frac{-1}{\sqrt{n}}=\frac{3}{2}+\frac{1}{2}=2.\end{aligned}$$

3. $y'=\dfrac{1}{2\sqrt{x^2-a^2}}(x^2-a^2)'+\dfrac{1}{\sqrt{1-\left(\frac{a}{x}\right)^2}}\left(\dfrac{a}{x}\right)',$

$$=\frac{2x}{2\sqrt{x^2-a^2}}+\frac{|x|}{\sqrt{x^2-a^2}}\left(-\frac{a}{x^2}\right).$$

$$=\frac{x}{\sqrt{x^2-a^2}}-\frac{a}{|x|\sqrt{x^2-a^2}}.$$

4. 由于

$$\lim_{x\to+\infty}f(x)=\lim_{x\to+\infty}\frac{1-\cos x}{x^2}=\lim_{x\to+\infty}\frac{1}{x^2}(1-\cos x),$$

而当 $x\to+\infty$ 时，$\frac{1}{x^2}$ 为无穷小量，$1-\cos x$ 为有界变量，所以

$$\lim_{x\to+\infty}f(x)=\lim_{x\to+\infty}\frac{1}{x^2}(1-\cos x)=0;$$

$$\lim_{x\to-\infty}f(x)=\lim_{x\to-\infty}\frac{e^x-1}{x}=0;$$

又因为

$$f'_+(0)=\lim_{x\to0^+}\frac{f(x)-f(0)}{x-0}=\lim_{x\to0^+}\frac{\frac{1-\cos x}{x^2}-1}{x-0}=\lim_{x\to0^+}\frac{1-\cos x-x^2}{x^3}$$

$$=\lim_{x\to0^+}\frac{\sin x-2x}{3x^2}=\lim_{x\to0^+}\frac{\cos x-2}{6x}=-\infty,$$

即 $f'_+(0)$ 不存在，所以 $f'(0)$ 不存在.

5. 方法 1

$$原式=\int\frac{1}{\sqrt{x}\sqrt{1-x}}dx=\int\frac{2}{\sqrt{1-(\sqrt{x})^2}}d\sqrt{x}=2\arcsin\sqrt{x}+C.$$

方法 2

$$原式=\int\frac{dx}{\sqrt{\frac{1}{4}-\left(x-\frac{1}{2}\right)^2}}=\int\frac{d\left(x-\frac{1}{2}\right)}{\sqrt{\frac{1}{4}-\left(x-\frac{1}{2}\right)^2}}=\arcsin2\left(x-\frac{1}{2}\right)+C$$

$$=\arcsin(2x-1)+C.$$

三、计算题（二）

1. 因为函数 $f(x)$ 在点 $x=0$ 处可导，从而 $f(x)$ 在点 $x=0$ 处连续，而

$$\lim_{x\to0^-}f(x)=\lim_{x\to0^-}(\sin x+2ae^x)=2a,\ f(0)=-2b,$$

有 $2a=-2b$，解得 $b=-a$；又因为

$$f'_-(0)=\lim_{x\to0^-}\frac{f(x)-f(0)}{x-0}=\lim_{x\to0^-}\frac{\sin x+2ae^x-2a}{x}$$

$$=\lim_{x\to0^-}\left(\frac{\sin x}{x}+2a\cdot\frac{e^x-1}{x}\right)=1+2a,$$

$$f'_{+}(0)=\lim_{x\to0^{+}}\frac{f(x)-f(0)}{x-0}=\lim_{x\to0^{+}}\frac{\tan3x-2a(x-1)^{3}-2a}{x}$$
$$=\lim_{x\to0^{+}}\frac{\tan3x-2ax^{3}+6ax^{2}-6ax}{x}$$
$$=3-6a,$$

由于函数 $f(x)$ 在点 $x=0$ 处可导，可知 $f'_{-}(0)=f'_{+}(0)$，即 $1+2a=3-6a$，解得 $a=\frac{1}{4}$，从而 $b=-\frac{1}{4}$.

2. 方程两边同时对 x 求导数，得

$$3x^{2}+6y^{2}y'-6y-6xy'=0,$$

即

$$2(y^{2}-x)y'=2y-x^{2}.$$

当 $y^{2}-x\neq0$ 时，

$$y'=\frac{2y-x^{2}}{2(y^{2}-x)}.$$

令 $y'=0$，得 $y=\frac{x^{2}}{2}$. 将 $y=\frac{x^{2}}{2}$ 代入 $x^{3}+2y^{3}-6xy=0$，得 $x^{3}\left(\frac{x^{3}}{4}-2\right)=0$，有 $x=0$ 或 $x=2$. 当 $x=2$ 时，$y=2$；当 $x=0$ 时，$y=0$（舍）. 由于

$$y''=\frac{1}{2}\cdot\frac{2(y'-x)(y^{2}-x)-(2y-x^{2})(2yy'-1)}{(y^{2}-x)^{2}},$$
$$y''(2)=\frac{1}{2}\cdot\frac{2(0-2)(4-2)-0}{(4-2)^{2}}=-1<0,$$

所以当 $x=2$ 时，$y=y(x)$ 取得极大值 $y(2)=2$.

3. $\lim\limits_{x\to0}\left(\frac{\tan x}{x}\right)^{\frac{1}{x^{2}}}=\lim\limits_{x\to0}\left(1+\frac{\tan x}{x}-1\right)^{\frac{1}{x^{2}}}=\lim\limits_{x\to0}\left[\left(1+\frac{\tan x-x}{x}\right)^{\frac{x}{\tan x-x}}\right]^{\frac{\tan x-x}{x}\cdot\frac{1}{x^{2}}}$,

由于

$$\lim_{x\to0}\frac{\tan x-x}{x}\cdot\frac{1}{x^{2}}=\lim_{x\to0}\frac{\tan x-x}{x^{3}}=\lim_{x\to0}\frac{\sec^{2}x-1}{3x^{2}}=\lim_{x\to0}\frac{\tan^{2}x}{3x^{2}}=\frac{1}{3},$$

因此

$$\lim_{x\to0}\left(\frac{\tan x}{x}\right)^{\frac{1}{x^{2}}}=\mathrm{e}^{\frac{1}{3}}.$$

4. (1) 当 $x=0$ 时，$f(0)=0$；当 $x=k\pi$（$k\in\mathbf{Z}$，$k\neq0$）时，由于

$$f(x)=\lim_{n\to\infty}\frac{(n+2)x}{n\sin x+1}=\lim_{n\to\infty}(n+2)k\pi=\infty,$$

所以 $f(x)$ 在 $x=k\pi$（$k\in\mathbf{Z}$，$k\neq0$）处无定义；当 $x\neq k\pi$ 时，

$$f(x)=\lim_{n\to\infty}\frac{(n+2)x}{n\sin x+1}=\frac{x}{\sin x};$$

因此

$$f(x)=\begin{cases}0, & x=0\\ \text{无定义}, & x=k\pi \quad (k\in\mathbf{Z},\ k\neq0).\\ \dfrac{x}{\sin x}, & x\neq k\pi \quad (k\in\mathbf{Z})\end{cases}$$

（2）当

$$\lim_{x\to k\pi}f(x)=\lim_{x\to k\pi}\frac{x}{\sin x}=\infty(k\in\mathbf{Z},\ k\neq0),$$

故 $x=k\pi$（$k\in\mathbf{Z}$，$k\neq0$）为第二类间断点中的无穷间断点；又因为

$$\lim_{x\to0}f(x)=\lim_{x\to0}\frac{x}{\sin x}=1,$$

故 $x=0$ 为第一类间断点中的可去间断点.

四、应用题

1. 由题意，有

$$y'=\frac{1}{x^2}e^{-\frac{1}{x}},\ y''=\left(-\frac{2}{x^3}+\frac{1}{x^4}\right)e^{-\frac{1}{x}}=\frac{1-2x}{x^4}e^{-\frac{1}{x}},$$

且 $x=0$ 为函数 $y=e^{-\frac{1}{x}}$ 的间断点；对 $\forall x\neq0$，$y'>0$，故函数的单调递增区间为（$-\infty$，0）与（0，$+\infty$）.

又因为 $y''\left(\frac{1}{2}\right)=0$，当 $x<\frac{1}{2}$ 时 $y''>0$，当 $x>\frac{1}{2}$ 时 $y''<0$，故曲线的凸区间为 $\left[\frac{1}{2},+\infty\right)$，凹区间为（$-\infty$，0）与 $\left(0,\frac{1}{2}\right]$，拐点为 $\left(\frac{1}{2},e^{-2}\right)$.

由于 $\lim\limits_{x\to0^-}e^{-\frac{1}{x}}=+\infty$，所以 $x=0$ 为垂直渐近线；由于 $\lim\limits_{x\to\infty}e^{-\frac{1}{x}}=1$，所以 $y=1$ 为水平渐近线；曲线无斜渐近线. 函数图像见下页图.

2. （1）由 $x=125-5p$，得 $p=25-\frac{x}{5}$；利润函数为

$$L(x)=R(x)-C(x)=px-C(x)=\left(25-\frac{x}{5}\right)x-(100+x+x^2),$$

即

$$L(x)=-\frac{6}{5}x^2+24x-100.$$

从而

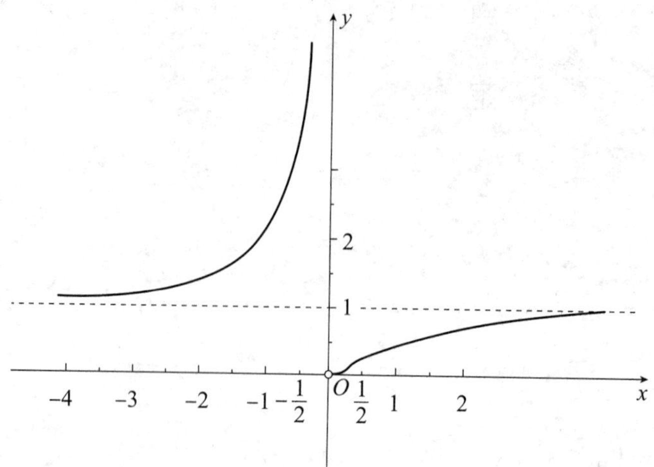

$$L'(x)=-\frac{12}{5}x+24,$$

令 $L'(x)=0$，得唯一的驻点 $x=10$，又由 $L''(10)=-\frac{12}{5}<0$ 知，$x=10$ 为极大值点，所以 $x=10$ 为最大值点，即产量为 10 时，利润最大.

（2）由于

$$x'(p)=-5,\quad \frac{\mathrm{E}x}{\mathrm{E}p}=\frac{p}{x}x'(p)=\frac{p}{125-5p}\cdot(-5)=\frac{p}{p-25},$$

因此 $\left.\frac{\mathrm{E}x}{\mathrm{E}p}\right|_{p=20}=-4$，即当 $p=20$ 时，若价格上涨（或下跌）1%，需求量将大约减少（或增加）4%.

五、证明题（二选一）

1. 欲证 $af'(\xi)+bf'(\eta)=a+b$，即证

$$\frac{a}{a+b}f'(\xi)+\frac{b}{a+b}f'(\eta)=1.$$

分别在 $\left[0,\frac{a}{a+b}\right]$ 与 $\left[\frac{a}{a+b},1\right]$ 上，由拉格朗日中值定理可得，至少存在点 $\xi\in\left(0,\frac{a}{a+b}\right)$ 与 $\eta\in\left(\frac{a}{a+b},1\right)$，使得

$$f\left(\frac{a}{a+b}\right)-f(0)=f'(\xi)\frac{a}{a+b}. \quad ①$$

$$f(1)-f\left(\frac{a}{a+b}\right)=f'(\eta)\left(1-\frac{a}{a+b}\right)=f'(\eta)\frac{b}{a+b} \quad ②$$

式①与式②相加，得

$$\frac{a}{a+b}f'(\xi)+\frac{b}{a+b}f'(\eta)=f(1)-f(0);$$

又由 $f(0)=0$，$f(1)=1$，得

$$\frac{a}{a+b}f'(\xi)+\frac{b}{a+b}f'(\eta)=1,$$

即

$$af'(\xi)+bf'(\eta)=a+b.$$

2. 构造辅助函数

$$F(x)=f(x)-f\left(\frac{1}{n}\right)x.$$

当 $n=1$ 时，$F(0)=0$，$F(1)=0$. 由罗尔定理，至少存在 $\xi\in(0,1)$，使得

$$F'(\xi)=f'(\xi)-f(1)=0,$$

即 $f'(\xi)=f(1)$. 当 $n>1$ 时，

$$F(0)=f(0)=0,\ F\left(\frac{1}{n}\right)=f\left(\frac{1}{n}\right)-f\left(\frac{1}{n}\right)\cdot\frac{1}{n}=\frac{n-1}{n}f\left(\frac{1}{n}\right),$$

$$F(1)=f(1)-f\left(\frac{1}{n}\right)=-f\left(\frac{1}{n}\right).$$

若 $f\left(\frac{1}{n}\right)=0$，则 $F(0)=F\left(\frac{1}{n}\right)=F(1)=0$，由罗尔定理，至少存在 $\xi\in\left(0,\frac{1}{n}\right)$或 $\eta\in\left(\frac{1}{n},1\right)$，使得

$$F'(\xi)=f'(\xi)-f\left(\frac{1}{n}\right)=0,$$

即 $f'(\xi)=f\left(\frac{1}{n}\right)$；若 $f\left(\frac{1}{n}\right)\neq0$，则由于$\frac{n-1}{n}>0$，得 $F\left(\frac{1}{n}\right)\cdot F(1)<0$，由零点定理，至少存在 $x_0\in\left(\frac{1}{n},1\right)$，使得 $F(x_0)=0$，从而由罗尔定理可知，至少存在一点 $\xi\in(0,x_0)$，使得

$$F'(\xi)=f'(\xi)-f\left(\frac{1}{n}\right)=0,$$

即 $f'(\xi)=f\left(\frac{1}{n}\right)$.

期末考试试题四全解

一、填空题

1. （e，e^2）；**提示**　由题意知，$1<\ln x<2$，于是 $e<x<e^2$.

2. 0，6；**提示**　因为$\lim\limits_{n\to\infty}\dfrac{an^2+bn+5}{3n-2}=2$，所以$\begin{cases}a=0\\ \dfrac{b}{3}=2\end{cases}$，即$\begin{cases}a=0\\ b=6\end{cases}$.

3. e^2；**提示**　由题意知

$$\lim_{x\to0}\frac{\sin(\sin kx)}{x}=\lim_{x\to0}(1+2x)^{\frac{1}{x}}=e^2,$$

而

$$\lim_{x\to0}\frac{\sin(\sin kx)}{x}=\lim_{x\to0}\frac{\sin kx}{x}=k,$$

所以 $k=e^2$.

4. $-4e$；**提示**　因为 $f(x)=e^{x^2}$，所以 $f'(1)=2e$. 于是

$$\lim_{h\to0}\frac{f(1-2h)-f(1)}{h}=-2\lim_{h\to0}\frac{f(1-2h)-f(1)}{-2h}=-2f'(1)=-4e.$$

5. $-\dfrac{1}{2}\ln(1-x^2)+C$；**提示**　因为$\int f(x)\mathrm{d}x=\ln x+C$，所以

$$\int xf(1-x^2)\mathrm{d}x=-\frac{1}{2}\int f(1-x^2)\mathrm{d}(1-x^2)=-\frac{1}{2}\ln(1-x^2)+C.$$

6. $f(x)=\ln2+\dfrac{x-2}{2}-\dfrac{(x-2)^2}{8}+\dfrac{(x-2)^3}{24}+o((x-2)^3)$，$x\to2$；**提示**

当 $x\to2$ 时，有

$$\begin{aligned}\ln x&=\ln(2+x-2)=\ln2+\ln\left(1+\frac{x-2}{2}\right)\\&=\ln2+\frac{x-2}{2}-\frac{(x-2)^2}{8}+\frac{(x-2)^3}{24}+o((x-2)^3).\end{aligned}$$

二、选择题

1. (C)；**提示**　由数列极限的定义知，若数列 $\{x_n\}$ 以 a 为极限，则对于 a 的 ε 邻域 $(a-\varepsilon,\ a+\varepsilon)$（$\forall\varepsilon>0$），至多有有限个点在该邻域之外，其他所有点都落在该邻域之内，所以答案为（C）.

2. (D)；**提示**　因为

$$\lim_{x\to0}\frac{\sin2x}{x}=2,\quad \lim_{x\to0}\frac{\sqrt{1+x}-1}{x}=\frac{1}{2},$$

$$\lim_{x\to 0}\frac{x-\sin x}{x}=0,\quad \lim_{x\to 0}\frac{\sqrt{1+x}-\sqrt{1-x}}{x}=1,$$

即当 $x\to 0$ 时，$(\sqrt{1+x}-\sqrt{1-x})\sim x$，所以答案为 (D).

3. (D)；**提示** 因为

$$\lim_{x\to 0}\frac{f(x)-f(0)}{x}=\lim_{x\to 0}x\sin\frac{1}{x}=0,$$

所以 $f'(0)=0$，即 $f(x)$ 在点 $x=0$ 处可导，所以答案为 (D).

4. (B)；**提示** 因为 $\lim\limits_{x\to 2}\dfrac{f'(x)}{x-2}=-1<0$，所以存在 $\delta>0$，使得当 $x\in(2-\delta,\ 2)\cup(2,\ 2+\delta)$ 时，有 $\dfrac{f'(x)}{x-2}<0$，于是当 $x\in(2-\delta,\ 2)$ 时 $f'(x)>0$，当 $x\in(2,\ 2+\delta)$ 时 $f'(x)<0$. 故 $x=2$ 为 $f(x)$ 的极大值点，所以答案是 (B).

5. (D)；**提示** 由下图可知，当 $x<0$ 时，$f(x)$ 是递增的且其图形是凹的，所以此时 $f'(x)>0$ 且 $f''(x)>0$，即 $f'(x)$ 也是递增的，从而选项 (A) 和选项 (C) 错误.

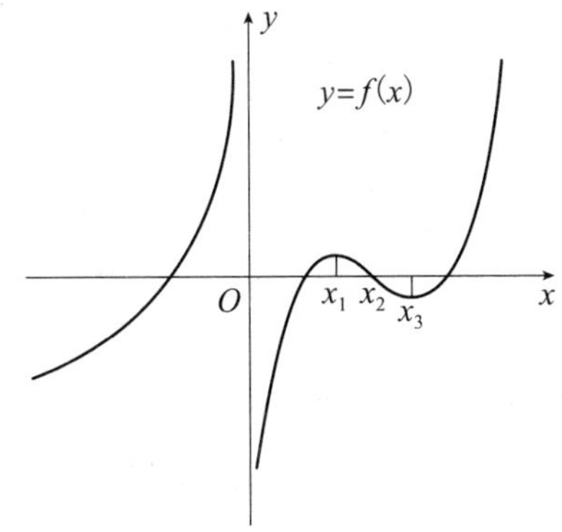

当 $x>0$ 时，依次记 $f(x)$ 的极大值点为 $x=x_1$，拐点为 $(x_2,\ f(x_2))$，极小值点为 $x=x_3$，其中，当 $0<x<x_2$ 时，$f(x)$ 的图形是凸的，所以 $f''(x)<0$，于是 $f'(x)$ 是递减的；当 $x_2<x<+\infty$ 时，$f(x)$ 的图形是凹的，所以 $f''(x)>0$，于是 $f'(x)$ 是递增的.

又因为 $f(x)$ 在 $x=x_1$ 及 $x=x_3$ 处均取极值，所以 $f'(x_1)=f'(x_3)=0$. 所以答案为 (D).

6. (B)；**提示** 因为

$$f'(x)=6x^2-18x+12=6(x-1)(x-2),$$

所以当 $x<1$ 时 $f'(x)>0$，则 $f(x)$ 是递增的；当 $1<x<2$ 时 $f'(x)<0$，则 $f(x)$ 是递减的；当 $x>2$ 时 $f'(x)>0$，则 $f(x)$ 是递增的.

又 $f(0)=-a$，$f(1)=5-a$. 当 $a=2$ 时，$f(0)=-2$，$f(1)=3$，$f(2)=2$，由零点定理可知，此时只有一个零点.

当 $a=4$ 时，$f(0)=-4$，$f(1)=1$，$f(2)=0$，此时有两个零点.

当 $a=6$ 时，$f(0)=-6$，$f(1)=-1$，$f(2)=-2$，又 $\lim\limits_{x\to+\infty}f(x)=+\infty$，此时只有一个零点.

同理当 $a=8$ 时，也只有一个零点．所以答案为（B）．

三、计算题（一）

1. 原式 $=\lim\limits_{x\to 0}\dfrac{\tan x-x}{x^2\tan x}=\lim\limits_{x\to 0}\dfrac{\tan x-x}{x^3}$

$$=\lim_{x\to 0}\frac{\sec^2 x-1}{3x^2}=\lim_{x\to 0}\frac{\tan^2 x}{3x^2}=\lim_{x\to 0}\frac{x^2}{3x^2}=\frac{1}{3}.$$

2. 方程两边关于 x 求导，得到

$$\cos(xy)\cdot(y+xy')+\mathrm{e}^y\cdot y'=2,$$

解出

$$y'=\frac{2-y\cos(xy)}{x\cos(xy)+\mathrm{e}^y},$$

于是 $y'\Big|_{(\frac{1}{2},0)}=\dfrac{4}{3}$，故所求切线方程为 $y=\dfrac{4}{3}\left(x-\dfrac{1}{2}\right)$，即 $4x-3y-2=0$.

3. 因为

$$y'=\frac{1}{x}+\left(\mathrm{e}^{\sin\frac{1}{x}\cdot\ln x}\right)'=\frac{1}{x}+x^{\sin\frac{1}{x}}\cdot\left[\cos\frac{1}{x}\cdot\left(-\frac{1}{x^2}\right)\cdot\ln x+\sin\frac{1}{x}\cdot\frac{1}{x}\right],$$

所以

$$\mathrm{d}y=\left[\frac{1}{x}+x^{\sin\frac{1}{x}}\cdot\left(-\cos\frac{1}{x}\cdot\frac{\ln x}{x^2}+\frac{1}{x}\sin\frac{1}{x}\right)\right]\mathrm{d}x.$$

4. $\displaystyle\int\frac{\sin\sqrt{x}}{\sqrt{x}}=2\int\sin\sqrt{x}\,\mathrm{d}(\sqrt{x})\ =-2\cos\sqrt{x}+C.$

四、计算题（二）

1. 由题意

$$\text{原式}=\lim_{x\to+\infty}\mathrm{e}^{\frac{1}{x}\ln(x+\sqrt{1+x^2})}=\mathrm{e}^{\lim\limits_{x\to+\infty}\frac{\ln(x+\sqrt{1+x^2})}{x}},$$

而

$$\lim_{x\to+\infty}\frac{\ln(x+\sqrt{1+x^2})}{x}=\lim_{x\to+\infty}\frac{1}{\sqrt{1+x^2}}=0,$$

所以，原式 $=\mathrm{e}^0=1$.

2. 由题意知

$$y'=f'(\ln x)\cdot\frac{1}{x}+\frac{f'(x)}{f(x)},$$

$$y''=f''(\ln x)\cdot\frac{1}{x^2}+f'(\ln x)\cdot\left(-\frac{1}{x^2}\right)+\frac{f''(x)\cdot f(x)-[f'(x)]^2}{f^2(x)}$$

$$=\frac{f''(\ln x)-f'(\ln x)}{x^2}+\frac{f''(x)\cdot f(x)-[f'(x)]^2}{f^2(x)}.$$

3. 当 $x>0$ 时，

$$f(x)=\lim_{n\to\infty}\frac{1-e^{nx}}{1+e^{nx}}=\lim_{n\to\infty}\frac{e^{-nx}-1}{e^{-nx}+1}=-1.$$

当 $x<0$ 时，

$$f(x)=\lim_{n\to\infty}\frac{1-e^{nx}}{1+e^{nx}}=\frac{1-0}{1+0}=1.$$

当 $x=0$ 时，

$$f(x)=\lim_{n\to\infty}\frac{1-e^{nx}}{1+e^{nx}}=\frac{1-1}{1+1}=0.$$

所以

$$f(x)=\begin{cases}1, & x<0\\ 0, & x=0,\\ -1, & x>0\end{cases}$$

故点 $x=0$ 为 $y=f(x)$ 的第一类间断点中的跳跃间断点.

4. 由题意知

$$f'(x)=3ax^2-12ax=3ax(x-4).$$

令 $f'(x)=0$，得到 $x=0$ 或 $x=4$. 因为

$$f(0)=b,\quad f(-1)=-7a+b,\quad f(2)=-16a+b,$$

且 $a>0$，所以最大值为 $f(0)=b=3$，最小值为 $f(2)=-16a+b=-29$，解得$a=2$，$b=3$.

五、应用题

1. 因为 $x\neq0$，所以定义域为 $(-\infty,\ 0)\cup(0,\ +\infty)$. 函数的一阶、二阶导数分别为

$$y'=\frac{x^2-(x+1)\cdot 2x}{x^4}=-\frac{x+2}{x^3},$$

$$y''=\frac{-x^3+(x+2)\cdot 3x^2}{x^6}=\frac{2x+6}{x^4}.$$

令 $y'=0$，得 $x=-2$，且当 $x>0$ 或 $x<-2$ 时 $y'<0$，当 $-2<x<0$ 时 $y'>0$. 所以单调增加区间为$[-2,\ 0)$，单调减少区间为$(-\infty,\ -2]\cup(0,\ +\infty)$. 因为$y''|_{x=-2}=\frac{1}{8}>0$，所以 $x=-2$ 为极小值点，极小值为 $y(-2)=-\frac{1}{4}$.

令 $y''=0$，得 $x=-3$，当 $x>-3$ 且 $x\neq0$ 时 $y''>0$，当 $x<-3$ 时 $y''<0$，所以凹区间为 $[-3,\ 0)\cup(0,\ +\infty)$，凸区间为 $(-\infty,\ -3]$，拐点为$\left(-3,\ -\frac{2}{9}\right)$.

因为$\lim\limits_{x\to\infty}\frac{x+1}{x^2}=0$，所以 $y=0$ 为曲线的水平渐近线；因为$\lim\limits_{x\to0}\frac{x+1}{x^2}=+\infty$，所以 $x=0$

为曲线的垂直渐近线；又因为$\lim\limits_{x\to\infty}\dfrac{x+1}{x^3}=0$，所以曲线无斜渐近线.

单调增加区间	$[-2, 0)$	单调减少区间	$(-\infty, -2]\cup(0, +\infty)$
极值点	$x=-2$	极小值	$-\dfrac{1}{4}$
凹区间	$[-3, 0)\cup(0, +\infty)$	凸区间	$(-\infty, -3]$
拐点	$\left(-3, -\dfrac{2}{9}\right)$	渐近线	水平渐近线 $y=0$ 垂直渐近线 $x=0$

2.（1）由题意知

$$C(x)=2x,\quad R(x)=xP=20x-4x^2,$$

总利润为

$$L(x)=R(x)-C(x)-tx=(18-t)x-4x^2,\ x>0,$$

于是

$$L'(x)=18-t-8x.$$

令 $L'(x)=0$，得到 $x=\dfrac{1}{8}(18-t)$，而

$$L''(x)=-8<0,$$

所以 $x=\dfrac{1}{8}(18-t)$ 是唯一驻点且为极大值点，即为最大值点. 政府总税额为

$$g(t)=\frac{1}{8}(18-t)t\quad(t>0),$$

于是

$$g'(t)=\frac{9}{4}-\frac{t}{4},$$

令 $g'(t)=0$，得到 $t=9$，且 $g''(9)=-\dfrac{1}{4}<0$，所以税款为 9 时，企业获利最大，政府总税额最大.

（2）由于

$$\eta(P)=\frac{P}{x(P)}\cdot x'(P)=\frac{P}{\frac{1}{4}(20-P)}\cdot\left(-\frac{1}{4}\right)=\frac{P}{P-20},$$

因此 $\eta(4)=-\dfrac{1}{4}$.

经济意义为：当价格 $P=4$ 时，若价格上涨（或下跌）1%，则需求量将大约减少（或

增加）0.25%.

六、证明题

构造辅助函数

$$F(x)=f(x)e^{-x}.$$

因为 $f(1)f(2)<0$，$f(x)$ 在 $[1,3]$ 上连续，由零点定理知，存在 $x_1\in(1,2)$，使得 $f(x_1)=0$. 又 $f(1)f(3)>0$，所以 $f(2)f(3)<0$，由零点定理知，存在 $x_2\in(2,3)$，使得 $f(x_2)=0$. 于是 $F(x)$ 在 $[x_1,x_2]$ 上连续，在 (x_1,x_2) 内可导，且

$$F(x_1)=F(x_2)=0,$$

由罗尔中值定理知，至少存在一点 $\xi\in(x_1,x_2)\subset(1,3)$，使得 $F'(\xi)=0$，即

$$f'(\xi)-f(\xi)=0.$$

期末考试试题五全解

一、填空题

1. $p=-5$，$q=0$；**提示** 由已知

$$\lim_{x\to\infty}f(x)=\lim_{x\to\infty}\frac{3qx^3+(5+p)x^2+3qx+3}{x^2+1}=0,$$

所以 $p=-5$，$q=0$.

2. a；**提示** 由已知

$$|x_n-a|\leqslant|y_n-x_n|\to 0\quad(n\to\infty),$$

所以$\lim\limits_{n\to\infty}x_n=a$.

3. $(-\infty,1)\cup(1,+\infty)$；**提示** 设 $t=\dfrac{1}{x}$，则 $f(t)=\dfrac{1}{1-t}$，即 $f(x)=\dfrac{1}{1-x}$. 因为 $f(x)$ 为初等函数，因此在其定义区间上均连续，从而 $f(x)$ 的连续区间为 $(-\infty,1)\cup(1,+\infty)$.

4. 6，4；**提示** 由已知，有

$$\lim_{x\to 3}[f(x)-2x]=\lim_{x\to 3}\frac{f(x)-2x}{x^2-9}\cdot(x^2-9)=\frac{1}{3}\times 0=0,$$

即$\lim\limits_{x\to 3}f(x)-6=0$，从而$\lim\limits_{x\to 3}f(x)=6$. 由 $f(x)$ 在点 $x=3$ 处连续可得，

$$f(3)=\lim_{x\to 3}f(x)=6,$$

从而

$$\begin{aligned}\lim_{x\to 3}\frac{f(x)-2x}{x^2-9}&=\lim_{x\to 3}\frac{f(x)-6+6-2x}{(x+3)(x-3)}=\frac{1}{6}\lim_{x\to 3}\left[\frac{f(x)-6}{x-3}+\frac{6-2x}{x-3}\right]\\&=\frac{1}{6}\lim_{x\to 3}\frac{f(x)-f(3)}{x-3}-\frac{1}{3}=\frac{1}{6}f'(3)-\frac{1}{3}=\frac{1}{3},\end{aligned}$$

解得 $f'(3)=4$.

5. $\cos 2^x$，$2^x\cos 2^x\ln 2$；**提示** 由 $f''(x)=\cos x$，可得

$$f''(2^x)=\cos 2^x,$$
$$[f'(2^x)]'=f''(2^x)2^x\ln 2=2^x\cos 2^x\ln 2.$$

6. $\dfrac{1}{3}-\dfrac{1}{9}(x-1)+\dfrac{1}{27}(x-1)^2-\dfrac{1}{81}(x-1)^3+o((x-1)^3)(x\to 1)$；**提示**

$$f(x)=\frac{1}{3+(x-1)}=\frac{1}{3}\frac{1}{1-\left(-\dfrac{x-1}{3}\right)}$$

$$=\frac{1}{3}\left[1-\frac{x-1}{3}+\frac{(x-1)^2}{9}-\frac{(x-1)^3}{27}+o((x-1)^3)\right]$$

$$=\frac{1}{3}-\frac{1}{9}(x-1)+\frac{1}{27}(x-1)^2-\frac{1}{81}(x-1)^3+o((x-1)^3)\quad(x\to 1).$$

7. π；**提示** 由微分定义，得$\frac{\mathrm{d}y}{\mathrm{d}x}=\frac{y}{1+x^2}$，从而$\left.\frac{\mathrm{d}y}{\mathrm{d}x}\right|_{(0,\pi)}=\pi$.

8. $\ln|1+\ln x|+C$；**提示**

$$\int\frac{\mathrm{d}x}{x(1+\ln x)}=\int\frac{1}{1+\ln x}\mathrm{d}(1+\ln x)=\ln|1+\ln x|+C.$$

二、单项选择题

1. (B)；**提示** 选项（A）错误，例如取 $x_n=y_n=(-1)^n$，$\{x_n\}$ 和 $\{y_n\}$ 均发散，但 $\{x_ny_n\}$ 收敛；选项（C）错误，若取 $\{y_n\}$ 为无穷大数列，则 $\{x_ny_n\}$ 为未定式，如 $x_n=\frac{1}{n}$，$y_n=n$，但$\lim\limits_{n\to\infty}x_ny_n=1$；选项（D）错误，例如取

$$x_n=\frac{1+(-1)^n}{2},\ y_n=\frac{1-(-1)^n}{2},$$

则有$\lim\limits_{n\to\infty}x_ny_n=0$，但$\lim\limits_{n\to\infty}x_n$ 与$\lim\limits_{n\to\infty}y_n$ 均不存在；选项（B）正确，利用反证法证明，假设 $\{x_n+y_n\}$ 收敛，由 $y_n=(x_n+y_n)-x_n$ 可知 $\{y_n\}$ 收敛，与题设 $\{y_n\}$ 发散矛盾，所以 $\{x_n+y_n\}$ 一定发散.

2. (B)；**提示** 由于

$$\lim_{x\to1^-}f(x)=2\times\left(-\frac{\pi}{2}\right)=-\pi,\ \lim_{x\to1^+}f(x)=2\times\frac{\pi}{2}=\pi,$$

所以 $x=1$ 为 $f(x)$ 的第一类间断点中的跳跃间断点.

3. (B)；**提示** 函数的定义域为 $(-\infty,-1)\cup(-1,0)\cup(0,1)\cup(1,+\infty)$. 由于

$$\lim_{x\to\infty}y=\lim_{x\to\infty}\frac{x^2+x}{x^2-1}\sin\frac{1}{x}=0,$$

所以函数有一条水平渐近线 $y=0$，无斜渐近线. 又因为

$$\lim_{x\to0}y=0,\quad \lim_{x\to1}y=\infty,$$

$$\lim_{x\to-1}y=\lim_{x\to-1}\frac{x}{x-1}\sin\frac{1}{x}=-\frac{1}{2}\sin1,$$

所以函数有一条垂直渐近线 $x=1$. 综上所述，函数有两条渐近线 $y=0$ 和 $x=1$.

4. (D)；**提示** 由$\lim\limits_{x\to0}\frac{f(x)}{x}=1$ 可得

$$f(0)=\lim_{x\to0}f(x)=\lim_{x\to0}\frac{f(x)}{x}\cdot x=1\times0=0,$$

$$f'(0)=\lim_{x\to 0}\frac{f(x)-f(0)}{x-0}=\lim_{x\to 0}\frac{f(x)}{x}=1,$$

由泰勒公式，有

$$f(x)=f(0)+f'(0)x+\frac{f''(\xi)}{2!}x^2=x+\frac{f''(\xi)}{2}x^2\geqslant x,$$

上式中 ξ 介于 0 与 x 之间.

5. (A)；**提示** $x=-1$ 为 $f'(x)$ 的驻点，并且为 $f'(x)$ 的极大值点，即 $f''(-1)=0$，且在 $x=-1$ 的左邻域 $f''(x)>0$，曲线 $y=f(x)$ 是凹的，在 $x=-1$ 的右邻域 $f''(x)<0$，曲线 $y=f(x)$ 是凸的，所以点 $(-1,f(-1))$ 为曲线 $y=f(x)$ 的拐点. 选 (A)，排除 (C)、(D). 由 $f''(0)<0$ 可知，$(0,f(0))$ 不为曲线 $y=f(x)$ 的拐点，排除 (B).

6. (B)；**提示** 由已知 $f'(x)=\sin x$，从而 $f(x)=-\cos x+C_1$，$f(x)$ 的全体原函数为

$$\int f(x)\mathrm{d}x=-\sin x+C_1x+C_2,$$

其中 C_1，C_2 为任意常数.

三、计算题

1. $$\lim_{x\to+\infty}\sin\left(\sqrt{(x-3)(x-5)}-x\right)=\sin\left[\lim_{x\to+\infty}\left(\sqrt{(x-3)(x-5)}-x\right)\right]$$
$$=\sin\left[\lim_{x\to+\infty}\left(\frac{-8x+15}{\sqrt{(x-3)(x-5)}+x}\right)\right]=\sin\left[\lim_{x\to+\infty}\left(\frac{-8+\frac{15}{x}}{\sqrt{\left(1-\frac{3}{x}\right)\left(1-\frac{5}{x}\right)}+1}\right)\right]$$
$$=\sin(-4)=-\sin 4.$$

2. 方法 1 $$\lim_{x\to 0}\frac{\ln(1+x^2)}{\sec x-\cos x}=\lim_{x\to 0}\frac{x^2}{\sec x-\cos x}=\lim_{x\to 0}\frac{2x}{\sec x\tan x+\sin x}$$
$$=\lim_{x\to 0}\frac{2}{\sec x\tan^2x+\sec^3x+\cos x}=1.$$

方法 2

$$\lim_{x\to 0}\frac{\ln(1+x^2)}{\sec x-\cos x}=\lim_{x\to 0}\frac{x^2\cos x}{1-\cos^2x}=\lim_{x\to 0}\frac{x^2\cos x}{\sin^2x}=\lim_{x\to 0}\frac{x^2\cos x}{x^2}=1.$$

3. $$\lim_{x\to 0}\left(\frac{3-\mathrm{e}^x}{2+x}\right)^{\frac{1}{\sin x}}=\lim_{x\to 0}\mathrm{e}^{\frac{\ln(3-\mathrm{e}^x)-\ln(2+x)}{\sin x}}=\mathrm{e}^{\lim\limits_{x\to 0}\frac{\ln(3-\mathrm{e}^x)-\ln(2+x)}{x}}=\mathrm{e}^{\lim\limits_{x\to 0}\frac{\frac{-\mathrm{e}^x}{3-\mathrm{e}^x}-\frac{1}{2+x}}{1}}=\mathrm{e}^{-1}.$$

4. 由于

$$y'=\frac{1}{2}\sqrt{x^2+1}+\frac{x}{2}\cdot\frac{2x}{2\sqrt{x^2+1}}+\frac{1}{2}\frac{1}{x+\sqrt{x^2+1}}\left(x+\sqrt{x^2+1}\right)'$$
$$=\frac{1}{2}\sqrt{x^2+1}+\frac{x^2}{2\sqrt{x^2+1}}+\frac{1}{2}\frac{1}{x+\sqrt{x^2+1}}\left(1+\frac{2x}{2\sqrt{x^2+1}}\right)$$
$$=\frac{2x^2+1}{2\sqrt{x^2+1}}+\frac{1}{2\sqrt{x^2+1}}=\sqrt{x^2+1},$$

因此

$$dy=y'dx=\sqrt{x^2+1}dx.$$

5. 设 $x=\tan t$，$t\in\left(-\frac{\pi}{2},\frac{\pi}{2}\right)$，则

$$\begin{aligned}\int\frac{x^2}{(\sqrt{x^2+1})^3}dx&=\int\frac{\tan^2 t}{(\sec t)^3}\sec^2 t dt=\int\frac{\sec^2 t-1}{\sec t}dt\\&=\int(\sec t-\cos t)dt=\ln|\sec t+\tan t|-\sin t+C\\&=\ln|\sqrt{1+x^2}+x|-\frac{x}{\sqrt{1+x^2}}+C.\end{aligned}$$

6. (1) 方程两边对 x 求导数，得

$$e^{xy}(y+xy')+\sec^2(xy)(y+xy')=y',$$

解得

$$y'=\frac{ye^{xy}+y\sec^2(xy)}{1-xe^{xy}-x\sec^2(xy)}.$$

将 $x=0$ 代入原方程得 $y=1$，将 $x=0$，$y=1$ 代入 y' 得 $y'(0)=2$.

(2) 曲线 $y=y(x)$ 上对应点 $x=0$ 处的切线方程为

$$y-1=2x,\quad 即\ y=2x+1.$$

四、设需求量为 x，商品的总收入函数为

$$R(x)=px=\frac{12\,000-x}{80}\cdot x=150x-\frac{1}{80}x^2,$$

总利润函数为

$$\begin{aligned}L(x)&=R(x)-C(x)-2x=150x-\frac{1}{80}x^2-(25\,000+50x)-2x\\&=-\frac{1}{80}x^2+98x-25\,000,\end{aligned}$$

令

$$L'(x)=-\frac{1}{40}x+98=0,$$

解得唯一驻点 $x=3\,920$. 又 $L''(x)=-\frac{1}{40}<0$，所以 $x=3\,920$ 为唯一的极值点，并且为极大值点，从而 $x=3\,920$ 为最大值点，此时 $p=101$ 元，即商品价格为 101 元时税后利润最大.

五、当 $x\neq a$ 时，由于

$$\lim_{x\to a}g(x)=\lim_{x\to a}\frac{f(x)}{\sin(x-a)}=\lim_{x\to a}\frac{f(x)-f(a)}{x-a}=f'(a)=g(a),$$

所以 $g(x)$ 在 $x=a$ 处连续. 又因为

$$\lim_{x\to a}\frac{g(x)-g(a)}{x-a}=\lim_{x\to a}\frac{\dfrac{f(x)}{\sin(x-a)}-f'(a)}{x-a}=\lim_{x\to a}\frac{f(x)-f'(a)\sin(x-a)}{(x-a)\sin(x-a)}$$

$$=\lim_{x\to a}\frac{f(x)-f'(a)\sin(x-a)}{(x-a)^2}$$

$$=\lim_{x\to a}\frac{f'(x)-f'(a)\cos(x-a)}{2(x-a)}$$

$$=\lim_{x\to a}\frac{f''(x)+f'(a)\sin(x-a)}{2}=\frac{f''(a)}{2},$$

所以 $g(x)$ 在点 $x=a$ 处可导，并且 $g'(a)=\dfrac{f''(a)}{2}$.

六、函数的定义域为 $(-\infty,1)\cup(1,+\infty)$. 一阶、二阶导数为

$$f'(x)=\frac{-2x}{(x-1)^3},\quad f''(x)=\frac{2(2x+1)}{(x-1)^4}.$$

令 $f'(x)=0$，得驻点 $x=0$. 令 $f''(x)=0$，得 $x=-\dfrac{1}{2}$. 列表如下：

x	$\left(-\infty,-\frac{1}{2}\right)$	$-\frac{1}{2}$	$\left(-\frac{1}{2},0\right)$	0	(0, 1)	(1, +∞)
y'	−		−	0	+	−
y''	−	0	+		+	+
y	↘	拐点 $-\frac{8}{9}$	↘	−1 极小值	↗	↘

函数的单调增加区间为 $[0,1)$，单调减少区间为 $(-\infty,0]$ 和 $(1,+\infty)$.

函数有极小值 $f(0)=-1$.

函数的拐点为 $\left(-\dfrac{1}{2},-\dfrac{8}{9}\right)$.

$\lim\limits_{x\to\infty}f(x)=0$，曲线有水平渐近线 $y=0$.

$\lim\limits_{x\to 1}f(x)=+\infty$，曲线有垂直渐近线 $x=1$.

函数的图形如下图所示.

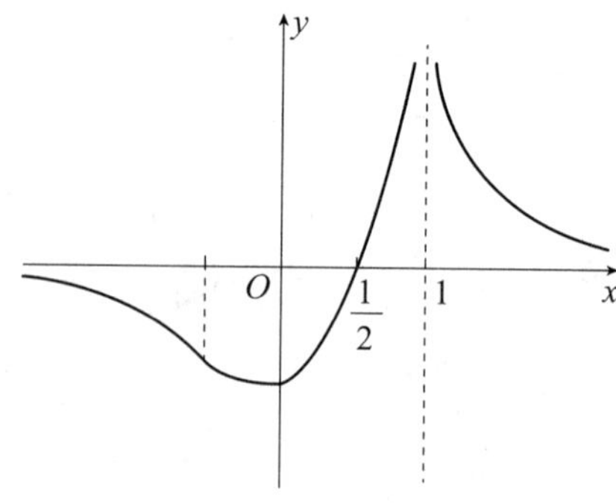

七、(1) 设 $F(x)=f(x)-1$，则 $F(x)$ 在 $[0,+\infty)$ 上可导，且

$$F(0)=-1<0,\quad \lim_{x\to+\infty}F(x)=1>0,$$

由极限的保号性可知，存在 $X>0$，使得当 $x>X$ 时，$F(x)>0$，从而取 $x_0>X$，则有

$$F(x_0)>0.$$

$F(x)$ 在 $[0,x_0]$ 上应用零点定理得，存在常数 $a\in(0,x_0)$ 使得 $F(a)=0$，即 $f(a)=1$.

（2）设 $G(x)=f(x)-\frac{x}{a}$，则 $G(x)$ 在 $[0,a]$ 上可导，且

$$G(0)=0,\quad G(a)=0,$$

由罗尔定理，存在 $\xi\in(0,a)$，使得 $G'(\xi)=0$，即 $f'(\xi)=\frac{1}{a}$.

期末考试试题六全解

一、填空题

1. $(-\infty, 0)\cup(0, 3]$；**提示** 将$\begin{cases}3-x\geqslant 0\\ x\neq 0\end{cases}$联立，解得 $x\leqslant 3$ 且 $x\neq 0$.

2. $a=\frac{1}{2}$；$b=-\frac{1}{2}$；**提示** 由题意，当 $x\to -1$ 时，x^3+ax^2-x+b 与 $x+1$ 是等价无穷小量，即

$$\lim_{x\to -1}\frac{x^3+ax^2-x+b}{x+1}=1,$$

由于分母极限 $\lim\limits_{x\to -1}(x+1)=0$，故分子极限

$$\lim_{x\to -1}(x^3+ax^2-x+b)=0,$$

解得 $a+b=0$，即 $b=-a$，从而

$$\lim_{x\to -1}\frac{(x+a)(x^2-1)}{x+1}=1,$$

进而

$$\lim_{x\to -1}(x+a)(x-1)=1,$$

解得 $a=\frac{1}{2}$，$b=-\frac{1}{2}$.

3. $x=0$，$f(0)=-2$；**提示** 由 $f(x)=\frac{\ln(1+2x)}{x(x^2-1)}$可知，$x=0$ 和 $x=1$ 均为函数的间断点. 由于

$$\lim_{x\to 0}\frac{\ln(1+2x)}{x(x^2-1)}=\lim_{x\to 0}\frac{2x}{x(x^2-1)}=-2;$$

$$\lim_{x\to 1}\frac{\ln(1+2x)}{x(x^2-1)}=\infty;$$

故函数 $f(x)$ 的可去间断点为 $x=0$，且补充定义函数值为 $f(0)=-2$ 后函数连续.

4. $\frac{1}{2}\ln 2$；**提示** 因为

$$\lim_{x\to\infty}\left(\frac{x+c}{x-c}\right)^x=\lim_{x\to\infty}\left[\left(1+\frac{2c}{x-c}\right)^{\frac{x-c}{2c}}\right]^{\frac{2cx}{x-c}}=e^{\lim\limits_{x\to\infty}\frac{2cx}{x-c}}=e^{2c},$$

$$\lim_{x\to\infty}x\sin\frac{2}{x}=\lim_{x\to\infty}x\cdot\frac{2}{x}=2,$$

由$\lim\limits_{x\to\infty}\left(\dfrac{x+c}{x-c}\right)^x=\lim\limits_{x\to\infty}x\sin\dfrac{2}{x}$可知，则 $e^{2c}=2$，解得 $c=\dfrac{1}{2}\ln 2$.

5. $\cos\dfrac{1}{x}$，$\dfrac{2}{x^3}\sin\dfrac{1}{x}+\dfrac{1}{x^4}\cos\dfrac{1}{x}$；**提示** 由 $f'\left(\dfrac{1}{x}\right)=\sin\dfrac{1}{x}$，则

$$\mathrm{d}f'\left(\frac{1}{x}\right)=\mathrm{d}\left(\sin\frac{1}{x}\right)=\cos\frac{1}{x}\mathrm{d}\left(\frac{1}{x}\right);$$

因为

$$\left(f\left(\frac{1}{x}\right)\right)'=f'\left(\frac{1}{x}\right)\cdot\left(-\frac{1}{x^2}\right),$$

因此

$$\begin{aligned}\mathrm{d}\left(f\left(\frac{1}{x}\right)\right)'&=\mathrm{d}\left[f'\left(\frac{1}{x}\right)\cdot\left(-\frac{1}{x^2}\right)\right]=\left[f'\left(\frac{1}{x}\right)\cdot\left(-\frac{1}{x^2}\right)\right]'\mathrm{d}x\\&=\left[f''\left(\frac{1}{x}\right)\cdot\frac{1}{x^4}+f'\left(\frac{1}{x}\right)\cdot\frac{2x}{x^4}\right]\mathrm{d}x=\frac{2x\sin\frac{1}{x}+\cos\frac{1}{x}}{x^4}\mathrm{d}x.\end{aligned}$$

6. $f(x)=2+\dfrac{1}{4}(x-4)-\dfrac{1}{64}(x-4)^2+\dfrac{1}{512}(x-4)^3-\dfrac{5}{128}\xi^{-\frac{7}{2}}(x-4)^4$，其中 ξ 介于 x 与 4 之间；**提示** 由 $f(x)=\sqrt{x}$，可知

$$f'(x)=\frac{1}{2\sqrt{x}}=\frac{1}{2}x^{-\frac{1}{2}},\ f''(x)=-\frac{1}{4}x^{-\frac{3}{2}},\ f'''(x)=\frac{3}{8}x^{-\frac{5}{2}},\ f^{(4)}(x)=-\frac{15}{16}x^{-\frac{7}{2}},$$

从而

$$\begin{aligned}f(x)&=f(4)+f'(4)(x-4)+\frac{f''(4)}{2!}(x-4)^2+\frac{f'''(4)}{3!}(x-4)^3+\frac{f^{(4)}(\xi)}{4!}(x-4)^4\\&=2+\frac{1}{4}(x-4)-\frac{1}{64}(x-4)^2+\frac{1}{512}(x-4)^3-\frac{5}{128}\xi^{-\frac{7}{2}}(x-4)^4,\end{aligned}$$

其中 ξ 介于 x 与 4 之间.

7. $2\ln|\sin\sqrt{x}|+C$；**提示**

$$\begin{aligned}\int\frac{1}{\sqrt{x}\tan\sqrt{x}}\mathrm{d}x&=2\int\frac{1}{2\sqrt{x}\tan\sqrt{x}}\mathrm{d}x=2\int\frac{1}{\tan\sqrt{x}}\mathrm{d}\sqrt{x}\\&=2\int\frac{\cos\sqrt{x}}{\sin\sqrt{x}}\mathrm{d}\sqrt{x}=2\int\frac{1}{\sin\sqrt{x}}\mathrm{d}(\sin\sqrt{x})\\&=2\ln|\sin\sqrt{x}|+C.\end{aligned}$$

二、单项选择题

1. (C)；**提示** 选项 (A) 错误，因为当 $x\to\infty$ 时，$\cos x$ 的极限不存在，取值在 -1 与 1 之间，且在 $x=k\pi+\dfrac{\pi}{2}(k\in\mathbf{Z})$ 处，$\cos x=0$，因此，当 $x\to\infty$ 时，函数 $f(x)=x\cos x$

并非趋近于无穷大，在点 $x=k\pi+\frac{\pi}{2}(k\in\mathbf{Z})$ 处，函数值为 0；选项（B）错误，因为对于 $\forall M>0$，$\exists k$（$k\in\mathbf{Z}^+$），使得 $2k\pi>M$ 成立，取 $x_k=2k\pi>M$，则有

$$|f(x_k)|=|x_k\cdot\cos x_k|=2k\pi>M,$$

因此，函数 $f(x)=x\cos x$ 在（$-\infty$，$+\infty$）上无界，故（C）选项正确；选项（D）错误，由函数 $f(x)=x\cos x$ 在（$-\infty$，$+\infty$）内无界可知，当 $x\to\infty$ 时极限不存在.

2.（D）；**提示** 选项（A）错误，若 $\{x_n\}$ 发散，则 $\{y_n\}$ 不一定发散，例如，取数列 $\{x_n\}=\{n\}$，$\{y_n\}=\left\{\frac{1}{n^2}\right\}$，数列 $\{x_n\}$ 与 $\{y_n\}$ 满足

$$\lim_{n\to\infty}x_ny_n=\lim_{n\to\infty}n\cdot\frac{1}{n^2}=\lim_{n\to\infty}\frac{1}{n}=0,$$

其中 $\lim\limits_{n\to\infty}x_n=\lim\limits_{n\to\infty}n=\infty$，$\{x_n\}$ 发散，但 $\lim\limits_{n\to\infty}y_n=\lim\limits_{n\to\infty}\frac{1}{n^2}=0$，即 $\{y_n\}$ 是收敛的；选项（B）错误，若 $\{x_n\}$ 无界，则 $\{y_n\}$ 不一定无界，例如，依然取数列

$$\{x_n\}=\{n\},\ \{y_n\}=\left\{\frac{1}{n^2}\right\},$$

数列 $\{x_n\}$ 与 $\{y_n\}$ 满足

$$\lim_{n\to\infty}x_ny_n=\lim_{n\to\infty}n\cdot\frac{1}{n^2}=\lim_{n\to\infty}\frac{1}{n}=0,$$

其中 $|x_n|=n$ 无界，但 $0<|y_n|=\frac{1}{n^2}\leqslant 1$，即 $\{y_n\}$ 是有界的；选项（C）错误，若 $\{x_n\}$ 有界，则 $\{y_n\}$ 不一定为无穷小量，例如，取

$$\{x_n\}=\left\{\frac{1}{n^2}\right\},\ \{y_n\}=\{n\},$$

数列 $\{x_n\}$ 与 $\{y_n\}$ 满足

$$\lim_{n\to\infty}x_ny_n=\lim_{n\to\infty}n\cdot\frac{1}{n^2}=\lim_{n\to\infty}\frac{1}{n}=0,$$

其中 $0<|x_n|=\frac{1}{n^2}\leqslant 1$ 有界，但 $\lim\limits_{n\to\infty}y_n=\lim\limits_{n\to\infty}n=\infty$，当 $n\to\infty$ 时 $\{y_n\}$ 为无穷大量；选项（D）正确，由题设，数列 $\{x_n\}$ 与 $\{y_n\}$ 满足 $\lim\limits_{n\to\infty}x_ny_n=0$，故有

$$\lim_{n\to\infty}x_ny_n=\lim_{n\to\infty}\frac{y_n}{\frac{1}{x_n}}=0,$$

若 $\left\{\frac{1}{x_n}\right\}$ 为无穷小量，则 $\lim\limits_{n\to\infty}\frac{1}{x_n}=0$，由于分母 $\left\{\frac{1}{x_n}\right\}$ 极限为 0，则该分式 $\frac{y_n}{\frac{1}{x_n}}$ 极限若存在，只

能是$\frac{0}{0}$型未定式，故分子$\{y_n\}$极限必为0，即$\lim\limits_{n\to\infty}y_n=0$，当$n\to\infty$时$\{y_n\}$必为无穷小量.

3. (B)；**提示** 已知函数$f(x)$在点$x=0$处可导，由定义可知，

$$f'(0)=\lim_{x\to 0}\frac{f(x)-f(0)}{x-0},$$

又$f(0)=0$，则

$$\lim_{x\to 0}\frac{f(x)}{x}=f'(0),$$

$$\lim_{x\to 0}\frac{x^2f(x)-2f(x^3)}{x^3}=\lim_{x\to 0}\left[\frac{f(x)}{x}-2\frac{f(x^3)}{x^3}\right],$$

由$f(x)$在点$x=0$处可导的定义可知，极限$\lim\limits_{x\to 0}\frac{f(x)}{x}$与$\lim\limits_{x\to 0}\frac{f(x^3)}{x^3}$均存在，且均等于$f'(0)$，故有

$$\begin{aligned}\lim_{x\to 0}\frac{x^2f(x)-2f(x^3)}{x^3}&=\lim_{x\to 0}\left[\frac{f(x)}{x}-2\frac{f(x^3)}{x^3}\right]\\&=\lim_{x\to 0}\frac{f(x)}{x}-2\lim_{x\to 0}\frac{f(x^3)}{x^3}=f'(0)-2f'(0)\\&=-f'(0),\end{aligned}$$

故选项(B)正确.

4. (D)；**提示** 因为连续函数在闭区间上的最值$f(x_0)$可能是函数$f(x)$的极值，也可能是函数$f(x)$在区间端点的函数值，因此(A)，(C)都不正确；题设中只给出了$f(x)$是$[a,b]$上的连续函数及$f(x_0)$是其区间上的最值，所以$f(x)$不一定可导，因此(B)是错误的.

故选项(D)正确.

三、计算题

1. 原式$=\lim\limits_{x\to+\infty}\dfrac{x+3\sqrt{x}+1-(x-2\sqrt{x}+1)}{\sqrt{x+3\sqrt{x}+1}+\sqrt{x-2\sqrt{x}+1}}$

$$=\lim_{x\to+\infty}\frac{5\sqrt{x}}{\sqrt{x+3\sqrt{x}+1}+\sqrt{x-2\sqrt{x}+1}}=\frac{5}{2}.$$

2. 原式$=\lim\limits_{x\to 0}e^{-\csc^2x\cdot\ln(3-2\cos x)}$

$$=e^{\lim\limits_{x\to 0}(-\csc^2x)\cdot\ln(3-2\cos x)}=e^{\lim\limits_{x\to 0}-\frac{\ln[1+2(1-\cos x)]}{\sin^2x}}=e^{\lim\limits_{x\to 0}-\frac{2(1-\cos x)}{x^2}}$$

$$=e^{\lim\limits_{x\to 0}-\frac{2\cdot\frac{x^2}{2}}{x^2}}=e^{-1}.$$

3. $y'=f(\ln x)+x\cdot f'(\ln x)\cdot\dfrac{1}{x}+\cos f(x)\cdot f'(x)$

$$=f(\ln x)+f'(\ln x)+\cos f(x)\cdot f'(x);$$

$$y''=f'(\ln x)\cdot\frac{1}{x}+f''(\ln x)\cdot\frac{1}{x}-\sin f(x)\cdot[f'(x)]^2+\cos f(x)\cdot f''(x)$$

$$=\frac{1}{x}[f'(\ln x)+f''(\ln x)]-\sin f(x)\cdot[f'(x)]^2+\cos f(x)\cdot f''(x).$$

4. 由于

$$y=\frac{\arcsin x}{\sqrt{1-x^2}}+\frac{1}{2}\ln|1-x|-\frac{1}{2}\ln|1+x|,$$

于是

$$y'=\frac{\frac{1}{\sqrt{1-x^2}}\cdot\sqrt{1-x^2}-\arcsin x\cdot\frac{1}{2\sqrt{1-x^2}}\cdot(-2x)}{1-x^2}+\frac{1}{2}\cdot\frac{1}{x-1}-\frac{1}{2}\cdot\frac{1}{x+1}$$

$$=\frac{1+\frac{x}{\sqrt{1-x^2}}\arcsin x}{1-x^2}+\frac{1}{2}\cdot\frac{1}{x-1}-\frac{1}{2}\cdot\frac{1}{x+1}$$

$$=\frac{x\arcsin x}{(1-x^2)^{\frac{3}{2}}}.$$

5. 原式$=\int\frac{x^3+1-x^3}{x(x^3+1)}dx=\int\left(\frac{1}{x}-\frac{x^2}{x^3+1}\right)dx=\int\frac{1}{x}dx-\frac{1}{3}\int\frac{3x^2}{x^3+1}dx$

$$=\int\frac{1}{x}dx-\frac{1}{3}\int\frac{1}{x^3+1}d(x^3+1)=\ln|x|-\frac{1}{3}\ln|x^3+1|+C.$$

6. (1) 将方程$(2y)^{x-1}=\left(\frac{x}{2}\right)^{y-1}$改写为

$$(x-1)\cdot\ln(2y)=(y-1)\cdot\ln\left(\frac{x}{2}\right),$$

等式两边对x求导，得

$$\ln(2y)+(x-1)\cdot\frac{1}{2y}\cdot2y'=y'\cdot\ln\left(\frac{x}{2}\right)+(y-1)\cdot\frac{2}{x}\cdot\frac{1}{2},$$

解得

$$y'=\frac{y(y-1)-xy\ln(2y)}{x(x-1)-xy\ln\left(\frac{x}{2}\right)},$$

故

$$dy=\frac{y(y-1)-xy\ln(2y)}{x(x-1)-xy\ln\left(\frac{x}{2}\right)}dx.$$

(2) 当$x=1$，$y=1$时，$y'|_{(1,1)}=-1$，故法线的斜率$k=1$，因此，曲线$y=y(x)$过点（1，1）处的法线方程为$y-1=1\cdot(x-1)$，即$y=x$.

7. 函数$y=f(x)$在点（1，0）处的切线的斜率为

$$f'(1)=(\pi\cos\pi x)\big|_{x=1}=-\pi.$$

又 $f(1)=0$，因此

$$\lim_{x\to\infty}xf\left(\frac{x}{x+2}\right)=\lim_{x\to\infty}\frac{f\left(\frac{x}{x+2}\right)-f(1)}{\frac{1}{x}}$$

$$=\lim_{x\to\infty}\frac{f\left(\frac{x}{x+2}\right)-f(1)}{-\frac{2}{x+2}}\cdot\left(-\frac{2}{x+2}\right)\cdot x$$

$$=f'(1)\cdot\lim_{x\to\infty}\frac{-2x}{x+2}=-\pi\cdot(-2)$$

$$=2\pi.$$

四、利润函数为

$$L=R-C=(49-0.2\sqrt{x})x-13x-4\ 000=36x-\frac{1}{5}x^{\frac{3}{2}}-4\ 000,$$

则

$$L'=36-\frac{1}{5}\cdot\frac{3}{2}x^{\frac{1}{2}},\quad L''=-\frac{1}{5}\cdot\frac{3}{2}\cdot\frac{1}{2}x^{-\frac{1}{2}},$$

令 $L'=0$，解得 $x=14\ 400$ 为唯一的驻点，且 $L''(14\ 400)<0$，因此，$x=14\ 400$ 为利润的极大值点，也是利润的最大值点，此时产品价格

$$p=49-0.2\sqrt{14\ 400}=25.$$

五、(1) 因为 $f(x)$ 在点 $x=0$ 处可导，故必连续，于是

$$a=\lim_{x\to0}f(x)=\lim_{x\to0}\frac{\varphi(x)}{x}=\lim_{x\to0}\frac{\varphi'(x)}{1}=\varphi'(0).$$

(2) $$f'(0)=\lim_{x\to0}\frac{f(x)-f(0)}{x-0}=\lim_{x\to0}\frac{\frac{\varphi(x)}{x}-a}{x-0}=\lim_{x\to0}\frac{\varphi(x)-ax}{x^2}$$

$$=\lim_{x\to0}\frac{\varphi'(x)-a}{2x}=\frac{1}{2}\lim_{x\to0}\frac{\varphi'(x)-\varphi'(0)}{x}$$

$$=\frac{1}{2}\varphi''(0).$$

六、单调区间：单调增加区间为 $\left[\frac{1}{\sqrt[3]{2}},+\infty\right)$；单调减少区间为 $(-\infty,0)\cup\left(0,\frac{1}{\sqrt[3]{2}}\right]$；

极值点：$x=\sqrt[3]{\frac{1}{2}}$ 为极小值点；

凹凸区间：凸区间为 $[-1,0)$，凹区间为 $(-\infty,-1]\cup(0,+\infty)$；

拐点：$(-1,0)$；

渐近线：无水平渐近线；无斜渐近线；垂直渐近线为 $x=0$.

易知函数 $y=x^2+\frac{1}{x}$ 的定义域为 $(-\infty, 0)\cup(0, +\infty)$，且

$$y'=2x-\frac{1}{x^2}=\frac{2x^3-1}{x^2},\quad y''=2+\frac{2}{x^3}=\frac{2(x^3+1)}{x^3},$$

令 $y'=0$，解得驻点 $x=\sqrt[3]{\frac{1}{2}}$；令 $y''=0$，解得 $x=-1$，列表如下：

x	$(-\infty, -1)$	-1	$(-1, 0)$	0	$\left(0, \sqrt[3]{\frac{1}{2}}\right)$	$\sqrt[3]{\frac{1}{2}}$	$\left(\sqrt[3]{\frac{1}{2}}, +\infty\right)$
y'	$-$		$-$		$-$		$+$
y''	$+$		$-$		$+$		$+$
y	↘	拐点 $(-1, 0)$	↘	间断点	↘	极小值 $\frac{3}{2}\sqrt[3]{2}$	↗

因为

$$\lim_{x\to\infty}\left(x^2+\frac{1}{x}\right)=\lim_{x\to\infty}\frac{x^3+1}{x}=\infty,$$

故函数无水平渐近线；因为

$$\lim_{x\to\infty}\frac{x^2+\frac{1}{x}}{x}=\lim_{x\to\infty}\frac{x^3+1}{x^2}=\infty,$$

故函数无斜渐近线；又因为

$$\lim_{x\to 0}\left(x^2+\frac{1}{x}\right)=\lim_{x\to 0}\frac{x^3+1}{x}=\infty,$$

故函数的垂直渐近线为 $x=0$. 函数图像如下页图所示.

七、(1) 构造辅助函数

$$F(x)=f(x)-x.$$

由 $f(x)$ 在闭区间 $[a, b]$ 上连续，在开区间 (a, b) 内可导，$f(a)=b$，$f(b)=a$，易知.

$$F(a)=f(a)-a=b-a,\quad F(b)=f(b)-b=a-b,$$

则

$$F(a)\cdot F(b)=-(a-b)^2<0,$$

因此，在 (a, b) 内至少存在一点 c，使得 $F(c)=f(c)-c=0$，即 $f(c)=c$.

(2) 由 $f(x)$ 在 $[a, c]$，$[c, b]$ 上连续，在 (a, c)，(c, b) 内可导，根据拉格朗

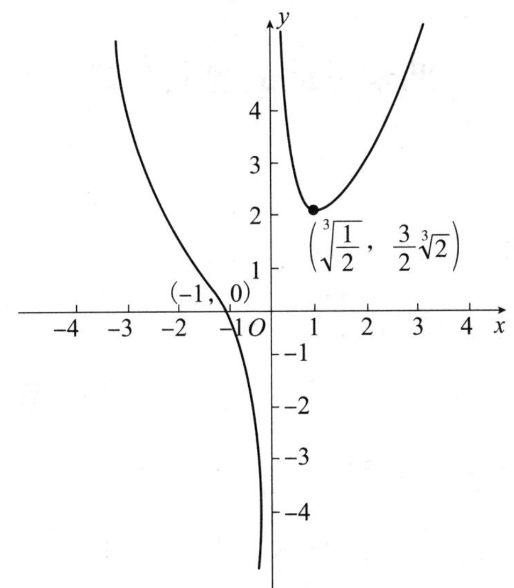

日中值定理知，在（a，c）内至少存在一点 ξ，使得

$$f(c)-f(a)=f'(\xi)(c-a),$$

在（c，b）内至少存在一点 η，使得

$$f(b)-f(c)=f'(\eta)(b-c),$$

即

$$c-b=f'(\xi)(c-a),\quad a-c=f'(\eta)(b-c),$$

故

$$f'(\xi)f'(\eta)=\frac{c-b}{c-a}\cdot\frac{a-c}{b-c}=1.$$

期末考试试题七全解

一、填空题

1. $\frac{1}{5\,000}$；**提示** 要使$|5x+2-12|<\frac{1}{1\,000}$，只需$|5x-10|<\frac{1}{1\,000}$，从而$|x-2|<\frac{1}{5\,000}$，所以取$\delta=\frac{1}{5\,000}$（或者任何小于$\frac{1}{5\,000}$的正实数均可）.

2. $x=-3$；**提示** 函数$f(x)$在$x=-3$，$x=2$处无定义，故间断. 当$x=-3$时，由于

$$\lim_{x\to-3}\frac{x^3+3x^2-x-3}{x^2+x-6}=\lim_{x\to-3}\frac{(x+3)(x-1)(x+1)}{(x+3)(x-2)}=\lim_{x\to-3}\frac{(x-1)(x+1)}{(x-2)}=\frac{8}{5},$$

所以$x=-3$是第一类间断点中的可去间断点. 当$x=2$时，由于

$$\lim_{x\to2}\frac{x^3+3x^2-x-3}{x^2+x-6}=\lim_{x\to2}\frac{(x+3)(x-1)(x+1)}{(x+3)(x-2)}=\infty,$$

故$x=2$是第二类间断点中的无穷间断点.

3. $\frac{2}{\sqrt{1+x^2}}$；**提示** 记$u=\sqrt{1+x^2}$，则

$$\mathrm{d}\ln(1+x^2)=\mathrm{d}\ln(u^2)=\frac{1}{u^2}\cdot2u\mathrm{d}u=\frac{2}{u}\mathrm{d}u=\frac{2}{\sqrt{1+x^2}}\mathrm{d}\,\sqrt{1+x^2}.$$

4. 2^{n+1}；**提示** 由于$y^{(n)}=n!+2^n\mathrm{e}^{2x}$，$y^{(n+1)}=2^{n+1}\mathrm{e}^{2x}$，因此$y^{(n+1)}(0)=2^{n+1}$.

5. $1+\frac{1}{2}x-\frac{1}{8}x^2$；**提示** 将$\sqrt{1+x}$在$x=0$处展开成带皮亚诺型余项的二阶泰勒公式

$$\sqrt{1+x}=P_2(x)+o(x^2)=1+\frac{1}{2}x-\frac{1}{8}x^2+o(x^2),\quad x\to0,$$

于是

$$P_2(x)=1+\frac{1}{2}x-\frac{1}{8}x^2.$$

6. $\frac{1}{2}(\ln x)^2+C$；**提示** 由题意知，$(\ln x)'=f(x)$，于是

$$\int\ln x\cdot f(x)\mathrm{d}x=\int\ln x\mathrm{d}\ln x=\frac{1}{2}(\ln x)^2+C.$$

7. -2；**提示** 需求价格弹性为

$$\eta_p=p\cdot\frac{x'(p)}{x(p)}=p\cdot\frac{-80}{1\,200-80p}$$

于是

$$\eta_p\big|_{p=10}=10\times\frac{-80}{1\,200-80\times10}=-2.$$

二、单项选择题

1. (A)；**提示** 由题意知，需要确定出 k 对应的值，使

$$\lim_{x\to0}\frac{x^3+\sin(2x+x^2)}{x^k}=C\neq0.$$

由于

$$\lim_{x\to0}\frac{x^3+\sin(2x+x^2)}{x^k}=\lim_{x\to0}\frac{x^3+2x+x^2+o(x^2)}{x^k}=C\neq0,$$

所以由无穷小量阶的比较可知，$k=1$. 故选项（A）正确.

2. (D)；**提示** 考察数列 $\{x_n\}$ 的奇子列 $\{x_{2k-1}\}$ 和偶子列 $\{x_{2k}\}$ 的极限，

$$\lim_{k\to\infty}x_{2k-1}=\lim_{k\to\infty}\frac{(2k-1)^2+\sqrt{2k-1}}{2k-1}=+\infty,$$

$$\lim_{k\to\infty}x_{2k}=\lim_{k\to\infty}\frac{1}{2k}=0,$$

所以数列 $\{x_n\}$ 是无界变量，故选（D).

3. (C)；**提示** 若 $f(x)$ 在点 $x=x_0$ 处可导，则 $f(x)$ 在点 $x=x_0$ 处一定连续，该结论的逆否命题为：若 $f(x)$ 在点 $x=x_0$ 处不连续，则 $f(x)$ 在点 $x=x_0$ 处不可导，故选（C).

4. (C)；**提示** 由已知条件 $\lim\limits_{x\to x_0}\dfrac{f(x)-f(x_0)}{(x-x_0)^2}=A\neq0$，可得

$$f'(x_0)=\lim_{x\to x_0}\frac{f(x)-f(x_0)}{x-x_0}=\lim_{x\to x_0}\frac{f(x)-f(x_0)}{(x-x_0)^2}\cdot(x-x_0)=A\cdot0=0,$$

因此选项（D）错误；根据已知条件 $\lim\limits_{x\to x_0}\dfrac{f(x)-f(x_0)}{(x-x_0)^2}=A\neq0$，不妨设 $A>0$，则由极限的保号性知，存在 x_0 的 δ 去心邻域 $\mathring{U}(x_0,\delta)$，使得当 $x\in\mathring{U}(x_0,\delta)$ 时，有

$$\frac{f(x)-f(x_0)}{(x-x_0)^2}>0,$$

即 $f(x)>f(x_0)$，从而 $f(x)$ 在点 $x=x_0$ 处取极小值. 同理可证，当 $A<0$ 时，$f(x)$ 在点 $x=x_0$ 处取极大值. 故选（C).

5. (B)；**提示** 令

$$f(x)=x^5+2ax^3+3bx+4c,\ x\in(-\infty,+\infty),$$

则当 $x\to+\infty$ 时，$\exists x_1\in(0,+\infty)$，使得 $f(x_1)>0$；当 $x\to-\infty$ 时，$\exists x_2\in(-\infty,0)$，使得 $f(x_2)<0$. 所以 $f(x)$ 在 $[x_2,x_1]$ 上连续，由零点存在定理，至少存在 $x_0\in(x_2,x_1)$ 使得 $f(x_0)=0$. 又因为

$$f'(x)=5x^4+6ax^2+3b,$$

记 $t=x^2$，故

$$f'(x)=g(t)=5t^2+6at+3b,$$

由已知条件知其判别式 $\Delta=12(3a^2-5b)<0$，所以 $f'(x)>0$，从而 $f(x)$ 在 $(-\infty,+\infty)$ 上单调递增. 故至多存在一点 $x_0\in(x_2,x_1)$，使得 $f(x_0)=0$. 综上所述，方程 $x^5+2ax^3+3bx+4c=0$ 有唯一实根，故选（B).

三、计算题

1. $\lim\limits_{x\to+\infty}(3x-\sqrt{9x^2-12x+1})$

$$=\lim_{x\to+\infty}\frac{(3x-\sqrt{9x^2-12x+1})(3x+\sqrt{9x^2-12x+1})}{3x+\sqrt{9x^2-12x+1}}$$

$$=\lim_{x\to+\infty}\frac{12x-1}{3x+\sqrt{9x^2-12x+1}}=\lim_{x\to+\infty}\frac{12-\frac{1}{x}}{3+\sqrt{9-\frac{12}{x}+\frac{1}{x^2}}}$$

$$=2.$$

2. 令 $t=\dfrac{1}{x}$，则

$$\lim_{x\to+\infty}\left(\sin\frac{1}{x}+\cos\frac{1}{x}\right)^x=\lim_{t\to0^+}(\sin t+\cos t)^{\frac{1}{t}}=\lim_{t\to0^+}e^{\frac{1}{t}\ln(\sin t+\cos t)}$$
$$=e^{\lim\limits_{t\to0^+}\frac{1}{t}\ln(\sin t+\cos t)}.$$

又因为

$$\lim_{t\to0^+}\frac{\ln(\sin t+\cos t)}{t}=\lim_{t\to0^+}\frac{\cos t-\sin t}{\sin t+\cos t}=1,$$

因此，有

$$\lim_{x\to+\infty}\left(\sin\frac{1}{x}+\cos\frac{1}{x}\right)^x=e^1=e.$$

3. 由于

$$y'=\frac{1}{\sqrt{1-f(e^x)}}\cdot\frac{1}{2\sqrt{f(e^x)}}\cdot f'(e^x)e^x=\frac{f'(e^x)e^x}{2\sqrt{f(e^x)[1-f(e^x)]}},$$

所以

$$dy=\frac{f'(e^x)e^x}{2\sqrt{f(e^x)[1-f(e^x)]}}dx.$$

4. 方法 1　令 $y_1=(\tan x)^{\sin x}$，则

$$\ln y_1=\sin x\ln(\tan x),$$

两边求导数，得

$$\frac{1}{y_1}y_1' = \cos x \cdot \ln(\tan x) + \sin x \cdot \frac{\sec^2 x}{\tan x},$$
$$y_1' = (\tan x)^{\sin x} \cdot [\cos x \cdot \ln(\tan x) + \sec x],$$

所以

$$y' = y_1' + (3^x)' = (\tan x)^{\sin x}[\cos x \ln(\tan x) + \sec x] + 3^x \ln 3.$$

方法 2

$$\begin{aligned} y' &= (e^{\sin x \ln(\tan x)})' + (3^x)' \\ &= e^{\sin x \ln(\tan x)} \cdot \left[\cos x \cdot \ln(\tan x) + \sin x \cdot \frac{\sec^2 x}{\tan x}\right] + 3^x \ln 3 \\ &= e^{\sin x \ln(\tan x)} \cdot [\cos x \cdot \ln(\tan x) + \sec x] + 3^x \ln 3 \\ &= (\tan x)^{\sin x}[\cos x \ln(\tan x) + \sec x] + 3^x \ln 3. \end{aligned}$$

5.（1）方程两边对 x 求导数，得

$$\cos(xy)(y + xy') + \frac{y' - 1}{y - x} = 1,$$

化简，得

$$y' = \frac{1 + \frac{1}{y-x} - y\cos(xy)}{\frac{1}{y-x} + x\cos(xy)},$$

将 $x=0$ 代入原方程，得 $y(0)=1$，进而得到 $y'(0)=1$.

（2）由切线定义知切线方程为 $y=x+1$.

6. 因为 $\lim\limits_{x \to 0}\frac{f(x)}{x}=3$，所以

$$f(0) = \lim_{x \to 0} f(x) = 0,$$
$$f'(0) = \lim_{x \to 0}\frac{f(x) - f(0)}{x} = \lim_{x \to 0}\frac{f(x)}{x} = 3,$$

因此

$$\begin{aligned} \lim_{x \to 0}\frac{f(x - \sin x^2)}{\sqrt{1+x}\arctan x} &= \lim_{x \to 0}\frac{f(x - \sin x^2)}{\arctan x} = \lim_{x \to 0}\frac{f(x - \sin x^2)}{x} \\ &= \lim_{x \to 0}\frac{f(x - \sin x^2) - f(0)}{x - \sin x^2} \cdot \frac{x - \sin x^2}{x} \\ &= f'(0) \cdot 1 = 3. \end{aligned}$$

7. $\int \frac{e^x}{\sqrt{1+e^x}}dx = \int \frac{1}{\sqrt{1+e^x}}d(e^x+1) = 2\sqrt{e^x+1} + C.$

四、收入函数为

$$R(x)=x\cdot P(x)=8x\left(\frac{x}{40}-3\right)^2,$$

从而

$$R'(x)=\frac{3}{200}x^2-\frac{12}{5}x+72=\left(\frac{x}{40}-3\right)\left(\frac{3}{5}x-24\right),$$

令 $R'(x)=0$，得 $x=40$，$x=120$（舍）. 又

$$R''(x)=\frac{3}{100}x-\frac{12}{5},$$

从而 $R''(40)=-\frac{6}{5}<0$，所以 $x=40$ 是唯一的极大值点，由实际问题可知，$x=40$ 即为所求的最大值点，此时

$$P(x)=8\times 4=32(\text{元}),$$

故当收入最大时，客车容纳的乘客量是 40 人，每位旅客支付的票价为 32 元.

五、(1) 当 $x\neq 0$ 时，

$$f'(x)=\arctan\frac{1}{x^2}+x\cdot\frac{1}{1+\frac{1}{x^4}}\cdot\left(-\frac{2}{x^3}\right)=\arctan\frac{1}{x^2}-\frac{2x^2}{x^4+1},$$

在 $x=0$ 处，

$$f'(0)=\lim_{x\to 0}\frac{f(x)-f(0)}{x-0}=\lim_{x\to 0}\frac{x\arctan\frac{1}{x^2}-0}{x-0}=\lim_{x\to 0}\arctan\frac{1}{x^2}=\frac{\pi}{2},$$

所以

$$f'(x)=\begin{cases}\arctan\frac{1}{x^2}-\frac{2x^2}{x^4+1}, & x\neq 0\\ \frac{\pi}{2}, & x=0\end{cases}.$$

(2) 由于

$$\lim_{x\to 0}f'(x)=\lim_{x\to 0}\left(\arctan\frac{1}{x^2}-\frac{2x^2}{x^4+1}\right)=\frac{\pi}{2}=f'(0),$$

所以 $f'(x)$ 在点 $x=0$ 处连续.

六、单调区间：单调增加区间 $[-1,1]$，单调减少区间 $(-\infty,-1]$，$[1,+\infty)$；

极值点：极小值点 $x=-1$，极大值点 $x=1$；

凹凸区间：凸区间 $(-\infty,-\sqrt{3}]$，$[0,\sqrt{3}]$，凹区间 $[-\sqrt{3},0]$，$[\sqrt{3},+\infty)$；

拐点：$\left(-\sqrt{3},-\frac{\sqrt{3}}{4}\right)$，$(0,0)$，$\left(\sqrt{3},\frac{\sqrt{3}}{4}\right)$；

渐近线：$y=0$.

具体求解过程如下：

函数的 $f(x)=\dfrac{x}{x^2+1}$ 的定义域为 $(-\infty, +\infty)$，由于

$$f(-x)=-f(x),$$

因此 $f(x)$ 为奇函数. 函数的一阶、二阶导数为

$$f'(x)=\frac{x^2+1-2x^2}{(x^2+1)^2}=\frac{1-x^2}{(x^2+1)^2}=\frac{(1-x)(1+x)}{(x^2+1)^2},$$

$$f''(x)=\frac{-2x(x^2+1)^2-(1-x^2)\cdot 4x(x^2+1)}{(x^2+1)^4}=\frac{2x(x^2-3)}{(x^2+1)^3},$$

令 $f'(x)=0$，得驻点 $x=\pm 1$，由 $f''(x)=0$，得 $x_1=0$，$x_{2,3}=\pm\sqrt{3}$. 列表分析如下：

x	$(0, 1)$	1	$(1, \sqrt{3})$	$\sqrt{3}$	$(\sqrt{3}, +\infty)$
y'	+	0	−		−
y''	−		−	0	+
y	↗	极大值	↘	拐点	↘

注 这里仅给出 $(0, +\infty)$ 上函数的性态，利用奇偶性可以得到函数在 $(-\infty, 0)$ 上的性态，且点 $(0, 0)$ 为曲线的拐点.

又因为

$$\lim_{x\to\infty}\frac{x}{x^2+1}=0,$$

所以 $y=f(x)$ 有一条水平渐近线 $y=0$，没有斜渐近线和垂直渐近线. 函数的图像如下图所示.

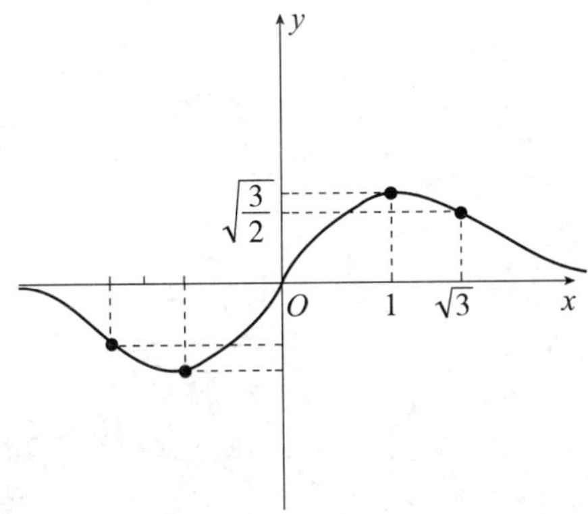

七、方法 1

构造辅助函数 $F(x)=f(x)-x$，则 $F(x)$ 在 $[0, 1]$ 上连续，从而在 $[0, 1]$ 上一定取得最大值 M 和最小值 m. 若 $M=m$，则 $F(x)=C$，即 $f(x)=x+C$. 这与题设矛盾，

从而 $M \neq m$. 又因为

$$F(0)=f(0)-0=0,\ F(1)=f(1)-1=0,$$

故 M，m 至少有一个在 $(0,1)$ 内部取得，不妨设 M 在 $(0,1)$ 内部取得，即 $\exists \xi \in (0,1)$ 使得

$$F(\xi)=M>0.$$

由拉格朗日定理知

$$F(\xi)-F(0)=F'(\xi)(\xi-0),$$

即

$$M-0=F'(\xi)\cdot\xi,$$

从而 $F'(\xi)>0$，故有 $f'(\xi)>1$.

方法 2 因为 $f(x)$ 是 x 的非线性函数，且 $f(0)=0$，$f(1)=1$，因此至少存在一点 $x_0 \in (0,1)$，使得

$$f(x_0) \neq x_0.$$

不妨设 $f(x_0)>x_0$，由拉格朗日中值定理可得，至少存在一点 $\xi \in (0,x_0) \subset (0,1)$，满足

$$f(x_0)-f(0)=f'(\xi)(x_0-0),$$

从而有 $f'(\xi)>1$.

期末考试试题八全解

一、填空题

1. e^{-1}；**提示** 令 $t=x-2$，则

$$f(t)=\left(1-\frac{1}{t+2}\right)^{t+2},$$

从而

$$\lim_{x\to\infty}f(x)=\lim_{x\to\infty}\left(1-\frac{1}{x+2}\right)^{x+2}=\lim_{x\to\infty}\left\{\left(1-\frac{1}{x+2}\right)^{-(x+2)}\right\}^{-1}=e^{-1}.$$

2. $\frac{3}{2}$；**提示** 要使函数 $f(x)=\frac{1-\sqrt{1-x}}{1-\sqrt[3]{1-x}}$在 $x=0$ 处连续，即

$$f(0)=\lim_{x\to 0}f(x)=\lim_{x\to 0}\frac{1-\sqrt{1-x}}{1-\sqrt[3]{1-x}}=\lim_{x\to 0}\frac{-\frac{1}{2}(-x)}{-\frac{1}{3}(-x)}=\frac{3}{2}.$$

3. $\frac{1}{3}$；**提示** 因为函数 $f(x)$ 在点 $x=2$ 处连续，且$\lim_{x\to 2}\frac{3f(x)}{x-2}=1$，所以可知 $f(2)=0$，从而

$$\lim_{x\to 2}\frac{3f(x)}{x-2}=3\lim_{x\to 2}\frac{f(x)-f(2)}{x-2}=3f'(2)=1,$$

解得 $f'(2)=\frac{1}{3}$.

4. $\frac{1}{(1+x)\arctan\sqrt{x}}$；**提示** 由一阶微分形式不变性，得

$$\begin{aligned}\mathrm{d}\ln(\arctan\sqrt{x})&=\frac{1}{\arctan\sqrt{x}}\mathrm{d}\arctan\sqrt{x}=\frac{1}{\arctan\sqrt{x}}\cdot\frac{1}{1+(\sqrt{x})^2}\mathrm{d}\sqrt{x}\\&=\frac{1}{(1+x)\arctan\sqrt{x}}\mathrm{d}\sqrt{x}.\end{aligned}$$

5. $\frac{(\ln 3)^n}{n!}$；**提示** 由麦克劳林公式知 x^n 项的系数为$\frac{f^{(n)}(0)}{n!}$，又

$$f^{(n)}(x)=(3^x)^{(n)}=3^x(\ln 3)^n,$$

所以

$$\frac{f^{(n)}(0)}{n!}=\frac{(\ln 3)^n}{n!}.$$

二、单项选择题

1. (D)；**提示** 对于给定的 $\varepsilon=\frac{1}{1\,000}$，要使

$$\left|\frac{2n+(-1)^n}{n}-2\right|<\frac{1}{1\,000},$$

即 $\frac{1}{n}<\frac{1}{1\,000}$，所以 $n>1\,000$ 即可，从而 $N\geqslant 1\,000$ 即可，故选（D）.

2. (B)；**提示** 由题意知

$$f(x)=\lim_{n\to\infty}\frac{1-x}{1+x^{2n}}=\begin{cases}1, & x=-1\\ 1-x, & -1<x\leqslant 1\\ 0, & x<-1 \text{ 或 } x>1\end{cases}.$$

在 $x=-1$ 处，由于

$$\lim_{x\to -1^-}f(x)=\lim_{x\to -1^-}0=0,\quad \lim_{x\to -1^+}f(x)=\lim_{x\to -1^+}(1-x)=2,$$

从而 $\lim\limits_{x\to -1^-}f(x)\neq\lim\limits_{x\to -1^+}f(x)$，即 $f(x)$ 在 $x=-1$ 处间断，且是第一类间断点中的跳跃间断点，故选（B）.

3. (C)；**提示** 因为 $0\leqslant|f(x)|\leqslant x^2$，令 $x=0$，有 $0\leqslant|f(0)|\leqslant 0$，得 $f(0)=0$. 又 $-x^2\leqslant f(x)\leqslant x^2$，而 $\lim\limits_{x\to 0}(-x^2)=0$，$\lim\limits_{x\to 0}x^2=0$，由夹逼定理可知

$$\lim_{x\to 0}f(x)=0=f(0),$$

所以函数 $f(x)$ 在 $x=0$ 处连续. 由导数定义知

$$f'(0)=\lim_{x\to 0}\frac{f(x)-f(0)}{x-0}=\lim_{x\to 0}\frac{f(x)}{x}.$$

又 $-x^2\leqslant f(x)\leqslant x^2$，有 $-|x|\leqslant\frac{f(x)}{x}\leqslant|x|$，由夹逼定理知

$$f'_+(0)=\lim_{x\to 0^+}\frac{f(x)}{x}=0;$$

同理可得

$$f'_-(0)=\lim_{x\to 0^-}\frac{f(x)}{x}=0;$$

所以 $f'(0)=0$，从而函数在 $x=0$ 处可导. 故选（C）.

4. (C)；**提示** 由下页图可知，$f(x)$ 有三个驻点和一个不可导点，即

$$f'(x_1)=f'(x_2)=f'(x_3)=0,\ f'(0)\text{不存在}.$$

设 $\delta_i>0(i=1,2,3,4)$，存在 $U(x_1,\delta_1)$，使得当 $x\in(x_1-\delta_1,x_1)$ 时，$f'(x)>0$，当 $x\in(x_1,x_1+\delta_1)$ 时，$f'(x)<0$，所以 $f(x)$ 在 x_1 处取得极大值.

存在 $U(x_2,\delta_2)$，使得当 $x\in(x_2-\delta_2,x_2)$ 时，$f'(x)<0$，$x\in(x_2,x_2+\delta_2)$ 时，

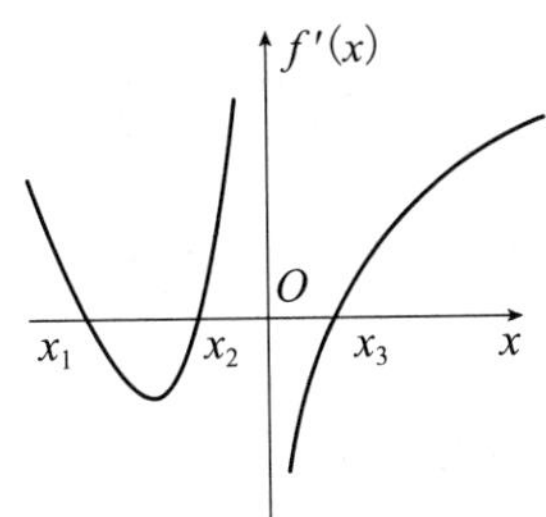

$f'(x)>0$，所以 $f(x)$ 在 x_2 处取得极小值.

存在$U(0,\delta_3)$，使得当 $x\in(-\delta_3,0)$ 时，$f'(x)>0$，当 $x\in(0,\delta_3)$ 时，$f'(x)<0$，所以 $f(x)$ 在 $x=0$ 处取得极大值.

存在$U(x_3,\delta_4)$，使得当 $x\in(x_3-\delta_4,x_3)$ 时，$f'(x)<0$，当 $x\in(x_3,x_3+\delta_4)$ 时，$f'(x)>0$，所以 $f(x)$ 在 x_3 处取得极小值. 故选（C).

5.（C)；**提示**　因为选项（A）$(\arcsin x)'=\dfrac{1}{\sqrt{1-x^2}}$，选项（B）$(\arctan x)'=\dfrac{1}{1+x^2}$，选项（C）$\left(\dfrac{1}{2}\ln\left|\dfrac{1+x}{1-x}\right|\right)'=\dfrac{1}{1-x^2}$，选项（D）$\left(\dfrac{1}{2}\ln\left|\dfrac{1-x}{1+x}\right|\right)'=\dfrac{1}{x^2-1}$，故选（C).

6.（D)；**提示**　因为函数 $f(x)$ 在点 x_0 处可微，由可微的定义知

$$f(x_0+\Delta x)-f(x_0)=f'(x_0)\Delta x+o(\Delta x)\ (\Delta x\to 0),$$

所以当$|\Delta x|$很小时，

$$f(x_0+\Delta x)\approx f(x_0)+f'(x_0)\Delta x,$$

故选（D).

三、计算题

1. $$\lim_{x\to 0}\left(\frac{1}{x}-\frac{1}{\ln(1+x)}\right)=\lim_{x\to 0}\frac{\ln(1+x)-x}{x\ln(1+x)}=\lim_{x\to 0}\frac{\ln(1+x)-x}{x^2}$$
$$=\lim_{x\to 0}\frac{\frac{1}{1+x}-1}{2x}=\lim_{x\to 0}\frac{-x}{2x(1+x)}=-\frac{1}{2}.$$

2. 由于

$$\lim_{x\to+\infty}(x+\sqrt{1+x^2})^{\frac{1}{\ln x}}=e^{\lim\limits_{x\to+\infty}\frac{1}{\ln x}\ln(x+\sqrt{1+x^2})},$$

而

$$\lim_{x\to+\infty}\frac{1}{\ln x}\ln(x+\sqrt{1+x^2})=\lim_{x\to+\infty}\frac{\frac{1}{x+\sqrt{1+x^2}}\left(1+\frac{2x}{2\sqrt{1+x^2}}\right)}{\frac{1}{x}}$$
$$=\lim_{x\to+\infty}\frac{\frac{1}{\sqrt{1+x^2}}}{\frac{1}{x}}=\lim_{x\to+\infty}\frac{x}{\sqrt{1+x^2}}=1,$$

所以

$$\lim_{x\to+\infty}(x+\sqrt{1+x^2})^{\frac{1}{\ln x}}=\mathrm{e}.$$

3. 方程两边对 x 求导，得

$$\sec^2\left(x+y+\frac{\pi}{4}\right)\cdot(1+y')=\mathrm{e}^y\cdot y',$$

将（0，0）代入上式，得

$$\sec^2\left(\frac{\pi}{4}\right)\cdot(1+y'(0))=\mathrm{e}^0\cdot y'(0),$$

解得 $y'(0)=-2$，所以

$$\mathrm{d}y\big|_{(0,0)}=y'(0)\mathrm{d}x=-2\mathrm{d}x.$$

4. $$\begin{aligned}y'&=(\mathrm{e}^{x\ln x})'+\left(\frac{f(\mathrm{e}^x)}{\sin x}\right)'\\&=\mathrm{e}^{x\ln x}\left(\ln x+x\cdot\frac{1}{x}\right)+\frac{f'(\mathrm{e}^x)\mathrm{e}^x\sin x-f(\mathrm{e}^x)(\sin x)'}{\sin^2 x}\\&=x^x(\ln x+1)+\frac{f'(\mathrm{e}^x)\mathrm{e}^x\sin x-f(\mathrm{e}^x)\cos x}{\sin^2 x}.\end{aligned}$$

5. 由 $f(x)$ 在 $x=0$ 处可导可知 $f(x)$ 在 $x=0$ 处连续，从而

$$\lim_{x\to0^-}f(x)=\lim_{x\to0^+}f(x),$$

即有

$$\lim_{x\to0^-}(x^2+ax+b)=\lim_{x\to0^+}\left(x^2\sin\frac{1}{x}+x\right),$$

可得 $b=0$，且 $f(0)=0$. 又因为 $f(x)$ 在 $x=0$ 处可导，故有 $f'_-(0)=f'_+(0)$，而

$$f'_-(0)=\lim_{x\to0^-}\frac{(x^2+ax+b)-f(0)}{x-0}=\lim_{x\to0^-}\frac{x^2+ax}{x}=a,$$

$$f'_+(0)=\lim_{x\to0^+}\frac{x^2\sin\frac{1}{x}+x-f(0)}{x-0}=\lim_{x\to0^+}\left(x\sin\frac{1}{x}+1\right)=1,$$

可得 $a=1$.

6. $\int\sqrt[4]{2x+3}\mathrm{d}x=\frac{1}{2}\int\sqrt[4]{2x+3}\mathrm{d}(2x+3)=\frac{1}{2}\times\frac{4}{5}(2x+3)^{\frac{5}{4}}+C=\frac{2}{5}(2x+3)^{\frac{5}{4}}+C.$

四、（1）由题意知，成本函数为 $C(Q)=60\,000+20Q$，收入函数为

$$R(Q)=p\cdot Q=\left(60-\frac{Q}{1\,000}\right)Q,$$

利润函数为

$$L(Q)=R(Q)-C(Q)=\left(60-\frac{Q}{1\,000}\right)Q-(60\,000+20Q)=-\frac{Q^2}{1\,000}+40Q-60\,000.$$

边际利润为

$$L'(Q)=-\frac{Q}{500}+40.$$

（2）令 $L'(Q)=-\frac{Q}{500}+40=0$，解得 $Q=20\,000$，又因为

$$L''(Q)\big|_{Q=20\,000}=-\frac{1}{500}<0,$$

所以 $Q=20\,000$ 为唯一的极大值点，由实际问题知其即为所求的最大值点，此时

$$p=60-20=40.$$

（3）由题意知，

$$\eta_p=p\frac{Q'(p)}{Q(p)}=-\frac{1\,000p}{60\,000-1\,000p},$$

所以

$$\eta_p\big|_{p=50}=-\frac{1\,000\cdot 50}{60\,000-1\,000\cdot 50}=-5.$$

经济意义：当 $p=50$ 元时，价格每上涨（下跌）1%，需求量将大约减少（增加）5%.

五、（1）由题意知 $f(x)$ 在 $(0,+\infty)$ 上连续，且

$$f(\mathrm{e})=\ln\mathrm{e}-\frac{\mathrm{e}}{\mathrm{e}}+3=3>0,$$

又因为

$$\lim_{x\to0^+}f(x)=\lim_{x\to0^+}\left(\ln x-\frac{x}{\mathrm{e}}+3\right)=-\infty,$$

所以 $\exists a\in(0,\mathrm{e})$，使得 $f(a)<0$；因为

$$\lim_{x\to+\infty}f(x)=\lim_{x\to+\infty}\left(\ln x-\frac{x}{\mathrm{e}}+3\right)=-\infty,$$

所以 $\exists b\in(\mathrm{e},+\infty)$，使得 $f(b)<0$；从而 $f(x)$ 在 $[a,\mathrm{e}]$ 和 $[\mathrm{e},b]$ 上均满足零点定理，所以至少存在两点 $x_1\in(a,\mathrm{e})$ 和 $x_2\in(\mathrm{e},b)$，使得 $f(x_1)=0$，$f(x_2)=0$.

（2）函数的一阶导数为

$$f'(x)=\frac{1}{x}-\frac{1}{\mathrm{e}},$$

令 $f'(x)=0$，解得 $x=\mathrm{e}$. 当 $x\in(0,\mathrm{e})$ 时，$f'(x)>0$，即 $f(x)$ 在 $(0,\mathrm{e}]$ 上单调增加；当 $x\in(\mathrm{e},+\infty)$ 时，$f'(x)<0$，即 $f(x)$ 在 $[\mathrm{e},+\infty)$ 上单调减少；所以 $f(x)$ 在 $(0,$

e] 和 [e，$+\infty$) 上分别与 x 轴至多相交一次.

综上所述，$f(x)$ 在 $(0, +\infty)$ 上有且仅有两个零点.

注 判别函数 $f(x)$ 在 $(0, +\infty)$ 上至多有两个零点，也可以使用罗尔定理证明. 利用反证法，假设 $f(x)$ 在 $(0, +\infty)$ 上至少有三个或三个以上的零点，则由罗尔定理可知，$f''(x)$ 在 $(0, +\infty)$ 上至少有一个零点，而 $x\in(0, +\infty)$ 时，

$$f''(x)=-\frac{1}{x^2}<0,$$

矛盾，说明函数 $f(x)$ 在 $(0, +\infty)$ 上至多有两个零点.

六、单调区间：单调增加区间为 $(-\infty, 1)$，$[3, +\infty)$；单调减少区间为 $(1, 3]$；

极值点：极小值点为 $x=3$；

凹凸区间：凸区间为 $(-\infty, 0]$；凹区间为 $[0, 1)$，$(1, +\infty)$；

拐点：$(0, 0)$；

渐近线：$y=x+2$，$x=1$.

具体求解过程如下：

函数的定义域为 $(-\infty, 1)\cup(1, +\infty)$，函数的一阶导数为

$$f'(x)=\frac{3x^2(1-x)^2+x^3\cdot 2(1-x)}{(1-x)^4}=\frac{x^2(3-x)}{(1-x)^3},$$

令 $f'(x)=0$，解得 $x=0$，$x=3$. 二阶导数为

$$f''(x)=\frac{6x}{(1-x)^4},$$

令 $f''(x)=0$，解得 $x=0$. 列表分析如下：

x	$(-\infty, 0)$	0	$(0, 1)$	$(1, 3)$	3	$(3, +\infty)$
$f'(x)$	+	0	+	−	0	+
$f''(x)$	−	0	+	+	+	+
$f(x)$	↗	拐点	↗	↘	极小值 $\frac{27}{4}$	↗

又因为

$$a=\lim_{x\to\infty}\frac{f(x)}{x}=\lim_{x\to\infty}\frac{x^3}{(1-x)^2x}=1,$$

$$b=\lim_{x\to\infty}[f(x)-ax]=\lim_{x\to\infty}\frac{2x^2-x}{(1-x)^2}=2,$$

所以 $f(x)$ 存在一条斜渐近线 $y=x+2$. 又因为

$$\lim_{x\to1}f(x)=\lim_{x\to1}\frac{x^3}{(1-x)^2}=\infty,$$

所以 $f(x)$ 存在一条垂直渐近线 $x=1$，函数图形如下页图所示.

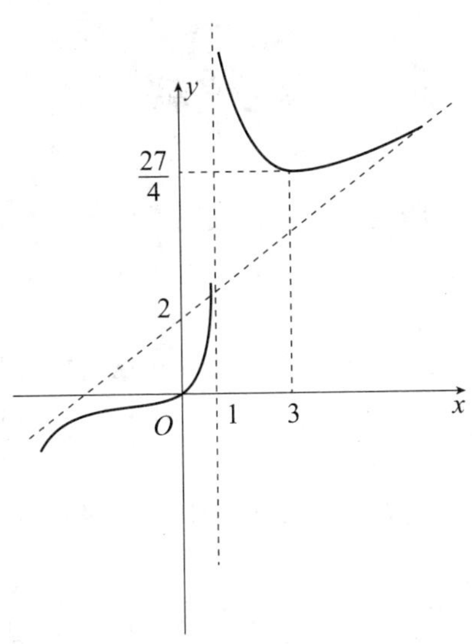

七、证明题

构造辅助函数 $F(x)=\frac{1}{2}f^2(x)$，则 $F(0)=\frac{1}{2}f^2(0)=0$，又由于 $f(x)$ 在 $[0,1]$ 上不恒等于零，故 $\exists x_0\in(0,1]$，使得 $f(x_0)\neq 0$，从而

$$F(x_0)=\frac{1}{2}f^2(x_0)>0.$$

显然 $F(x)$ 在 $[0,x_0]$ 上连续，在 $(0,x_0)$ 内可导，由拉格朗日中值定理可知，至少存在一点 $\xi\in(0,x_0)\subset(0,1)$，使得

$$F'(\xi)=\frac{F(x_0)-F(0)}{x_0-0}=\frac{f^2(x_0)}{2x_0}>0,$$

而 $F'(x)=f(x)f'(x)$，因此

$$f(\xi)f'(\xi)>0.$$

参考文献

［1］ 吉米多维奇．数学分析习题集．北京：人民教育出版社，1978

［2］ A. Jeffrey. Advanced Engineering Mathematics. San Diego：Harcourt/Academic Press，2002

［3］ H. B. Wilson，L. H. Turcotte，D. Halpern. Advanced Mathematics and Mechanics Applications Using MATLAB（3rd Edition）. London：Chapman and Hall/CRC，2003

［4］ 金路，童裕孙，於崇华，张万国．高等数学（上册）（第 3 版）．北京：高等教育出版社，2008

［5］ 金路，童裕孙，於崇华，张万国．高等数学（下册）（第 3 版）．北京：高等教育出版社，2008

［6］ 李忠，周建莹．高等数学（上册）（第 2 版）．北京：北京大学出版社，2009

［7］ 李忠，周建莹．高等数学（下册）（第 2 版）．北京：北京大学出版社，2009

［8］ 华东师范大学数学系．数学分析（上册）（第 4 版）．北京：高等教育出版社，2010

［9］ 华东师范大学数学系．数学分析（下册）（第 4 版）．北京：高等教育出版社，2010

［10］ R. Larson，B. H. Edwards. Calculus（9th Edition）. Belmont：Brooks/Cole，2010

［11］ 吴赣昌．高等数学（上册）（第 4 版）．北京：中国人民大学出版社，2011

［12］ 吴赣昌．高等数学（下册）（第 4 版）．北京：中国人民大学出版社，2011

［13］ E. Kreyszig，H. Kreyszig，E. J. Norminton. Advanced Engineering Mathematics（10th Edition）. Hoboken：John Wiley & Sons，2011

［14］ 同济大学数学系．高等数学（上册）（第 7 版）．北京：高等教育出版社，2014

［15］ 同济大学数学系．高等数学（下册）（第 7 版）．北京：高等教育出版社，2014

［16］ 刘强，孙激流．微积分同步练习与模拟试题．北京：清华大学出版社，2015

［17］ 刘强，贾尚晖．微积分复习指导与深化训练．北京：电子工业出版社，2016

［18］ 刘强，袁安锋，孙激流．高等数学（上册）同步练习与模拟试题．北京：清华大学出版社，2016

［19］ 刘强，袁安锋，孙激流．高等数学（下册）同步练习与模拟试题．北京：清华大学出版社，2017

［20］ 袁安锋，刘强，窦昌胜．高等数学深化训练与考研指导．北京：电子工业出版社，2017

［21］ 刘强，陶桂平，梅超群．高等数学深化训练与大学生数学竞赛教程．北京：电子工业出版社，2017

［22］ 刘强，聂力．微积分（上册）．北京：中国人民大学出版社，2018

［23］ 刘强，聂力．微积分（下册）．北京：中国人民大学出版社，2018

图书在版编目（CIP）数据

微积分（上册）习题全解与试题选编/聂力，刘强主编. —北京：中国人民大学出版社，2019.7
“十三五”普通高等教育应用型规划教材
ISBN 978-7-300-27057-9

Ⅰ.①微… Ⅱ.①聂… ②刘… Ⅲ.①微积分-高等学校-题解 Ⅳ.①O172-44

中国版本图书馆 CIP 数据核字（2019）第 127685 号

“十三五”普通高等教育应用型规划教材
微积分（上册）习题全解与试题选编
主　编　聂　力　刘　强
副主编　梅超群　陶桂平　聂高琴　于威威　范林元　张　琳　孙激流
Weijifen（Shangce）Xiti Quanjie yu Shiti Xuanbian

出版发行　中国人民大学出版社
社　　址　北京中关村大街 31 号　　**邮政编码**　100080
电　　话　010－62511242（总编室）　　010－62511770（质管部）
　　　　　　010－82501766（邮购部）　　010－62514148（门市部）
　　　　　　010－62515195（发行公司）　　010－62515275（盗版举报）
网　　址　http://www.crup.com.cn
经　　销　新华书店
印　　刷　北京密兴印刷有限公司
规　　格　185 mm×260 mm　16 开本　　**版　　次**　2019 年 7 月第 1 版
印　　张　15.25　　**印　　次**　2021 年 11 月第 3 次印刷
字　　数　352 000　　**定　　价**　35.00 元